# MINISTÈRE DE L'AGRICULTURE.

## FÉDÉRATION DES SOCIÉTÉS D'HORTICULTURE

DE

# BELGIQUE

## ACTES DU CONGRÈS

INTERNATIONAL

DE

# BOTANIQUE ET D'HORTICULTURE

## D'ANVERS

ORGANISÉ SOUS

LA HAUTE PROTECTION DE SA MAJESTÉ LÉOPOLD II, ROI DES BELGES
ET SOUS LE PATRONAGE DU GOUVERNEMENT ET DE LA VILLE D'ANVERS

PAR LE

### CERCLE FLORAL D'ANVERS

avec le concours de la Société Royale de Botanique de Belgique,
de la Chambre Syndicale des Horticulteurs Belges
et de la Fédération des Sociétés d'horticulture de Belgique
les 2, 3, 4, 5, 6 et 7 août 1885

A L'OCCASION DE

### L'EXPOSITION UNIVERSELLE D'ANVERS

ET EN COÏNCIDENCE AVEC

### L'EXPOSITION INTERNATIONALE D'HORTICULTURE

GAND

IMPRIMERIE C. ANNOOT-BRAECKMAN, AD. HOSTE, SUCC⁵

1887

35

# CONGRÈS INTERNATIONAL

DE

# BOTANIQUE ET D'HORTICULTURE D'ANVERS

## Août 1885

# ACTES DU CONGRÈS

## INTERNATIONAL

DE

# BOTANIQUE ET D'HORTICULTURE

## D'ANVERS

ORGANISÉ SOUS

LA HAUTE PROTECTION DE SA MAJESTÉ LÉOPOLD II, ROI DES BELGES
ET SOUS LE PATRONAGE DU GOUVERNEMENT ET DE LA VILLE D'ANVERS

PAR LE

## CERCLE FLORAL D'ANVERS

avec le concours de la Société Royale de Botanique de Belgique,
de la Chambre Syndicale des Horticulteurs Belges
et de la Fédération des Sociétés d'horticulture de Belgique

les 2, 3, 4, 5, 6 et 7 août 1885

A L'OCCASION DE

### L'EXPOSITION UNIVERSELLE D'ANVERS

ET EN COÏNCIDENCE AVEC

### L'EXPOSITION INTERNATIONALE D'HORTICULTURE

GAND
IMPRIMERIE C. ANNOOT-BRAECKMAN, AD. HOSTE, SUCCr

1887

# AVIS.

Les « Actes du Congrès international de Botanique et d'Horticulture d'Anvers » comprennent la reproduction de la sténographie
des discussions qui ont eu lieu pendant les séances. La sténographie
a été communiquée aux orateurs.

La liste des adhérents au Congrès a été publiée dans le volume
des « Rapports préliminaires » (pages 394-417); nous donnons
ci-après les noms des membres dont l'adhésion est parvenue
tardivement à la Commission organisatrice. Il en est de même des
délégations officielles et de celles de plusieurs sociétés.

En vertu de l'article 10 du Règlement du Congrès, il a été
procédé à la constitution du Comité exécutif; nous la faisons
connaître plus loin.

# COMITÉ EXÉCUTIF

*Président :*

M. Crépin, Fr., directeur du Jardin botanique de l'État, membre
de l'Académie royale des Sciences, à Bruxelles.

*Vice-Présidents :*

MM. Martens, Éd., président de la Société royale de Botanique
de Belgique, professeur à l'Université de Louvain.

Van Geert, Aug., horticulteur, président de la Chambre
syndicale des horticulteurs belges, à Gand.

*Secrétaire-Général :*

M. De Bosschere, Ch., président de la Commission organisatrice
et secrétaire-général du Congrès.

*Secrétaires :*

MM. Marchal, É., conservateur au Jardin botanique de l'État,
président de la Société belge de microscopie, à Bruxelles.

Van Geert, Ch., Jr, horticulteur, vice-président du Cercle
Floral d'Anvers.

*Membres :*

MM. Bommer, J.-E., conservateur au Jardin botanique de l'État,
professeur à l'Université de Bruxelles.

Bruneel, Oct., échevin, secrétaire de la Chambre syndicale
des horticulteurs belges, à Gand.

Burvenich, Fr., professeur à l'École d'horticulture de l'État,
à Gand.

MM. De Bosschere, G., horticulteur, architecte-paysagiste, à Anvers.

De Bosschere, H., inspecteur des plantations communales, à Anvers.

Delrue-Schrevens, président de la Société royale d'horticulture, à Tournay.

D'Haene, Ad., horticulteur, à Gand.

Millet, H., pépiniériste et professeur d'arboriculture, à Tirlemont.

Pynaert-Van Geert, Éd., horticulteur, professeur à l'École d'horticulture de l'État, à Gand.

Rodigas, Ém., professeur à l'École d'horticulture de l'État, à Gand.

Rousseau, M^me E., botaniste, à Bruxelles.

Van Heurck, D^r H., directeur du Jardin botanique d'Anvers.

Van Houtte, L., horticulteur, à Gand.

Vernieuwe, T., fonctionnaire au Ministère de l'agriculture, à Bruxelles.

# LISTE SUPPLÉMENTAIRE

DES

## MEMBRES DU CONGRÈS

---

### EMPIRE D'ALLEMAGNE.

MM.

Jungbluth, D<sup>r</sup> B., médecin, à Aix-la-Chapelle.
Kramer, F., jardinier en chef du Flottbeck Park, à Hambourg.
Mossich, pépiniériste, à Treptow-lez-Berlin.
Schröder, D<sup>r</sup> E., à Carlsruhe.
Volkman, horticulteur, à Erfurt.

### BELGIQUE.

Aigret, Cl., géomètre, à St-Gilles-lez-Bruxelles.
Baumile, N., membre de la Société centrale d'horticulture, à Mons.
Boonroy, instituteur communal, à Anvers.
Brasseur, P., professeur à l'École normale de l'État, à Lierre.
Buquet, père, rentier, à Groenendael.
Burvenich-Dewinne, horticulteur, à Gendbrugge.
Cardon, A., membre de la Société centrale d'horticulture, à Mons.
Caroly, à Lierre.
Cogels, A., propriétaire, à Anvers.
Dailly, E., à Bruxelles.
Dailly, J., à Bruxelles.
Dallière, A., horticulteur, à Gand.
De Baugnies, J., secrét.-délégué du Cercle des naturalistes hutois, à Huy.
Debrissy, docteur, administrateur de la Société centrale d'horticulture,
     à Mons.
De Bruycker, P., à Ledeberg.
De Cleene, Edm., avocat, à Zele.

MM.

De Cock, Ém., boulevard d'Akkerghem, à Gand.

Defresne, M., à Anvers.

De Gerlache, rentier, à Anvers.

Deltemme, Ch., secrétaire-adjoint de la Société centrale d'horticulture, à Mons.

Determe, J., à Mariembourg.

Dubus, Oct., membre de la Société centrale d'horticulture, à Mons.

Feys, Fl., administrateur de la Société centrale d'horticulture, à Mons.

Forget, à Mont-St-Amand.

Fuchs, L. fils, architecte de jardins, à Ixelles.

Heynderickx, Th., brasseur, à Lodelinsart.

Kengen, capitaine d'infanterie, à Lierre.

Lorge, J., à Jette-St Pierre.

Maesen, industriel, à Bruxelles.

Michiels, G., professeur d'arboriculture, à Montaigu.

Mussche, juge de paix, à Tirlemont.

Paques, M<sup>me</sup> E., à Liège.

Riche, E., administrateur de la Société centrale d'arboriculture, à Mons.

Rogge, G., à Gand.

Rosseel, A. L , délégué de la Société royale d'agriculture et de botanique de Gand.

Schmitz, D., à Anvers.

Schultes, à Bruxelles.

Spae, B., horticulteur, à Gand.

Thiroux, Eug., administrateur de la Société royale Linnéenne de Bruxelles.

Vanden Driessche, horticulteur, à Gand.

Van Eeckhaute, A. G., à Gand.

Van Eeckhaute, fils, jardinier en chef au Jardin botanique de Gand.

Van Nerom, à Anderlecht.

Van Pee, E.. propriétaire, à Bruxelles.

Van Pee, M<sup>me</sup> E., à Bruxelles.

Wanauvre, J., secrétaire de la Société centrale d'horticulture, à Mons.

Wehenkel, D<sup>r</sup>, directeur de l'École de médecine vétérinaire, à Cureghem.

## RÉPUBLIQUE FRANÇAISE.

André, Éd., architecte-paysagiste, rédacteur en chef de la *Revue horticole*, à Paris.

Baly, N., au château de Bagatelle (Seine).

Boulay, (abbé), professeur à l'Université catholique de Lille.

MM.

Chatenay-Abel, à Vitry s/ Seine.
Curé, conseiller municipal, horticulteur-maraîcher, à Paris.
Demeulenaere, président de la Société d'horticulture, à Armentières.
Duval, Cl. E., horticulteur, à Versailles.
Duvillard, à Arcueil, lez Paris.
Leroy, pépiniériste, à Angers.
Vanden Heede, Ch., horticulteur, à Lille.
Vilmorin, H., marchand-grainier, à Paris.

### GRANDE-BRETAGNE.

Bolitho, J.-B., Esq., Trewidden, à Penzance (Cornwall).
Lewis Castle, rédacteur du *Journal of Horticulture*, à Londres.

### ITALIE.

Dr. C. Massalongo, professeur à l'Université, directeur du Jardin
botanique de Ferrare.

### PAYS-BAS.

Walter, F., juge de paix, à Hulst.

### ROUMANIE.

le Dr. Brandza, professeur de botanique à l'Université, directeur du
Jardin botanique et de la section botanique du Musée d'histoire
naturelle, membre de l'Académie Roumaine, à Bucharest.

### RUSSIE.

Staats, G., jardinier en chef du Jardin botanique de l'Université
impériale de Kharkoff.

### SERBIE.

le Colonel Dr. Sava Petrovitch, médecin de Sa Majesté le Roi, délégué
du Gouvernement de la Serbie, à Belgrade.

### EMPIRE DU BRÉSIL.

le Comte de Villeneuve, envoyé extraordinaire et ministre plénipotentiaire du Brésil, délégué du Gouvernement du Brésil, à Bruxelles.
Pzarro, Joas Joaquim, professeur de botanique à l'École de médecine,
à Rio-Janeiro.

### RÉPUBLIQUE MEXICAINE.

MM.

Tonel, J., propriétaire-horticulteur, à Cordova, Vera-Cruz.

### RÉPUBLIQUE ARGENTINE.

Parodi, D., D^r en pharmacie, botaniste, à Buenos-Ayres.
Spegazsine, D^r Ch., professeur d'histoire naturelle, à Buenos-Ayres.

### ÉTATS-UNIS DE LA COLOMBIE.

Triana, J., consul-général, à Paris.

### ILE MAURICE.

Daruty, A., président de la Société d'acclimatation, à Port-Louis.

### DÉLÉGUÉS OFFICIELS [1].

La dépêche officielle du Gouvernement du Brésil est parvenue trop tard à
la Commission organisatrice, pour pouvoir être insérée dans le volume des
« Rapports préliminaires. »

### EMPIRE DU BRÉSIL.

Le Comte de Villeneuve, envoyé extraordinaire et ministre plénipotentiaire du Brésil, à Bruxelles.
Binot, Pedro, horticulteur et botaniste-voyageur, à Petropolis.

### EMPIRE DE RUSSIE.

A. Fischer de Waldheim, conseiller d'État, professeur à l'Université
impériale et directeur au Jardin botanique de Varsovie.

---

### DÉLÉGUÉS DE SOCIÉTÉS [2].

Société d'horticulture et d'histoire naturelle de l'Hérault (France) :
MM. Émile Planchon, vice-président, et le D^r Louis Planchon,
membre.
Verein zur Beförderung des Gartenbaues in den Preussischen Staaten, à
Berlin : MM. le professeur D^r P. Magnus, à Berlin, R. Mosisch, à
Treptow-lez-Berlin et D^r L. Wittmack, professeur à Berlin.
Flora-Gartenbau-Gesellschaft in Köln : M. Jules Niepraschk, directeur
de l'Établissement « Flora. »

---

(1) Voir la liste à la page 418 des « *Rapports préliminaires.* »
(2) Voir la liste à la page 418 et suiv. des « *Rapports préliminaires.* »

# COMPOSITION DU BUREAU DU CONGRÈS.

*Haut Protecteur du Congrès.*

Sa Majesté Léopold II, Roi des Belges, Souverain de l'État indépendant du Congo.

*Présidents d'honneur.*

MM. le Chevalier de Moreau, Ministre de l'agriculture, de l'industrie et des travaux publics.

Léopold de Wael, Bourgmestre d'Anvers.

*Vice-présidents d'honneur.*

MM.

D^r O. Drude, professeur de botanique à la Kgl.-technische Hochschule, directeur du Jardin royal de botanique, délégué du gouvernement de Saxe, à Dresde.

J. Nieprasohk, directeur de l'établissement Flora, à Cologne.

D^r L. Radlkofer, professeur à l'Université, membre de l'Académie des sciences, à Munich.

D^r L. Wittmack, professeur à l'Université et à l'Académie d'agriculture, secrétaire-général de la Soc. d'horticulture de Prusse, à Berlin.

F. Hiller, secrétaire du Landeskultur Rath du royaume de Bohême, à Prague.

D^r J. Palacky, docent à l'Université de Prague, député à la Diète de Bohême, inspecteur des collections botaniques du Musée de Bohême, etc., à Prague.

D^r L. Roesler, professeur, directeur de la station expérimentale, à Klosterneubourg, près Vienne.

C. Biart, président d'honneur du Cercle Floral d'Anvers, à Anvers.

F. Crépin, directeur du Jardin botanique de l'État, membre de l'Académie royale de Belgique, à Bruxelles.

— 14 —

MM.

C. Hansen, professeur d'horticulture à l'Académie royale supérieure
d'agriculture et d'horticulture, à Copenhague.

H. Baillon, professeur à la Faculté de médecine, directeur du Jardin
botanique de la Faculté de médecine, à Paris.

C. Baltet, horticulteur, délégué du gouvernement français, à Troyes.

Max. Cornu, professeur-administrateur au Muséum d'histoire naturelle,
délégué du gouvernement, à Paris.

Ch. Joly, vice-président de la Société nationale d'horticulture de France,
à Paris.

J. É. Planchon, correspondant de l'Institut, professeur de botanique à la
Faculté de médecine, directeur du Jardin des plantes à Montpellier.

R. Hogg, rédacteur du *Journal of Horticulture*, à Londres.

F. Shirley Hibberd, directeur du *Gardener's Magazine*, à Londres.

F. Ardissone, professeur de botanique, directeur du Jardin botanique,
directeur de la Société cryptogamique, à Milan.

Dr P. A. Saccardo, professeur de botanique et directeur du Jardin
botanique de l'Université, à Padoue.

Enzweiler, ingénieur agricole du Gouvernement, délégué de l'Institut
royal grand-ducal de Luxembourg.

J. Krelage, horticulteur, délégué du gouvernement néerlandais,
à Haarlem.

Dr Mulder, rédacteur en chef du *Landbouwcourant*, délégué du gouvernement néerlandais, à la Haye.

Dr J. Henriques, professeur de botanique et directeur du Jardin
botanique, à Coïmbre.

A. Fischer de Waldheim, conseiller d'État, professeur de botanique
à l'Université impériale, directeur du Jardin botanique, à Varsovie.

Colonel Dr Sava Petrovitch, médecin de S. M. le Roi de Serbie.

A. de Candolle, associé étranger de l'Institut de France, à Genève.

Comte de Villeneuve, envoyé extraordinaire et ministre plénipotentiaire de S. M. l'Empereur du Brésil, délégué du gouvernement du
Brésil, à Bruxelles.

P. Binot, botaniste-voyageur, délégué du gouvernement du Brésil,
à Petropolis (Brésil).

Dr J. Triana, consul-général de la Colombie, à Paris.

*Commissaire général du Gouvernement belge.*

M. le comte Ad. d'Oultremont, membre de la Chambre des représentants.

*Délégués du Gouvernement.*

MM. C. Bernard, directeur de l'agriculture.

É. Van Mons, secrétaire de l'œuvre des Congrès.

— 15 —

*Président :*

MM.

Éd. Morren, professeur à l'Université, directeur de l'Institut botanique
et du Jardin botanique, secrétaire de la Fédération des Sociétés d'horticulture de Belgique, éditeur de la *Belgique horticole*, etc. à Liége.

*Vice-Présidents :*

J. E. Bommer, professeur à l'Université, conservateur au Jardin
botanique de l'État, à Bruxelles.

J.-J. Kickx, professeur à l'Université, directeur du Jardin botanique et
de l'École d'horticulture de l'État, à Gand.

Éd. Martens, professeur à l'Université, président de la Société royale
de Botanique de Belgique, à Louvain.

H. Van Heurck, directeur-professeur au Jardin botanique, à Anvers.

L. Gillekens, directeur de l'École d'horticulture de l'État, à Vilvorde.

A. van den Wouwer, président du Cercle Floral d'Anvers.

A. Van Geert, président de la Chambre syndicale des horticulteurs
belges, à Gand.

*Secrétaire-Général :*

Ch. De Bosschere, professeur à l'École normale de l'État, à Lierre.

*Secrétaires :*

Fr. Burvenich, professeur à l'École d'horticulture de l'État, à Gand.

H. De Bosschere, fils, inspecteur des plantations communales d'Anvers.

Delrue-Schrevens, président du Conseil d'administration de l'École
d'arboriculture, à Tournai.

Ad. D'Haene, horticulteur, secrétaire-adjoint de la Chambre syndicale
des horticulteurs belges, à Gand.

É. Marchal, président de la Société belge de microscopie, conservateur
au Jardin botanique de l'État, à Bruxelles.

Ém. Rodigas, secrétaire-général du Cercle d'arboriculture de Belgique,
à Gand.

Ch. Van Geert, Jr, vice-président du Cercle Floral d'Anvers.

*Secrétaires-adjoints :*

G. Caron, secrétaire de la Société royale Linnéenne, à Bruxelles.

L. Coomans, trésorier de la Société royale de Botanique de Belgique,
à Bruxelles.

H. Millet, pépiniériste et conférencier, à Tirlemont.

L. Van Houtte, horticulteur, à Gand.

# COMPTE-RENDUS STÉNOGRAPHIQUES.

## Séance d'ouverture, le dimanche 2 août 1885.

*(Grande salle du Cercle artistique, littéraire et scientifique d'Anvers).*

Présidence de MM. LÉOPOLD DE WAEL, Bourgmestre d'Anvers, président d'honneur du Congrès, et ÉDOUARD MORREN, professeur à l'Université de Liège.

*Sommaire :* Discours de M. le Bourgmestre DE WAEL, président d'honneur du Congrès, de M. ÉD. MORREN, président du Congrès et de M. CH. DE BOSSCHERE, président de la Commission organisatrice.

*Ordre du jour :* La flore et les essais de culture au Congo, par MM. le Dr L. WITTMACK, de Berlin et le Dr H. BAILLON, de Paris.

La séance est ouverte à onze heures.

Au bureau prennent place : M. L. DE WAEL, bourgmestre d'Anvers et président d'honneur du Congrès, MM. les membres du bureau de la commission organisatrice et du comité de patronage et plusieurs délégués des gouvernements étrangers. Le gouvernement belge est représenté par M. C. BERNARD, directeur de l'agriculture; M. MORISSEAU, chef du cabinet de M. le Ministre de l'agriculture, et M. le comte DU CHASTEL, secrétaire des sections étrangères à l'Exposition universelle.

Plus de 450 membres assistent à la séance, ainsi qu'un grand nombre de membres du *Cercle artistique, littéraire et scientifique d'Anvers* avec leurs dames. Des bouquets de fleurs ont été remis à celles-ci à leur entrée dans la salle.

M. le Président d'honneur prononce le discours suivant :

Mesdames, Messieurs,

Je dois à l'absence fortuite de M. le Ministre de l'agriculture, de l'industrie et des travaux publics, ainsi qu'à l'absence de M. le Gouverneur de la province d'Anvers, l'insigne honneur de présider à l'ouverture solennelle du premier Congrès international de botanique et d'horticulture qui va se tenir dans notre ville. Soyez persuadés que j'apprécie cet honneur à sa véritable valeur, mais, tout en appréciant une telle dignité je ne laisse pas que d'être plus ou moins assailli par la crainte de ne pas être à la hauteur d'une pareille mission.

Je me sens profondément honoré de pouvoir, à cette occasion, souhaiter la bienvenue à tant d'hommes intelligents, doués de connaissances spéciales, qui viennent rehausser l'éclat de cette solennité.

A vous tous donc, Messieurs, les représentants de l'Allemagne, de l'Autriche, du Danemark, de l'Espagne, de la France, de la Grande Bretagne, de l'Italie, du Grand Duché de Luxembourg et des Pays-Bas, du Portugal, de la Russie, de la Serbie, de la Suisse, du Brésil, de la République Argentine, des États-Unis, de la Nouvelle Bretagne, à vous tous, salut et bienvenue. (*Applaudissements*).

Je remercie avec effusion tous les Gouvernements d'avoir bien voulu nous envoyer des délégués spéciaux pour débattre des questions aussi importantes que celles qui intéressent la botanique et l'horticulture, ces belles et nobles sciences qui ont le précieux avantage dont parle le dicton, de réunir l'utile à l'agréable.

Laissez-moi émettre ici un vœu, Messieurs, à l'ouverture des travaux de ce Congrès auquel vont prendre part tant de spécialistes, tant d'hommes de talent, tant d'hommes d'élite, c'est que vos efforts réunis produisent les fruits que nous en attendons tous et sur lesquels nous comptons en toute assurance. Puissent les travaux du Congrès anversois s'étendre dans l'univers entier et faire que l'horticulture et la botanique continuent à marcher dans une voie de progrès et de prospérité. C'est le souhait que je forme ici de tout cœur en déclarant ouverte la première séance du Congrès international de botanique et d'horticulture d'Anvers. (*Applaudissements*).

Maintenant, Mesdames, Messieurs, permettez-moi de vous dire le nom de l'homme éminent qui sera appelé à diriger vos débats. Au nom de la Commission organisatrice, je proclame comme Président du Congrès, Monsieur Édouard Morren. (*Applaudissements*.)

Les applaudissements que vous venez d'entendre prouvent que la Commission organisatrice a désigné l'homme qui paraît à l'assemblée le plus digne de présider les débats importants qui vont s'ouvrir. Je vous prie, Monsieur Morren, de prendre cette place et je ne doute pas que vous dirigerez les discussions de ce Congrès avec le talent qui vous est universellement reconnu.

**M. Morren**, président. — Mon premier devoir est de vous dire, M. le Bourgmestre, combien je suis touché de la façon si cordiale et par trop aimable avec laquelle vous avez bien voulu vous faire l'organe et l'interprète de la Commission organisatrice.

Je ne m'attendais pas, Messieurs, au grand honneur de présider vos débats. C'est ce matin que mes amis, qui se sont consacrés à l'organisation du Congrès d'Anvers, sont venus me surprendre en disant qu'ils comptaient sur ma collaboration et ma coopération. J'ai été assailli inopinément par des pensées très-diverses. J'aurais désiré, si je n'avais écouté que mes goûts personnels, me soustraire à cette charge, à ce devoir. Mais mon cœur a répondu pour moi. J'ai cru que je ne pouvais pas me désintéresser d'une œuvre aussi utile et aussi réussie que celle qui commence aujourd'hui.

Ce n'est pas sans de grandes difficultés que les organisateurs du premier Congrès de botanique et d'horticulture d'Anvers sont parvenus à réunir tous les éléments qui en assureront le succès.

Je n'ai pas cru non plus pouvoir me soustraire à cette direction, en présence de tant de personnes distinguées, de tant de confrères du pays et de l'étranger qui viennent aujourd'hui nous tendre la main, et nous donner des gages de leur sympathie et leur collaboration. Je puis vous assurer, Messieurs, que quant à moi, je m'appliquerai à diriger de mon mieux les débats du Congrès d'Anvers (*Applaudissements*).

**M. de Wael.** — J'ai l'honneur de faire connaître à l'assemblée que M. le Ministre de l'agriculture, qui a été empêché de présider à l'ouverture de ce Congrès, se rendra cependant à Anvers, entre midi et une heure. Il aura l'honneur de saluer les membres du Congrès, à 5 heures, au Musée Plantin.

**M. Morren**, président. — J'invite tous les délégués officiels des Gouvernements à bien vouloir prendre place au bureau. (*Voir la liste de MM. les délégués aux* « *Rapports préliminaires,* » *p.* 418).

Il convient maintenant de compléter le bureau par la nomination d'un certain nombre de vice-présidents d'honneur. La commission organisatrice propose à l'assemblée de les choisir entre les diverses nations qui sont réunies ici. (*Marques d'adhésion*). (*Voir la liste aux* « *Actes du Congrès, p.* 13).

Telle sera, Messieurs, si vous n'avez pas d'observations à faire, la composition du Bureau d'honneur. (*Applaudissements*).

On va vous faire connaître la composition du bureau effectif du Congrès. (*Voir la liste aux « Actes du Congrès, » p.* 15).

**M. le Président.** — Monsieur le Secrétaire-général Ch. De Bosschere, en sa qualité de Président de la Commission organisatrice, va nous rendre un compte sommaire des travaux préparatoires du Congrès.

**M. Charles De Bosschere.** Président de la Commission organisatrice.

Messieurs,

Il entre dans mes fonctions de président de la commission organisatrice de vous faire l'historique des travaux préparatoires du Congrès. Je serai bref, car vous avez hâte, je crois, d'entamer la discussion du point qui figure à l'ordre du jour de cette séance. Je puis d'autant mieux résumer en quelques mots ce que j'ai à dire, que la publication des rapports préliminaires nous a permis de vous fournir les indications principales relatives à l'origine et à la marche de nos travaux.

Lorsque le projet d'organiser à Anvers une Exposition Universelle fut définitivement adopté, le Cercle Floral décida immédiatement de réunir un Congrès international de botanique et d'horticulture. Il jugea que l'occasion était on ne peut plus favorable à une réunion de botanistes et d'horticulteurs de tous les pays, et nous le constatons avec bonheur, le Cercle Floral ne s'est point trompé. Les 650 adhérents qui, non seulement de tous les points de l'Europe, mais aussi des deux Amériques et de l'Afrique, ont répondu à son appel, en sont la meilleure preuve.

L'Exposition Universelle n'est pas cependant la seule cause de l'extraordinaire affluence de confrères belges et étrangers. Il en est d'autres que je me permettrai de vous énumérer.

Le Cercle Floral a demandé, dès l'origine, le concours moral de la Société Royale de Botanique de Belgique, celui de la Chambre Syndicale des Horticulteurs belges et celui de la Fédération des Sociétés d'horticulture, concours efficace qui lui a été accordé avec un empressement auquel nous sommes heureux de pouvoir rendre hommage.

Lorsque les premières bases de notre entreprise furent établies, nous nous adressâmes à l'administration communale d'Anvers, laquelle, avec sa sollicitude habituelle, nous accorda immédiatement son patronage et son concours financier. L'honorable bourgmestre, M. Léopold De Wael, voulut bien accepter la présidence d'honneur que la commission lui a offerte.

A partir de ce moment notre Commission pouvait, sans trop présumer de ses forces, espérer un résultat sérieux de ses travaux. Le programme fut élaboré, et le principe — mis en avant par les promoteurs du Congrès, — d'inviter les hommes compétents à rédiger des rapports préliminaires sur les divers points de ce programme, fut approuvé par la commission.

C'est alors que celle-ci s'adressa au Gouvernement pour solliciter son patronage. Il lui fut accordé. Le gouvernement nomma une commission chargée de favoriser l'entreprise des organisateurs du Congrès et nous fûmes heureux de voir M. le Ministre de l'agriculture accepter la présidence d'honneur. Notre œuvre acquit bientôt une importance que jusque là, nous n'avions pas osé entrevoir. Les gouvernements étrangers furent invités à envoyer des délégués au Congrès, les rapporteurs étrangers désignés par la Commission organisatrice reçurent, de notre gouvernement, une invitation officielle à nous honorer de leurs travaux ; le questionnaire que nous avions élaboré en vue d'une enquête sur la situation des études botaniques dans les principaux pays de l'Europe fut envoyé aux gouvernements étrangers par voie diplomatique. Vous connaissez, Messieurs, les résultats que nous avons obtenus, grâce au puissant concours du gouvernement.

L'œuvre de la civilisation du Congo qui venait de recevoir une brillante consécration, attira de bonne heure notre attention. Le questionnaire spécial, rédigé en vue des études que les membres du Congrès pourraient utilement entreprendre sur la flore et les cultures du Congo, fut accueilli favorablement par l'Association internationale africaine. Grâce à son intervention, nous avons pu réunir quelques documents qui serviront de point de départ à un travail scientifique appelé à rendre de sérieux services à l'œuvre due à l'initiative de Sa Majesté Léopold II.

Le succès qui, dès le commencement, avait couronné tous les efforts de la commission organisatrice, engagea ses membres à demander la haute protection du Roi. Sa Majesté, Messieurs, a, dans maintes circonstances, témoigné de son Auguste sollicitude pour toutes les œuvres qui peuvent contribuer à la renommée de son pays et au progrès de la science. Le roi daigna accéder à notre demande.

Dès ce jour la commission redoubla de zèle et les adhésions, les rapports et les marques de sympathie lui arrivèrent de tous côtés.

Permettez-moi de vous en rappeler deux : l'administration communale de la capitale du royaume et celle de la ville des fleurs, nous ont fait connaître leur intention de souhaiter la bienvenue aux membres du Congrès lors de l'excursion que ceux-ci feraient dans leurs villes respectives. Faut-il vous signaler les nombreux corps savants et les Sociétés botaniques et horticoles qui nous ont envoyé des délégués ? Qu'il me suffise de constater combien vous êtes accourus nombreux à notre appel et quels résultats féconds pour la science et le commerce, vos savantes discussions nous permettent d'entrevoir.

La Commission organisatrice s'est efforcée, Messieurs, de vous réserver dans l'antique cité flamande, l'accueil le plus sympathique et le plus cordial. Elle a osé compter sur votre dévouement au progrès de la science et elle vous convie à plusieurs réunions où des questions du plus haut intérêt attendent de vous une solution ardemment désirée.

Ces travaux laborieux ne doivent cependant pas vous absorber complètement. Aujourd'hui, nous vous invitons à visiter l'Exposition d'horticulture dont la magnificence mérite à tous égards, les éloges les plus pompeux. Le Comité exécutif de l'Exposition Universelle a bien voulu nous autoriser à vous faire cette invitation.

A cinq heures, Messieurs, nous ferons une visite au célèbre Musée Plantin-Moretus, grâce à la bienveillante autorisation que l'honorable bourgmestre s'est empressé de nous accorder. Là, je pourrai vous montrer de quelle délicate attention vous êtes l'objet de la part de notre Président d'honneur, Monsieur Léopold de Wael.

Votre présence à l'Assemblée générale de demain, qui se tiendra au local du Jardin botanique, nous fournira une occasion propice de vous prouver que la Ville d'Anvers entend conquérir des titres sérieux à l'attention du monde savant. Là, aussi vous pourrez saluer les gloires de la science botanique, les illustres Linné et de Jussieu, dont les bustes couronnent la façade de la nouvelle orangerie. Les noms de Charles de l'Escluze, de Mathias de l'Obel, de François Van Sterbeeck, de Rembert Dodoëns et de Barthélémy Dumortier, vous rappelleront les travaux de ces grands botanistes. Au Musée Plantin, vous pourrez admirer les premiers ouvrages de botanique. — qui datent du XVI<sup>e</sup> siècle — les œuvres célèbres de Dodoëns, de Clusius et de l'Obel, dont la mémoire est chère à tout homme de science et qui furent les précurseurs de cette pléïade de botanistes dont le grand Linné a ouvert la marche avec tant d'éclat.

Messieurs, la Commission organisatrice a cru que la séance d'ouverture du Congrès actuel devait se faire dans une salle dont les peintures racontent le glorieux passé de la cité et en présence des autorités et des membres du Cercle artistique et scientifique d'Anvers qui s'estiment heureux de vous recevoir dans leur beau Musée.

Messieurs, au nom de la Commission organisatrice du Congrès international de Botanique et d'Horticulture, je vous souhaite la bienvenue et je vous remercie du fond du cœur de l'honneur que vous lui faites en ce jour. Je remercie les autorités qui nous ont si vaillamment secondé, je remercie tous ceux qui, à un titre quelconque, ont contribué ou contribueront dans la suite à la réussite complète de vos travaux, dont le but est le progrès de la science et la consécration de la bonne amitié qui réunit tous les savants de quelque pays qu'ils soient. C'est sous la haute protection du Roi que nous entamons nos travaux, c'est sous l'égide de la

Paix, symbolisée par le majestueux Palmier qui domine cette assemblée que nous plaçons le Congrès d'Anvers.

**M. le Président.** — L'ordre du jour de nos travaux appelle la discussion d'une question qui a été libellée au programme en ces termes : « La Flore du Congo et les essais de culture et d'acclimatation entrepris dans le nouvel État libre. » Cette question d'une importance si actuelle a déjà fait l'objet d'un certain nombre de communications très-intéressantes, que la Commission organisatrice a fait insérer dans les quatre fascicules qui ont été distribués comme documents préliminaires. Ces notes, ces rapports, ces renseignements émanent de quelques anonymes et de Messieurs Fréd. Burvenich, père, professeur à l'École d'horticulture de l'État à Gand, M. le lieutenant Haneuse, M. le lieutenant Storms, M. le docteur Maurice Staub, professeur au séminaire royal pour les écoles supérieures à Buda-Pesth, M. le lieutenant adjoint d'état-major Avaert, M. Calewaert, fils, d'Anvers, M. P. Van den Driessche, agent de l'Association internationale africaine, et M. le lieutenant Roger.

Les bases de la discussion sont donc nombreuses et solides. Il serait à désirer que quelques-uns des auteurs de l'une ou l'autre de ces notes si intéressantes voulussent prendre la parole pour résumer la question. (1)

**M. Wittmack.** — Vous me pardonnerez si je prends la parole. Je le fais à l'improviste et uniquement pour que la discussion puisse commencer immédiatement.

Je n'ai pas encore lu le dernier fascicule des Rapports préliminaires du Congrès que je viens de recevoir à l'instant. Je constate qu'il contient, à la page 377, la notice sur la végétation du Bas-Congo, de Banana à Stanley-Pool, rédigée par M. Mönkemeyer, un des quatre jeunes gens que j'avais choisis, à la demande de l'Association internationale du Congo, pour entreprendre en Afrique des cultures agricoles et horticoles. Il n'a pu se rendre ici par suite d'un empêchement, mais il a donné dernièrement à la Société d'horticulture de Berlin, une conférence dans laquelle il a très bien décrit la végétation du Bas-Congo.

Il nous a rappelé que, quand le voyageur arrive dans ce pays assez triste, il ne conçoit pas de grandes espérances parce que de grands marais de Manguiers et de *Phœnix spinosa* s'étendent sur les bords ; les rives sont sablonneuses et couvertes de Cypéracées, de Graminées et de Papilionacées raides.

Les marais s'étendent très-loin, mais là où ils finissent, l'aspect de la

---

(1) Voir aux « Rapports préliminaires » les mémoires et les notes sur cette question : pp. 269-328 et 377-387. —

nature change, le terrain devient meilleur. Le sol se compose d'argile, ce qui convient mieux pour la culture, mais il a le désagrément de sécher très vite.

Dans le Congo inférieur les plantes qui viennent très bien sont d'abord les Bananiers et le Manioc qui donnent une bonne nourriture.

Le Manioc croît si bien qu'il suffit de couper une branche du tronc et de la jeter en terre pour la voir pousser bientôt après; elle y prend racine.

Le Manioc se trouve même dans les contrées les plus éloignées de la mer, dans l'Ouest et dans l'Est de l'Afrique. On pourrait presque croire que c'est une plante du pays, mais elle a été évidemment importée de l'Amérique centrale où les voyageurs l'ont trouvée.

Sur les pentes des collines viennent les Adansonia ou Baobab, arbres curieux, mais qui ont un bois très léger et dont les fruits ne valent pas grand' chose.

D'après M. Mönkemeyer, ce qu'il importe le plus d'avoir au Congo, ce sont des légumes. On ne saurait se faire une idée des services qu'ils rendent dans les pays chauds.

Nous qui en faisons une consommation journalière, nous n'y prêtons pas grande attention, mais là où l'on ne consomme ordinairement que des viandes de conserve — quand on en a — car il arrive qu'on ne mange pas de viande du tout — si l'on manque de légumes, l'estomac européen se débilite tout-à-fait, les forces de l'homme s'en vont et il lui est bien difficile de vivre. On a d'abord éprouvé beaucoup de difficultés à obtenir des légumes au Congo.

M. le professeur Schweinfurth a reproché aux Portugais d'avoir passé 200 ans dans ces contrées sans réussir à obtenir des radis (*Hilarité*). Ces reproches ne seront plus fondés aujourd'hui, car on a réussi la culture des radis, des choux, des betteraves, des raves, etc.. Je vois, en jetant un coup d'œil sur le rapport de M. Mönkemeyer qui vient d'être imprimé, un passage où il dit que les radis, trois semaines après qu'ils sont semés donnent un produit excellent. D'après les notes insérées dans le même fascicule vous pouvez voir que la laitue croît très bien dans ces pays, de même que les oignons et les haricots.

Les pois viennent moins bien, ils ne donnent qu'une demi-récolte, mais on obtient de très bons résultats de la plantation des concombres, des melons et des tomates.

La chose essentielle pour obtenir des légumes, c'est de créer de l'ombre d'abord. Sans cela, tout périt en quelques jours par suite de l'excessive chaleur du soleil.

Pour avoir de l'ombre, il convient de couvrir les champs de légumes au moyen de châssis. On pourrait en fabriquer avec des branches d'arbres et d'arbrisseaux. Mais cela n'est pas pratique parce que les Termites se rendent sous ces branches et détruisent la récolte. On évite cet inconvénient en fabricant de bons châssis de bois.

Les terrains du Haut-Congo sont beaucoup plus favorables aux plantations que ceux du Bas-Congo, mais ce qui serait absolument nécessaire, d'après M. Mönkemeyer, pour y créer de grandes cultures, ce serait un chemin de fer qui relierait le Congo inférieur au Congo supérieur, où le terrain et le climat sont beaucoup meilleurs. Malheureusement on ne peut pas vendre les marchandises du Haut-Congo parce qu'il est trop difficile de les transporter au Congo inférieur.

Maintenant on doit employer à cette besogne des nègres qui ne portent pas plus de 30 kilos chacun. On reconnaîtra que ce moyen de transport coûterait un peu cher.

**M. le Président.** — Nous remercions M. Wittmack d'avoir commencé la discussion sur cet intéressant sujet.

**M. Baillon.** — L'œuvre civilisatrice entreprise au Congo par la Belgique, est appelée à une grande renommée. C'est une conquête pacifique à laquelle la science ne saurait marchander son concours, mais qui ne peut aboutir à de grands et utiles résultats que si elle est conduite conformément aux principes scientifiques.

Ce qui n'accompagne pas toujours les grandes et nobles actions, et que, cependant, votre généreuse nation est appelée à récolter, ce sont les avantages d'une entreprise, profitable en même temps qu'elle sera civilisatrice.

Permettez donc à un des botanistes de l'Europe qui se sont le plus livrés à l'étude de la Flore de l'Afrique tropicale, de rechercher ici ce que le règne végétal peut vous offrir d'utile et de profitable dans vos établissements du Congo.

Je n'ai pas, bien entendu, à m'arrêter longuement aux végétaux qui sont connus comme formant le fond de la végétation spontanée et des cultures de semblables pays. Le nom de ces plantes est dans toutes les bouches.

Je n'ai pas besoin de vous dire qu'il y aura, pour votre commerce et celui du monde entier, un intérêt de premier ordre à produire dans les régions que vous allez coloniser, les plantes à matières colorantes, les plantes tinctoriales telles que les Indigos, les végétaux textiles tels que les Cotons et les Jutes. Mais vous aurez deux problèmes à résoudre : le choix des meilleurs espèces, variétés et races à choisir; et le choix des méthodes à appliquer à leur culture.

Pour les essences tinctoriales telles que les Indigotiers, vous aurez à juger de la valeur comparative des *Indigofera tinctoria, Anil, argentea* et de quelques autres espèces qui croissent au Congo ou pourraient y être introduites. Une plante assez voisine des Indigotiers et qui donne une matière tinctoriale bleue dans certains districts brésiliens, l'*Æschynomene sensitiva*, devra être essayée dans ces régions. Il en sera de même de certaines espèces du genre *Tournesolia* ou *Crozophora,* qui végèteront parfaitement au Congo et qui pourront donner des produits analogues au *Tournesol en pains* que nous voyons préparer au Grand-Gallargues, dans la région méditerranéenne. Ce qu'il y a de plus probable, c'est qu'on devra de préférence s'en tenir, dans bien des cas, aux espèces que l'expérience et la tradition auront démontré aux indigènes être les plus productives. Mais si l'on fait alors intervenir les procédés perfectionnés de culture que nous possédons en Europe, il est aisé de prévoir qu'on verra succéder aux médiocres profits que s'assurent péniblement des populations encore ignorantes, des résultats véritablement colossaux.

Les mêmes principes de sélection s'appliquent aux espèces de Cotonniers dont il faudra favoriser la culture. Les variétés à longue soie devront remplacer celles dont le brin est défectueux comme longueur, souplesse et solidité. Une expérimentation méthodique vous dira s'il n'y a pas lieu de substituer partout aux *Gossypium herbaceum, arboreum,* et *anomalum,* souvent cultivés dans ces contrées, les bonnes variétés de *G. barbadense* qui fournissent aujourd'hui les bonnes sortes de cotons américains et qui sont d'ailleurs cultivées avec succès sur plusieurs points tropicaux du continent américain.

Les peuplades de ces régions possèdent plusieurs autres textiles fournis, comme le coton, par des Malvacées; il conviendra de les populariser au Congo. L'*Évonoué* des Gabonais est dans ce cas : c'est l'*Hibiscus liliaceus* ou *Peritium tiliaceum,* dont l'écorce, macérée dans l'eau sert à fabriquer de très bonnes cordes, « que l'on pourrait, dit M^r Griffon-de-Bellay, confondre avec les cordes de chanvre travaillées en Europe ». Tout à côté de ce groupe se trouvent les Tiliacées auxquelles appartiennent les plantes à *Jutes,* les *Corchorus.* Dans presque toute l'Afrique tropicale, les *C. olitorius, trilocularis, acutangulus, tridens,* etc. sont de mauvaises herbes dont on peut régulariser la mise en exploitation, après que l'expérience se sera prononcée sur la valeur relative de ces espèces considérées comme textiles.

Ce que je viens de dire des matières tinctoriales et textiles, je puis le dire également des végétaux à matières grasses. La culture des Arachides et des Palmiers à huile, qui existe dans toute l'Afrique chaude, devra être favorisée et perfectionnée au Congo. Le Sésame (*Sesamum indicum*) y pourra être, avant peu, exploité sur une grande échelle : non pas seulement les races peu productives qui sont connues dans les cultures africaines, mais ces belles races ou variétés japonaises qui ont déja été essayées, par quelques curieux, dans le midi de l'Europe et qui doivent donner des produits plus beaux et plus abondants. Quand les graines des Sésames qui, comme celles des *Arachis,* couvrent à certains jours les

quais de débarquement du port de Marseille et de tant d'autres grands
centres d'introduction, auront pu être soumises à des procédés appropriés
de décortication, elles enrichiront au centuple les populations européennes.
On sait que l'huile de Sésame est douce, agréable, qu'elle rancit
difficilement, et qu'elle peut supporter la comparaison avec les meilleures
huiles d'olives; on sait qu'au Japon, où l'on n'usait ni de beurre ni de
graisse, on n'employait, au temps de Thunberg, que l'huile de Sésame
aux usages culinaires.

Les semences des Ricins représentent aussi une source considérable
de matière huileuse. Un regard jeté sur la précieuse collection des
colonies portugaises, actuellement disposée dans le local de l'Exposition
internationale d'Anvers, nous fait comprendre l'infinie variété des sortes
commerciales de ces graines, leur multiple utilité, la facilité et l'abondance avec lesquelles elles croîssent dans les régions voisines du Congo,
soit sauvages, soit à l'état de culture.

Une autre plante du groupe des Malvacées joue un rôle bien curieux
dans certaines portions du Congo ; il sera facile de l'introduire, si elle n'y
existe déjà, et de la multiplier dans la région dont vous entreprenez la
conquête scientifique et commerciale. Je veux parler du *Cola*. La *Noix
de Cola, de Gourou, de Ngourou*, encore appelée *Noix de Cacao et Café
du Soudan* est la graine d'une Sterculiée, le *Cola acuminata* (*Sterculia
acuminata. — S. nitida. — S. verticillata*), célèbre dans l'Afrique
tropicale occidentale comme masticatoire, est dans ces régions l'objet d'un
commerce considérable. Les Mahométans le regardent comme un fruit
divin, apporté par le Prophète ; aussi est-il exorbitamment cher dans les
contrées un peu éloignées de celles où croît cet arbre. Il y a deux variétés
de *Cola :* l'une à fruits rouges, et l'autre à fruits blancs ; l'une et l'autre
passent pour éloigner le sommeil, mais la dernière est réputée posséder
cette propriété à un plus haut degré. Il n'y a rien là de bien étonnant,
depuis que M. Attfield et bien d'autres après lui, ont trouvé, dans la
*Noix de Cola*, la théine dont M. Daniell avait soupçonné la présence.
Ces graines sont recherchées sur toute la côte occidentale comme aphrodi-
siaques, au moins comme antihypnotiques, ou employées comme antidys-
sentériques. Il paraît que le voyageur peut rendre potables les eaux les
plus saumâtres qu'il rencontre en y râpant une petite quantité de cette
semence. La culture de cette plante ne doit pas être difficile au Congo ;
les nègres en font si grand cas qu'ils l'ont transportée avec eux jusque
dans l'Amérique centrale ; c'est là qu'elle a été décrite comme type d'un
nouveau genre de Sterculiées, sous le nom de *Siphoniopsis monoica*.

Un autre bel arbre de ces régions, également des plus utiles, sera le
fameux Baobab, l'*Adansonia digitata*, le géant de la végétation africaine
tropicale. Son fruit renferme, en dehors des graines, une pulpe acidulée,
rafraîchissante, ultérieurement desséchée et farineuse, qui s'expédiait

jadis en Europe, sous le nom de *Terre de Lemnos*. C'était alors, en Grèce et en Egypte, comme c'est aujourd'hui parmi les peuplades nègres de l'Afrique, un remède réputé, sous le nom de *Douï*, contre les diarrhées, les dyssanteries, les hémophtysies, les fièvres putrides, etc. La portion extérieure du fruit, vulgairement nommé *Pain de linge*, est une sorte d'écorce ligneuse, de farine très-variable, qui sert, comme les Calebasses, de vase et de récipient. Réduite en cendres, elle fournit une lessive alcaline qui sert à saponifier les huiles rances de palme. Les feuilles et les graines torréfiées entrent, en Nubie, dans la préparation d'une décoction anti-dyssentérique.

La famille des Euphorbiacées sera riche, dans ces pays, en espèces utiles, soit ligneuses, soit herbacées. Les Maniocs, qui passent pour être d'origine américaine, ont pénétré parmi tous les peuples qui habitent les parties tropicales de l'Ancien-Monde. La richesse de leurs racines en matière amylacée, en tapioca, en fait un objet de consommation de premier ordre ; et l'on sait que, dans les pays chauds, le moindre morceau de tige, semé à la façon d'une graine, reproduit très-promptement une plante qui se charge bientôt de racines adventives tubéreuses, réservoirs des substances féculentes.

Nous avons parlé des huiles extraites des graines de divers Ricins. L'Afrique chaude est encore un des lieux de production de l'huile de *Grand Pignon*, d'*Inde* ou de *Barbarie*, c'est-à-dire du *Jatropha Curcas* ou *Grand-Médicinier*, aussi recherchée par la médecine que par l'industrie, et dont de nombreux spécimens se voient dans l'exposition africaine des colonies portugaises et françaises.

Il y a certainement beaucoup de Vignes au Congo, et l'on sait quel bruit il a été fait, il y a quelques années, autour des Vignes du Soudan dont on espérait pouvoir introduire la culture en Europe. Mais ces Vignes n'auraient pu vraisemblablement supporter notre climat, et il n'a pas été prouvé que leurs fruits pussent servir à faire du vin. C'est ce qui arrivera pour la plupart des espèces africaines qui se trouvent au Congo ou qui pourraient y être introduites. Mais il y aura lieu d'examiner si quelques espèces indigènes n'ont pas un fruit susceptible d'être exploité pour la fabrication du vin, et si le climat s'oppose à ce que certaines sortes, d'origine européenne ou américaine, soient introduites et cultivées.

Ainsi que l'a très-bien dit tout à l'heure M. le Professeur Wittmack, dans des localités semblables à celles qu'on veut coloniser, il faut créer avant tout des abris pour les cultures herbacées, potagères, notamment pour nos légumes européens. Ces abris doivent être, autant que possible, naturels. Il faut créer à bref délai des plantations arborescentes. Mais les arbres ou arbustes doivent être choisis parmi ceux qui ont fait leurs preuves au point de vue de leur parfait développement dans les pays tropicaux. Heureux si, en même temps, ils peuvent donner des produits utiles, assurer à la consommation des bois précieux, des fruits alimentaires en grand nombre ! Les Manguiers, de la famille des Térébinthacées, sont précisément dans ce cas : ce sont des arbres fruitiers dont les variétés sont innombrables, comme celles de nos poiriers et pommiers par exemple. Leurs fruits sont souvent délicieux ; et l'on sait que certains d'entre eux sont tellement recherchés, que l'imagination des peuples tropicaux a bâti là-dessus des légendes, analogues à celles qui se trouvent à l'origine de bien des religions, au sujet du fruit qui aurait tenté les premiers parents de l'humanité. Il ne faudra introduire, soit de l'Inde, soit des îles Mascareignes, que les meilleures variétés de Mangues. Elles peuvent être, avant peu, pour l'Europe, principalement à l'état de conserves, un objet d'importation analogue à ceux que l'Amérique a commencé à nous envoyer et dont il est probable qu'elle inondera prochainement nos marchés. On peut en dire autant au sujet des Ananas et de bien d'autres fruits que le voyage n'altérera pas. C'est à l'Europe à songer qu'elle pourrait tenter un essai de concurrence très sérieux, quand les cultures coloniales seront bien organisées dans les pays tropicaux, quand ceux-ci pourront produire à bon marché des fruits délicieux, abondants et susceptibles d'être préparés pour la consommation de façons très diverses.

Les Corossols, fruits des *Anona* sont dans le même cas que les Ananas. Ceux que l'on nomme *Cœur de bœuf*, *Cachiman épineux*, etc. sont considérés par les habitants des tropiques comme surpassant par leur saveur tous les autres. L'Algérie commence à nous en importer quelques-uns ; le Congo pourra nous en procurer bien davantage. A la même famille appartient une épice dont Clusius vantait déjà les qualités aromatiques et stimulantes. C'est le *Poivre d'Ethiopie* ou *Poivre des nègres* de Sérapion, fruit que les noirs ont aussi introduit dans le Nouveau-monde ; il est produit par un *Xylopia* qui croît très bien dans toute l'Afrique tropicale. Le *Muscadier de Calabash*, *Calabash Nutmey* des colons anglais, est la graine d'une autre Anonacée aromatique : le *Monodora Myristica*. Celui-ci a également suivi les nègres aux Antilles où il fleurit et fructifie ; il fructifiera très-bien au Congo où il est bien possible qu'il existe déjà.

J'arrive à des produits plus précieux encore. La culture des magnifiques plantes de la famille des Guttifères ou Clusiacées, rencontrera les conditions les meilleures dans vos établissements africains. Les plus importantes seront celles dont le latex est de couleur jaune et se solidifie, après son extraction, en une masse solide qui constitue la Gomme-gutte. Il y a, dans les diverses régions des tropiques, beaucoup de bons Guttiers qui n'ont pas encore été exploités. Leur suc laiteux, si actif comme purgatif-drastique, si utile, principalement, dans les arts, sera peut-être de bonne qualité dans les *Garcinia* ou autres genres voisins indigènes.

En tous cas, les meilleurs *Garcinia* connus, si abondants en Annam et au Cambodge, comme le *G. Hanburgi*, l'une des grandes richesses de l'Indo-Chine, pourront être transportés au Congo ; elles y trouveront des conditions climatériques analogues à celles de leur pays d'origine. Il y a là une source possible de revenus considérables. Il y a des arbres fruitiers remarquables dans cette famille ; tel est le Mangoustan (*Garcinia Mangostana*). Ses fruits coriaces renferment quelques graines en forme de quartiers d'orange, dont toute la couche superficielle constitue une pulpe d'une saveur exquise et parfumée, la plus délicieuse, dit-on, qu'on puisse savourer. Cette pulpe rafraîchissante sera d'un grand secours aux Européens contre les ardeurs d'un climat tropical.

L'Hazigne de Madagascar, dont l'introduction sera certainement facile, est aussi une Clusiacée, le *Symphonia (Chrysopia) fasciculata*. Son bois est de telle qualité, que sa tige élevée et droite constitue les plus beaux mats de navire. Son latex solidifié forme une sorte de gomme-résine que les indigènes emploient pour l'éclairage et pour une foule d'usages médicaux. Ils s'en servent à l'état de pureté, ou bien ils la mélangent, pour la préparation de certains onguents, avec la graisse produite en abondance par les semences. Cette graisse est, d'après les recherches de mon collègue, le professeur J. Regnauld, extrêmement analogue à certaines matières grasses d'origine animale ; elle peut servir à divers usages culinaires. On comprend toute l'importance d'un pareil arbre pour le Congo où pourra aussi se cultiver un autre arbre de la même famille, l'*Abricotier de Saint-Domingue*, remarquable par les qualités de son fruit : c'est le *Mammea americana*, déjà cultivé dans plusieurs pays chauds de l'Ancien continent.

Il y a un immense groupe de plantes dont on ne saurait trop recommander l'importation et la culture au Congo ; c'est celui des *Rubiacées*, dont les écorces, souvent riches en matières tanniques, amères, jouent un grand rôle comme toniques, stomachiques, fébrifuges et sont, par là même, d'un grand secours dans les régions où peuvent régner les fièvres et autres accidents paludéens et où le tube digestif des Européens a souvent besoin d'être tonifié, débilité qu'il est par les conditions climatériques. C'est à cette famille qu'appartiennent en première ligne les Quinquinas. Introduits dès aujourd'hui à Angola, ils pourront peut-être donner des produits satisfaisants là où se trouveront des flancs de collines assez élevés pour présenter la nuit une certaine dose de fraicheur et d'humidité. Quoique rien jusqu'ici ne vaille les Quinquinas comme fébrifuge, il y a bien d'autres Rubiacées en Afrique qui pourront fournir des écorces suffisamment toniques et astringentes : on a cité plusieurs *Ixora*, *Morinda*, *Guettarda*, les *Antirhœa* de Bourbon et de Maurice qui, sous le nom de *Bois de Lostena*, servent au traitement des plaies, des ulcères et des abcès, les *Danais* qui, aux Mascareignes, portent le

nom de *Bois-à-dartres*, un grand nombre de *Gardenia* à écorce riche en
tannin et le *Sarcocephalus esculentus* de Sierra-Leone, qui a une écorce
astringente, fébrifuge et des fruits considérés comme comestibles. Je ne
parle pas ici des Caféiers, parce qu'il n'est pas probable qu'on ne puisse
tenter avec succès la culture de ces arbustes, notamment celle des *Coffea
arabica* et *liberica*, au moins dans certaines portions de la colonie; il
faut, à cet égard, faire des essais nombreux et persévérants.

A côté des Quinquinas, il y a des médicaments amers qui jouent un
grand rôle en médecine et qui sont d'origine américaine. Ce sont des
Rutacées du groupe des Quassiées ou Simaroubées, dont l'un est le
*Picrœna excelsa*, l'autre le *Quassia amara*, l'arbuste au *Bois amer de
Surinam*. Or, chose remarquable, nous venons de rencontrer parmi les
plantes de notre colonie du Gabon, c'est-à-dire dans des conditions de
milieu très-analogues à celles qui sont réunies au Congo, un véritable
*Quassia*, que nous avons nommé *Quassia africana*, et qui, pour l'amer-
tume franche et intense, ne le cède en rien au *Quassia amara* du
Nouveau-monde.

Dans une autre division de la même famille, nous trouvons un autre
arbre intéressant dont les Gabonais nous ont appris l'usage : c'est leur
*Oba*, dont le nom scientifique est *Irvingia gabonensis* et qui a été aussi
appelé *Mangifera gabonensis*, attendu que c'est le *Manguier sauvage* de
nos colons. Il fleurit plusieurs fois dans l'année et donne presque constamment des fruits dont la graine fournit le *Pain* et le *Beurre de Dika*.
Les indigènes mangent le sarcocarpe pulpeux ; mais sa saveur térébin-
thacée, analogue à celle des Mangues, est bien plus prononcée encore,
de sorte que les Européens n'apprécient que fort peu un semblable
aliment. La graine seule sert à préparer le *Dika*. On brise les noyaux;
les semences sont broyées dans un mortier, puis jetées dans un chaudron
préalablement garni à l'intérieur de feuilles de Bananier; sous l'influence
d'un feu lent et doux, la fusion se produit; puis la substance refroidie
se prend en une masse tachetée de brun et de blanc. Les parties brunes
constituent une sorte de cacao qui peut servir, étant sucré et aromatisé,
à préparer ce que M. P. Rorke a nommé le *Chocolat des pauvres*. Sa
couleur et sa consistance naturelles sont bien celles du Cacao; mais il
n'en a pas le parfum. Les taches blanches représentent la matière grasse,
le *Beurre de Dika*, assez analogue aussi à celui du Cacao. Il y a longtemps que MM. Gellé, frères, à Paris, Pilastre, à Rouen, et Mazurien, au
Hâvre, ont proposé d'employer cette matière grasse à plusieurs usages
industriels ; on en a préparé une substance analogue à la stéarine, des
parfumeries fines, des cérats, des savons à base de soude. La substance
brune a déjà servi, dit-on, à falsifier les chocolats. Les indigènes
emploient d'ailleurs le *Pain de Dika* comme aliment; ils l'associent râpé
à différents mets, principalement aux bananes cuites. Mais, peu délicats,

à ce qu'il paraît, sur les saveurs, ils se consomment guère qu'un *Dika* dont le goût est celui de la fumée ; car les insectes en sont très-friands, et afin de prémunir les pains contre leurs attaques, on a l'habitude de les suspendre pendant plusieurs mois en dedans des habitations où ils reçoivent la fumée de tout le feu qui se fait dans l'intérieur de la case. On voit donc qu'il faudrait appliquer à la préparation et à la conservation du *Dika* les procédés perfectionnés qui sont à la portée des européens.

Au point de vue industriel, il est probablement plus important encore à l'heure qu'il est, d'introduire et de cultiver un certain nombre de lianes appartenant à la famille des Apocynacées, celle que représentent chez nous les Pervenches et le Laurier-Rose. Il est probable que, dans un avenir prochain, la culture de ces plantes sarmenteuses constituera au Congo la principale source de revenus commerciaux. Le suc propre et laiteux des *Vahea* ou *Landolfia* et d'une trentaine d'autres plantes voisines, solidifié et condensé, représente la majeure partie des caoutchoucs fournis par l'Afrique tropicale et les îles adjacentes. Il y en a beaucoup à Madagascar. De nombreux *Vahea* ont été introduits en Angleterre pour y être multipliés et de là envoyés aux divers centres horticoles des colonies tropicales des deux mondes ; c'est un exemple à imiter dans toute nouvelle installation coloniale.

Plus importante peut-être encore se présente de nous jours la question des *Gutta percha*. Ce sont des sucs propres ou latex d'arbres appartenant à la famille des Sapotacées. La première espèce de ce groupe qu'on ait connue comme produisant de la *gutta,* était notre *Palaquium Gutta,* bel arbre de Singapour, qui a, plus anciennement, reçu les noms d'*Isonandra* et de *Dichopsis Gutta*. Rapidement, les riches forêts de *Palaquium* ont été détruites par une exploitation peu méthodique et mal raisonnée, et c'est grâce à une protection sévère que le gouvernement anglais doit la conservation d'un petit nombre d'individus destinés à assurer la reproduction de l'espèce. Mais à Java, à Bornéo et ailleurs, d'autres espèces de *Palaquium,* quelques unes très-riches en *gutta* de première qualité, ont pu être substituées à la première espèce connue. On s'est aussi adressé aux arbres des autres genres de la famille des Sapotacées. Des *Isonandra, Payena, Sideroxylon, Chrysophyllum, Sapota, Mimusops, Keratophorus, Imbricaria, Dipholis, Cacosmanthus,* etc., au nombre de plus de cinquante, fournissent aujourd'hui, tant dans l'Inde, la Malaisie, la Sonde, que dans les régions tropicales américaines, des *gutta* de valeur diverse, dont le commerce et l'industrie s'emparent avec avidité, sans pouvoir, le plus souvent, parvenir à faire face aux demandes. Il n'y a guère de gouvernement européen qui, dans ces dernières années, n'ait institué des missions scientifiques et commerciales pour la recherche et l'exploitation des Sapotacées à *gutta*. Or, l'Afrique tropicale possède un certain nombre de ces plantes qui n'ont pas encore été utilisées. Elle sera un terrain excellent pour la culture des espèces asiatiques, océaniennes et américaines qu'on y voudra introduire. Elles formeront de magnifiques forêts et dans leur jeune âge, elles fourniront aux cultures herbacées les abris nécessaires dont il était question tout-à-l'heure. Ajoutez à cela que la plupart des bois de Sapotacées sont de première valeur pour l'ébénisterie et les constructions. Les superbes *Bois-de-natte* des îles orientales africaines sont produits par des arbres de cette famille, des *Mimusops*, des *Imbricaria*, des *Labourdonaisia*, etc., et nous savons déjà que plusieurs de ces arbres portent des fruits excellents. Il y a aussi des Sapotacées très-riches en matière grasse, en beurres végétaux. La plus remarquable est le *Butyrospermum Parkii*, encore appelé à tort *Bassia butyracea*, qui forme d'immences forêts en Afrique et qui fournit au voyageur une matière grasse tout à fait propre à la préparation de sa cuisine de campement. Il est singulier que des échantillons complets de cet arbre arrivent si rarement en Europe, que si rarement de bonnes graines nous soient apportées pour propager ailleurs ce précieux végétal dont le bois est aussi, dit-on, de première qualité.

C'est à la famille voisine des Ebénacées qu'appartiennent les bois les plus chers, les plus durs, les plus foncés de ces régions. Le commerce des bois d'ébène se fait, dans l'Afrique tropicale, sur une échelle considérable. Et cependant nous ignorons presque toujours à quelle espèce d'Ébénier (*Diospyros*) appartient telle ou telle sorte de bois à laquelle l'industrie accorde une valeur variable. L'étude de ces espèces, en même temps qu'elle permettra aux botanistes de les bien distinguer les unes des autres, amènera aussi les colons à n'introduire et à propager que celles qui fournissent les meilleurs produits.

Je ne parlerai pas ici des produits des Palmiers, notamment des huiles de palme dont l'Afrique envoie de si énormes quantités aux deux mondes; ni des cannes à sucre, ni des Ignames, ni des innombrables Aroïdées plus ou moins analogues au *Taro* des Polynésiens, ni des *Tacca* dont la portion souterraine est aussi une source abondante d'aliments amylacés, ni des arbres à fruits alimentaires féculents du genre *Artocarpus*, ni des Patates douces, de la famille des Convolvulacées, ni des innombrables produits des Figuiers : latex, fruits, gommes-laques, ni des Légumineuses alimentaires, ni des gommes, des bois, des cachous que peuvent fournir un grand nombre des arbres de cette vaste famille ; ni même des Graminées alimentaires, Sorghos, Millets, Maïs, Riz, etc. dont les rendements devront être énormes, relativement à ce qu'ils sont aujourd'hui, alors que ces céréales seront soumises aux procédés de la culture européenne.

Mais parmi les Monocotylédones, il y aura à répandre la culture de certaines Liliacées utiles dont on peut déjà prévoir le rendement : les

Aloès, exploités comme plantes à produits médicinaux, ou bien cultivés pour leurs fleurs, comme il arrive dans certaines régions du pays d'Angola, où le suc épuisé des fleurs sert à former des gâteaux alimentaires, employés aux usages culinaires, riches en tous cas en matière sucrée.

Les Bananiers, si prodigues en fruits employés comme légume ou comme objet de dessert sont déjà nombreux dans l'Afrique tropicale. Outre les espèces employées comme l'*Ensete* dont Bruce faisait déjà ressortir les usages multiples pour les populations africaines, il est possible de multiplier les espèces et les variétés riches en fécule ou en matière sucrée et qui suffisent presque à l'alimentation de certaines peuplades des pays chauds.

L'Afrique tropicale est en même temps la patrie par excellence des plantes à épices aromatiques du groupe des Gingembres ou Zingibéracées. La culture du *Zingiber officinale* peut facilement se transporter au Congo, de même que celle des nombreux *Amomum* et *Alpinia* qui donnent des Cardamomes et des Galangas, ces épices et ces médicaments que votre Clusius connaissait déjà et dont il a donné des descriptions et des figures si remarquables pour l'époque. L'*Arrow-root*, extrait du rhizôme alimentaire du *Maranta arundinacea*, sera certainement d'une exploitation facile, de même que ses succédanés : le *Toulema* ou *Tolomane* et le *Tikor* ou *Tikhar*. Ce dernier donne une fécule. Le *Curcuma longa* est encore une Zingibéracée à cultiver. L'*Alpinia officinarum*, l'herbe au *Petit Galanga*, d'origine chinoise, est déjà introduite dans nos serres et sera facilement transportée en Afrique. L'*Elettaria repens*, d'origine asiatique, de même que l'*Amomum xanthioides*, l'*A. aromaticum*, l'*A. maximum*, croîtront aussi bien au Congo que la Grande Maniguette (*A. Melegaeta*) ou la plante aux *Graines de Paradis* (*A. Granum Paradisae*) qui sont indigènes dans l'Afrique tropicale.

En somme, dirigée suivant les principes de la science contemporaine, l'entreprise du Congo réserve à la Belgique autant de profit que d'honneur. Marchez! C'est au nom de la science qu'un de vos hôtes, reconnaissant de l'accueil qui lui est fait en ce jour, vous convie à aller de l'avant pour le plus grand intérêt de votre pays, de l'Europe civilisatrice, du monde entier, de l'humanité! (*Applaudissements prolongés.*)

**M. le Président.** Je suis heureux que vos applaudissements ratifient l'impression si favorable que nous a faite l'intéressante communication de M. Baillon. On ne pourrait mettre avec une meilleure grâce les enseignements de la science la plus élevée au service de la pratique, ni mieux faire ressortir tout ce qui peut assurer l'avenir du Congo. (*Applaudissements.*)

Plusieurs orateurs ont encore demandé la parole sur la question du Congo, mais, quelqu'intéressant que soit le sujet, je crois qu'il convient d'en remettre la suite à la séance de demain. (*Adhésion.*)

— La séance est levée à midi et demi.

# I^re Assemblée générale du 3 août 1885.

Présidence de MM. Éd. Morren, professeur à l'Université de Liège, et H. Baillon, professeur à la Faculté de médecine de Paris.
MM. É. Marchal et Ém. Rodigas, secrétaires du Congrès, remplissent les fonctions de secrétaires.



La séance est ouverte à 10 heures.

M. Ch. de Bosschere, secrétaire-général, procède au dépouillement de la volumineuse correspondance à laquelle l'organisation du Congrès a donné naissance, et fait connaître les publications dont il est fait hommage à cette Assemblée.

**M. le Président.** — Hier, la séance a été interrompue au moment où la question du Congo présentait le plus grand intérêt, grâce à la communication de M. Baillon. Nous allons continuer à traiter le même sujet.

Je donne la parole à M. Planchon.

**M. Planchon.** — Dans la très intéressante communication de M. Baillon, il a été question incidemment des vignes. C'est un sujet à l'ordre du jour, surtout les vignes du Soudan, sujet dont je me suis occupé depuis trois ans d'une manière spéciale et sur lequel je vous demande la permission d'appeler quelque temps votre attention.

Les vignes des pays tropicaux ont été confondues avec les vignes des pays tempérés et elles ont été désignées sous le nom général de *Vitis*. On a voulu les faire entrer presque toutes dans un seul genre. Je ne veux pas traiter la question botanique au long, mais je vous dirai seulement que c'est sur des vues très incomplètes du sujet qu'on était arrivé à mêler les choses les plus disparates et à faire un soi disant genre *Vitis* que l'on a subdivisé aujourd'hui d'après les feuilles simples, découpées ou composées. Cette division artificielle est commode dans certains cas, mais elle s'applique mal à des plantes aussi variables de feuillage que le sont les Ampélidées.

Le genre *Vitis*, tel que je le conçois, ne comprend que des espèces de la zône tempérée de l'hémisphère Nord. Il est parfaitement défini par ses fleurs polygames dioïques, sa corolle pentamère en capuchon, ses graines pyriformes avec deux fossettes centrales peu étendues. Ce sont les seules vignes qui donnent des vins de conserve, parce que l'alcool s'y produit en assez forte proportion. Un petit nombre d'espèces seulement entre dans la zône tropicale.

J'ai donné le nom d'*Ampelocissus* à des vignes tropicales dont l'aspect rappelle le plus souvent les vraies vignes, mais qui s'en distinguent par des fleurs toujours polygames monoïques, à 5 ou rarement 4 pétales s'ouvrant en étoile et par des graines ellipsoïdes à face ventrale présentant deux longs sillons, à côté d'une carène médiane.

Le plus grand nombre des *Ampelocissus* appartiennent à l'Afrique tropicale. Mais il y en a aussi à Madagascar, dans l'Inde, dans l'Archipel Indien, en Australie, et chose inattendue, au Mexique et dans les Antilles.

L'attention a été appelée sur ces *Ampelocissus* par une publication de M. Lecard, un jardinier français qui avait été en Cochinchine, puis au Sénégal. Je les ai appelées *Vignes à tiges annuelles*. Il a cru qu'elles pourraient être cultivées en Europe. Beaucoup de gens ont partagé cette idée, mais ils se sont préparé des déceptions.

M. Ch. de Lavallée, M. Duchartre et moi, nous avons dit tout de suite qu'il était peu probable que les vignes d'une région absolument tropicale, comme l'Afrique occidentale, puissent être cultivées en Europe.

Même dans des serres chaudes, ces vignes sont très mal venues. J'ai eu beaucoup de peine à les conserver trois ans. J'en ai même beaucoup perdu.

Sous le nom de Vignes Lecard on a confondu un vrai *Cissus* (*Vitis Durandi* Lecard) et divers *Ampelocissus*.

Grâce à la libéralité des administrateurs du Musée du Jardin botanique de Bruxelles, j'ai eu l'avantage d'avoir sous la main des échantillons types des Vignes de Lecard. Des échantillons pareils m'ont été généreusement prêtés par l'herbier de l'Université de Genève. C'est grâce à ces matériaux que j'ai pu me retrouver dans les indications vagues et confuses de Lecard.

Je vous distribuerai une petite note sur les *Ampelocissus*, où vous verrez figurer plus de 30 espèces. Ces plantes ont des raisins comestibles et le plus souvent des racines tubéreuses.

Elles ont un mode de végétation très spécial. A un moment donné, elles passent à l'état de repos. Les tiges se dessèchent et quand l'humidité arrive, la plante s'élance. Elle a donc des tiges annuelles. Cela même rend à peu près impossible la culture de cette plante dans nos contrées.

Les fruits des *Ampelocissus* sont quelquefois très gros et ressemblent tout à fait à nos raisins. J'ai vu des fruits qui m'ont été envoyés de différents pays. J'ai pu les étudier. Ils sont quelquefois énormes. Ceux de la vigne de Cochinchine sont également très gros.

Seulement, le malheur c'est que ces fruits si gros, qui sont bons à manger, sont impropres à faire du vin de bonne qualité. Des expériences nombreuses ont été faites et il en résulte que la vigne de Cochinchine donnerait un vin qui aurait de 4 à 5 % d'alcool. Peut être que, avec une addition de sucre, on pourrait en tirer parti ; mais c'est un vin qui, par les chaleurs, doit tourner et aigrir.

Cela ne veut pas dire que les vignes du genre *Ampelocissus* soient dépourvues d'intérêt. Elles ont d'abord un intérêt botanique et elles peuvent offrir un intérêt pratique pour les pays chauds.

On sait que dans les pays à température trop élevée, la vigne d'Europe s'emporte en bois et ne produit pas de fruits. Peut-être qu'il y aurait avantage à cultiver dans ces pays certains *Ampelocissus*.

Au siècle dernier, longtemps avant que Lecard, mort récemment, eut parlé des vignes à fruits comestibles du Soudan, l'illustre voyageur Commerson avait découvert à Madagascar une vigne qu'il a appelée dans ses notes *Vigne éléphantine* et dont un jardinier colonial de l'Ile de France, feu Martin, avait constaté les propriétés comestibles. (*Ampelocissus elephantine*, Planch.)

Plus récemment, on a fait beaucoup de bruit autour de la Vigne de Cochinchine. C'est encore un *Ampelocissus* dont j'ai découvert un échantillon innommé dans l'herbier et que j'ai désigné sous le nom d'*Ampelocissus Martini*.

Je n'insiste pas sur ce sujet. Il sera repris en détail dans la Monographie des Ampélidées que je prépare pour les suites au Prodrome de MM. Alph. et Cas. de Candolle. Ce que j'en ai dit suffira pour établir l'impossibilité de cultiver en Europe les *Ampelocissus* des pays chauds et pour laisser quelque espérance sur leur appropriation à la culture dans les régions tropicales.

**M. Triana.** — M. le professeur Baillon vous a retracé à grandes lignes, dans son chaleureux discours, les cultures de toute sorte qui peuvent être entreprises avec profit au Congo. Au nombre des plantes qu'il vous a signalées comme pouvant être introduites et cultivées dans ce pays, il ne pouvait manquer de mentionner les *Quinquina* dont les propriétés bienfaisantes sont si généralement connues. M. le professeur a ajouté avec raison que dans la famille des Rubiacées il y a différentes espèces qui jouissent de propriétés analogues.

Jusqu'à une époque toute récente, on n'avait découvert des alcaloïdes auxquels on doit les principes actifs des *Quinquina* que dans le groupe générique tel que le constitua en premier lieu Linné sous le nom de *Cinchona*, et ce, au point qu'on s'était habitué à considérer comme un axiome qu'en dehors des espèces de ce groupe, il était presque inutile de rechercher les alcaloïdes propres aux *Quinquina*. Ce n'est que dans ces derniers temps qu'on a introduit dans le commerce de la droguerie, en Colombie, une écorce sous le nom de *Quinquina cuprea*, qui a fourni les principaux alcaloïdes des *Quinquina*. On se perdait en conjectures, sur l'origine botanique de la plante qui fournit cette précieuse écorce, car on avait constaté par l'examen anatomique qu'elle ne pouvait pas provenir de la véritable espèce de *Cinchona*. Pendant plusieurs années on vendait cette écorce en grandes quantités pour la fabrication du sulfate de quinine.

Après des démarches réitérées que j'ai faites pendant ce temps pour obtenir des renseignements, j'ai été assez heureux de découvrir que le *Quinquina cuprea* n'était pas autre chose qu'une plante que moi-même j'avais découverte en Colombie, appartenant à un genre voisin des *Cinchona* et que j'avais signalée dans mes études sur les *Quinquina* sous le nom de *Remijia pedunculata*.

A côté de cette première espèce de *Remijia* est venu s'en placer une autre très-voisine, le *Remijia Purdieana*, dont l'écorce contient un nouvel alcaloïde appelé *Cinchona mine*, six fois plus actif que la quinine et dont les propriétés physiologiques sont des plus remarquables.

Malgré que les alcaloïdes des vrais *Quinquina* se retrouvent dans ces deux *Remijia*, l'analyse chimique confirme la distinction générique des *Remijia* et des *Cinchona*, distinction déjà constatée de bonne heure par l'examen microscopique des écorces. Les *Remijia* ne contiennent pas de la Cinchonidine des espèces de Cinchona, ils renferment au contraire d'autres alcaloïdes nouveaux, comme l'homoquinine, etc.

Nous arrivons au point spécial qui m'a engagé à réclamer votre indulgence pendant quelques moments.

Ce n'est pas seulement au point de vue de la composition chimique que la découverte des alcaloïdes des *Remijia* a renversé les données scientifiques généralement adoptées, mais aussi au sujet de l'habitat, de la propagation et de la culture des *Cinchona*.

Les vrais *Cinchona* à alcaloïdes se rencontrent dans le haut des Cordillières des Andes ; plus on montait, plus on était habitué à espérer que les alcaloïdes des écorces fussent plus abondants. Les plantes du climat tempéré sont plus susceptibles aux influences défavorables et plus difficiles aussi à cultiver et à reproduire. Le choix du lieu convenable pour une nouvelle acclimatation est difficile ; il faut qu'il réunisse plusieurs conditions qu'il n'est pas toujours facile de rencontrer ensemble au Congo.

Les *Remijia*, au contraire, sont des plantes très rustiques, qui végètent dans des localités plus chaudes, dans des endroits moins ombragés, dans des forêts moins humides et naissent et prospèrent dans une terre plus aride et sèche. Sa reproduction s'opère facilement et parfaitement par le marcottage ; les soins à donner aux plantations doivent être moins minutieux que pour les Cinchona.

C'est donc, entre les plantes fébrifuges, au *Remijia* qu'il faudrait donner la préférence pour l'acclimation dans une contrée comme l'Afrique tropicale.

Le gouvernement anglais a si bien compris les avantages que j'ai signalés dans ma brochure sur les *Remijia*, qu'au prix de l'or et de grands sacrifices, il s'est procuré des graines du *Remijia pedunculata*, qui a parfaitement réussi dans l'Inde où, sans doute, sa culture prendra une grande extension. Le *Remijia pedunculata* finira par être préféré à toutes les autres espèces de Cinchona. L'initiative du gouvernement anglais portera des fruits au point de vue commercial et au point de vue humanitaire.

**M. Planchon.** — Je voudrais savoir de M. Triana, qui est au courant de la question, si ce qu'a dit M. Auguste Saint Hilaire des *Remijia* est exact. Il paraît qu'ils viennent au Brésil surtout dans les régions où les terrains sont ferrugineux. Ce serait peut-être une indication utile pour la culture de ces plantes.

**M. Triana.** — Il y a deux groupes de *Remijia*. Celui des espèces du Brésil premièrement décrites par Saint Hilaire sous le nom de *Cinchona*, et celui des espèces plus récemment découvertes en Colombie. Ils diffèrent notamment par leur port et d'autres caractères que j'ai signalés dans ma brochure. Les *Remijia* du Brésil végètent, comme l'auteur cité l'a fait remarquer, dans des terrains ferrugineux. Leur port est très différent de celui des *Cinchona* et leurs écorces ne contiennent pas d'alcaloïdes, d'après des renseignements qui m'ont été donnés, ce qui les éloigne sensiblement des *Cinchona* vrais. Les *Remijia* colombiens, au contraire, ressemblent beaucoup plus aux *Cinchona* par leur feuillage, par la forme et la grandeur de leurs capsules qui ont dû amener leur découverte et surtout, par leurs écorces qui renferment des alcaloïdes propres aux quinquinas, et d'autres nouveaux caractères qu'on a découverts dernièrement.

**M. Planchon.** — Vous confirmez qu'il y a généralement une différence entre les *Remijia* du Brésil et les autres dont vous parlez dans votre brochure.

**M. Ch. De Bosschere.** — Lorsque notre commission organisatrice a formulé, un peu à la hâte, le questionnaire que vous connaissez, nous avions l'intention de solliciter des membres du Congrès la confection d'un questionnaire définitif. Tous ceux d'entre vous qui ont reçu à temps les documents préliminaires, ont du remarquer que le questionnaire qui y figure à la page 270, est loin d'être complet. D'un autre côté, le temps n'a pas permis aux spécialistes qui sont au Congo de répondre d'une manière convenable aux questions que nous leur avions adressées.

Il y a quelques jours, j'ai eu l'honneur d'avoir une entrevue avec le Président de l'Association internationale du Congo, M. le général Strauch. Il m'a demandé si le Congrès ne pourrait pas rédiger un formulaire complet qui serait immédiatement envoyé au Congo, par les soins de l'Administration supérieure; les spécialistes qui s'y trouvent recevraient l'ordre de s'occuper de ce questionnaire, de fournir tous les renseignements que les membres du Congrès désireraient obtenir et même de composer des collections de la flore et des productions naturels du Congo. Nous recevrions les réponses au questionnaire que nous adresserions à l'Association internationale, vers la fin de l'année 1886.

En 1887, la Société royale de Botanique de Belgique fêtera le 25e Anniversaire de sa fondation. Nous désirons vivement qu'à cette occasion, nous puissions continuer l'œuvre du Congrès d'Anvers. Si, à la fin de 1886, nous recevons un travail satisfaisant du Congo, si d'autre part, on nous envoie des collections botaniques et autres, je crois que nous pourrons étudier facilement et sérieusement la question qui vous est soumise aujourd'hui et qui est non seulement loin d'être élucidée, mais à peine un peu connue des botanistes.

En conséquence je prie l'assemblée de bien vouloir déterminer de quelle façon elle juge que nous pourrions arriver le mieux à la confection d'un formulaire complet. Je crois qu'il entre dans les vues de tous que les renseignements les plus détaillés puissent nous parvenir sur la flore du Congo.

Je vous soumets la proposition, dont je viens de vous entretenir, au nom de l'Association internationale africaine, qui a pris l'engagement de faire répondre par ses agents envoyés au Congo, aux questions que vous voudriez bien lui poser.

**M. le Président.** — Nous aurons à nous restreindre autant que possible dans les limites fixées par M. De Bosschere.

**M. Palacky.** — Messieurs! Qu'il me soit permis d'appeler votre attention sur une partie de la flore du Congo, non encore mentionnée, qui, à mes yeux, pourrait peut-être devenir assez lucrative. Jusqu'ici on n'a parlé que des forêts du Congo et de son agriculture, mais il y a aussi des *Savanes*, de vastes terrains couverts de graminées plus ou moins arborescentes, comme dans tout le centre de l'Afrique et même au delà. On les connaît de la Nubie, du Kordofan, du Soudan de la région des grands lacs, comme de l'Angola (d'après Monteiro), et le célèbre Roggeveld au Cap de Bonne Espérance n'était autre chose qu'une Savane (d'Arthratherum pungens), que les moutons ont détruit d'après Bolus. Mon ami Stöcker, qui le premier a pénétré au sud-ouest de l'Abyssinie, m'a dit les avoir trouvées au sortir des montagnes éruptives du Schoa, et dans l'herbier de mon ami Molub, qui y est maintenant revenu du Zambèze, j'en ai vu des échantillons. Il suffit de citer les proportions de la collection *Serpa Pinto* — sur 65 espèces rapportées, il y a 25 graminées.

Les Savanes paraissent s'étendre à mesure qu'on s'avance de l'ouest à l'est dans l'Afrique centrale. Monteiro nomme le bassin central la région des Savanes par excellence. Grant décrit des Savanes dans l'Unioro 6′ (Cymbopogon finitimus), auprès du Nyanza (10′ Pennisetum Benthami): Reade, Livingstone, Hartmann, Steudner et tant d'autres en ont parlé. Elles ne sont pas formées des espèces ligneuses comme dans les îles de la Sonde (vrais bambous), mais elles atteignent 20′ auprès du Nil (Andropogonées) 12′ (Saccharum spontaneum), mais dans l'Uganda seulement 3′, 8′ dans le Loango — dans la Bahiuda elles dépassent un chameau, au Zambèze ont les dit impénétrables. On les brûle chaque année pour qu'elles repoussent.

Eh bien, je crois qu'on pourrait utiliser ces grandes Savanes facilement à l'élève des bestiaux. Cela ne demanderait pas de grands capitaux, puisque dans l'Afrique avoisinante le prix du bétail n'est pas élevé. On pourrait y employer facilement les indigènes malgré leur paresse. On n'aurait pas l'énorme dépense du défrichement des forêts, toujours si malsain, et au détriment du climat déjà si sec du pays. Le bétail est en ce moment très recherché, sur tous les marchés du monde: Conserves alimentaires, cuirs, cornes etc., tout cela s'écoule facilement, et est capable d'une consommation plus étendue, puisque le transport est plus facile que celui des lourdes denrées de l'agriculture.

Seulement il faudrait songer à une alimentation plus régulière du bétail que n'est celle des indigènes, où par suite du brûlement des Savanes il y a chaque année une disette. Il faudrait, ou diriger successivement le bétail sur les contrées momentanément encore moins arides et non brûlées — comme le fait la mesta espagnole des moutons, ce reste de la culture berbère — ou avoir recours au foin des branches coupées, comme les anciens Romains, ou comme on le fait aujourd'hui encore au Kashmir.

Peut-être pourrait-on y joindre des expériences de domestication des grands animaux herbivores du pays, surtout des belles antilopes, pour élargir le cercle si restreint des animaux utiles à l'homme. Elles supporteraient mieux le climat et le paturage que les moutons, même les bœufs, qui aiment plus de sève dans la nourriture qu'il n'y en a ordinairement dans l'Afrique centrale.

Enfin, permettez-moi de présenter en dernier projet, celui de la formation de parcs zoologiques comme, par exemple, à Léopoldville pour l'exportation des grands animaux des. tropiques, devenus déjà si chers et si rares. L'Europe, avant la dernière guerre du Mahdi, achetait ces bêtes surtout au pays de Bogos et Kassala était le grand marché du commerce des lions, girafes, rhinocéros, antilopes etc. Les jardins zoologiques de Gand et d'Anvers pourraient servir de dépôts d'écoulement pour la vente des animaux du Congo, par exemple des Plocéides (oiseaux) qui sont déjà assez répandus, même parmi les amateurs.

Voilà ce que je puis dire dans le quart d'heure règlementaire.

**M<sup>r</sup> Max. Cornu**. — Je suis chargé par mon ami Paul Sagot, qui s'est occupé de la culture tropicale de présenter ses regrets de ce qu'il n'a pu venir ici prendre la parole sur un sujet qui l'intéresse au plus haut point. Il m'a prié d'annoncer qu'il met la dernière main à un manuel de culture dans les régions tropicales, ce travail rentre absolument dans les questions que le Congrès doit étudier. Il contiendra non-seulement des détails sur l'agriculture tropicale au point de vue des plantes, mais encore au point de vue de l'élevage du bétail. M. Paul Sagot, ancien chirurgien à la marine, est demeuré longtemps dans les tropiques. Il a passé sept années à la Guyane, où la France a un pénitencier important. Ses publications ne sont pas inconnues. Elles ont paru dans les bulletins de la Société d'horticulture de France et de la Société botanique ; elles ont été remarquées. Il y a déjà là des détails très-intéressants sur les essais de culture, notamment des plantes alimentaires, des légumes de diverse nature. Il indique les essais qui ont été faits, les résultats obtenus, et les améliorations qui ont été atteintes par des perfectionnements successifs. Il examine les uns après les autres les légumes d'Europe, les variétés des régions tempérées, et celles des pays plus chauds. Il étudie les plantes qui ont réussi en Algérie, en Nouvelle Calédonie et il montre par quels degrés insensibles on peut arriver à transporter des plantes d'une région plus froide dans une région plus chaude.

Les agriculteurs qui voudraient se rendre au Congo feront très bien d'étudier le volume de M. Sagot, qui renfermera des détails très-intéressants, soit d'une application immédiate, soit d'une généralisation possible pour les cultures du Congo.

**M. Wittmack**. — J'attire votre attention sur l'œuvre de M. P.-L. Simmonds, *Tropical Agriculture. Treatise on the culture, préparation, commerce and consumption of the principal products of the vegetable kingdom.* — London et New York, E. and P. Spow. 1877. In 8°, 515 pages.

**M. le Président**. — Personne ne demandant plus la parole, je ferai une proposition qui pourra servir de conclusion à la question qui vient d'être traitée. Ce n'est pas seulement la Belgique aujourd'hui, c'est l'Europe, c'est le monde civilisé tout entier qui attend de l'État libre du Congo des résultats pratiques et une activité d'ordres divers.

Pour nous restreindre à la botanique, je crois qu'il y aurait lieu d'organiser et de diriger une exploration dans la région du Congo. Jusqu'ici c'est avec un vif sentiment de regret que je n'ai pas vu d'herbier ni de collection végétale d'aucune sorte rapportés de ces contrées par nos compatriotes si nombreux qui y ont été envoyés.

Il y a à cela diverses raisons. Le but de leur mission n'était pas précisément celui que nous poursuivons. Les temps n'étaient pas propices encore. L'attention de ces premiers missionnaires de la civilisation là-bas n'était pas spécialement dirigée vers les sciences naturelles. Mais aujourd'hui que l'État libre est constitué, qu'il va avoir une sérieuse organisation, je crois que c'est un devoir pour nous en Europe et pour nous autres Belges surtout, qui aimons à nous rapprocher de l'œuvre du Roi, que de chercher à organiser le plus tôt possible une exploration botanique des régions du Congo.

J'aurais voulu voir cette œuvre entreprise en Belgique par l'Académie ou par quelqu'une de nos institutions. Nous ne nous trouvons pas dans des conditions matérielles qui nous permettent d'accomplir seuls cette entreprise ; cependant tous nous l'attendons, nous la désirons beaucoup. Nous ne pouvons sans doute pas aller immédiatement et directement étudier la flore du Congo sur les lieux. Il convient d'y envoyer quelques personnes particulièrement aptes et bien préparées. Ne serait-il donc pas utile de constituer ici un comité international qui se mettrait à la disposition de l'État libre du Congo pour organiser et pour diriger l'exploration botanique de sa flore ?

Les matériaux qui pourraient être ainsi recueillis seraient répartis entre les membres de ce comité pour être étudiés par chacun d'eux suivant sa spécialité, suivant ses aptitudes.

Je pense que le dénombrement de la flore du Congo ne saurait être entrepris par un seul botaniste. Il y a là matière à beaucoup de travail et à beaucoup d'activité.

Le Comité se mettrait en rapport avec l'administration de l'État libre du Congo, il étudierait les produits des explorateurs scientifiques. Il faudrait herboriser, préparer les collections, les envoyer en Europe, à Bruxelles d'où ces matériaux seraient répartis parmi ceux d'entre nous qui en manifesteraient le désir.

Comme l'a dit M. De Bosschere, on pourrait déjà, pour 1887, arriver à un premier résultat.

J'ai pris l'initiative de cette proposition parce que je ne vois pas sortir des différentes communications qui ont été faites, une solution pratique, une réponse directe, adéquate à la question qui a été posée.

Si vous jugez la constitution de ce comité possible, nous pourrions procéder à sa formation.

**M. Planchon.** — Si on fait appel aux différents gouvernements pour arriver à une mission d'exploration, ce qui est très-désirable, j'admets que ce soit à Bruxelles que se centralisent les envois.

Dans ce cas les gouvernements qui auraient contribué à l'exploration auraient sans doute part aux collections.

**M. le Président.** — Évidemment.

**M. Planchon.** — Bruxelles se trouve être le centre de l'administration politique du Congo. Mais comme il s'agit d'une œuvre à laquelle vous appelleriez les gouvernements à contribuer, il est naturel qu'on leur offre de leur en faire partager les bénéfices. Dans ces conditions je crois que la proposition qui nous est faite doit être accueillie.

L'exploration a déjà commencé dans d'autres parties de l'Afrique. Plusieurs explorateurs récemment et autrefois dans l'ouest, les Portugais dans le sud, d'autres ailleurs, ont déjà réuni un grand nombre de matériaux. Mais pour l'intérieur de l'Afrique, il y a encore beaucoup à faire. On pourrait négocier avec les gouvernements sur la base que M. le Président indiquait tantôt. C'est une œuvre collective qui pourrait aboutir. On devrait y mettre une condition : c'est que Bruxelles serait le centre où l'on enverrait le produit des explorations, mais que les collections seraient réparties équitablement entre les divers musées botaniques des pays qui auraient contribué à l'entreprise.

**M. Baillon.** — Peut-être que si le Congrès entier se prononçait en faveur de la mesure, afin qu'on put entrer définitivement dans la pratique, cela donnerait de la force à la proposition de l'honorable Président.

**M. Max. Cornu.** — Je demande la permission de faire remarquer au Congrès qu'il y a eu déjà des missions envoyées par divers gouvernements dans des conditions semblables. Je ne sais si vous avez en mémoire le souvenir des missions qui ont exploré il y a deux ans l'Amérique du sud et notamment la Terre-de-feu. Il y a eu une série de missions qui ont été organisées par la France, l'Angleterre, l'Autriche, etc. et qui ont rapporté les documents les plus intéressants sur ces contrées qui étaient très mal connues, documents particulièrement précieux pour la Météorologie.

Si les gouvernements voulaient s'associer et envoyer, chacun de son côté, des missions vivant et agissant en commun, en bonne intelligence, des missions comme celle de l'Amérique du Sud, dans lesquelles on s'est réciproquement montré d'une extrême courtoisie, il y aurait à cela le plus grand profit pour la science et pour l'œuvre que la Belgique poursuit en ce moment. Ainsi, la proposition que l'on émet a déjà reçu exécution dans d'autres pays et elle a produit les plus heureux résulats.

**M. Planchon.** — Une seule expédition pourrait offrir des difficultés, alors même qu'elle réunirait des personnes de différentes nations. Je me rappelle avec tristesse ce qui s'est passé au siècle dernier lorsque la France et l'Espagne ont envoyé une mission au Pérou, Dombey d'une part, Ruiz et Pavon de l'autre.

J'appuie l'idée qui a été mise en avant de former plusieurs missions, à la condition qu'au lieu d'être antagonistes elles s'entendent. Je veux bien que les travaux, les envois, soient concentrés à Bruxelles, mais il faudrait que ces missions, dans leur organisation, ressemblent elles-mêmes à l'État libre du Congo, qu'elles en fussent en quelque sorte l'image.

**M. le Président.** — On conservera à la mission le caractère neutre et international que le Congo a lui-même et qu'il entend garder.

**M. Planchon.** — On pourrait se partager le champ à explorer, et, au moyen des diverses délégations gouvernementales on créerait une émulation qui ne pourrait manquer d'être favorable à l'entreprise.

**M. Palacky.** — Il serait bon de choisir le comité dans toutes les nations représentées ici et de lui donner des pleins pouvoirs pour agir comme bon lui semblerait dans cette question. Pourquoi? Parce qu'il ne dépendra pas du Congrès, il dépendra en premier lieu des gouvernements. Si nous donnons à ce comité une direction trop exclusive, il peut se faire que nous paralysions d'avance tous nos efforts et que nous gâtions notre œuvre d'avance. Si ce comité a le droit d'agir à sa guise, cette marque de confiance universelle que nous lui donnerons sera une recommandation auprès des gouvernements et lui permettra de traiter avec eux sur des bases plus larges. Nous ne pouvons entrer dans des détails. Mieux vaut donc accepter purement et simplement la proposition de M. le Président et de recommander au Comité que nous choisirons, tout ce que les honorables préopinants ont dit qui mérite l'attention. Bornons-nous à décider la question de principe : la création d'un comité international en vue de l'étude de la flore du Congo.

**M. Lefèvre.** — Ayez l'obligeance de faire exprimer un vœu par le Congrès, il aura plus de force qu'aucune commission même choisie d'une façon unanime.

**M. Ch. De Bosschere.** — Il entre dans les intentions de M. le Président de solliciter un vœu, mais nous ne devons pas perdre de vue l'art. 10 du règlement du Congrès qui dit :

« Le bureau du Comité de patronage et celui de la Commission organi-
« satrice constitueront le Comité exécutif du Congrès. Ce Comité sera saisi
« de toutes les propositions, questions et documents adressés au Congrès.

« Il pourra s'adjoindre les auxiliaires dont le concours lui paraîtra utile. »

Je crois que cet article permet de vous donner pleine et entière satisfaction. Ma proposition serait la suivante : le bureau du Comité de patronage et celui de la Commission organisatrice s'adjoindront des délégués de toutes les nations représentées au Congrès d'Anvers. Ce comité exécutif, avec ces auxiliaires, ferait les travaux préparatoires à l'organisation de cette mission que vous désirez voir entreprendre dans l'Afrique centrale. Si nous avons des auxiliaires dans les différents pays de l'Europe, il nous sera très facile d'arrêter un plan général, définitif, et d'étudier la manière dont on pourrait le mieux, dans l'intérêt de tous, répartir les collections qui nous seront envoyées, arriver à la rédaction d'un questionnaire, etc. Ce serait en quelques sorte un comité d'études qui ferait les travaux préparatoires nécessaires.

Lorsque le Congrès aura émis le vœu de voir organiser une mission scientifique internationale, nous pourrons demander qu'on nous adjoigne des représentants de toutes les nations indistinctement.

Le Comité de l'Association internationale du Congo se met entièrement à notre disposition, comme j'ai déjà eu l'honneur de vous le dire tantôt.

Dans l'intérêt de la science, nous devons profiter des dispositions bienveillantes des personnes qui se trouvent à la tête de l'entreprise du Congo *(Marques d'adhésion)*.

**M. le Président.** Je mets aux voix la proposition telle qu'elle vient d'être formulée en excellents termes par M. Ch. De Bosschere.

— La proposition est adoptée.

**M. le Président.** — La proposition est donc admise en principe. Il nous reste à désigner par pays, un ou plusieurs membres qui continueront l'étude de la question de la flore du Congo, qui se mettront en rapport avec l'administration de cet État, et qui organiseront directement, si cela est possible, l'exploration botanique de ces contrées.

**M. Ch. De Bosschere.** — On pourrait, par pays, faire appel à la bonne volonté des membres présents ou à leurs amis.

**M. le Président.** — La proposition est-elle appuyée? *(oui! oui!)*

Le vœu est donc émis et la proposition est adoptée à l'unanimité, sans aucune observation.

**M. Ch. De Bosschere.** — Je vais donner lecture, par ordre alphabétique, des noms des représentants des divers pays.

**M. Baillon.** — Je propose que le Comité organisateur du Congrès fasse lui-même le choix des membres.

**M. le Président.** — Il n'y a pas d'opposition?

— Cette proposition est adoptée.

**M. Van Hulle.** — Cette question du Congo sera-t-elle traitée par les sections ?

**M. le Président.** — Elle est épuisée au point de vue général, il y a une quantité de détails dans lesquels nous ne pouvons pas entrer.

**M. Van Hulle.** — A la dernière minute j'ai préparé un travail au sujet du Congo que j'ai soumis à quelques uns de mes collègues. Ils m'ont déclaré qu'au fond j'ai raison, mais qu'on pourrait y voir une note discordante dans ce concert harmonieux que nous entendons depuis longtemps relativement au Congo. Je vais suivre le conseil que mes amis m'ont donné et renoncer à la lecture de mon travail. Si le bureau me le permet, je déposerai entre ses mains les quelques lignes que j'ai griffonnées à la hâte.

Je laisserai au bureau la liberté d'en disposer comme il l'entendra.

Moi, fonctionnaire de l'État, je n'ai nullement l'intention de faire publier quoi que ce soit qui irait à l'encontre de la généreuse entreprise du plus pacifique des monarques (1).

---

(1) *Note de M. Van Hulle.* Si la Belgique sentant le besoin de créer des colonies au delà des mers, avait pu les fonder aux États-Unis, en Californie, au Texas, au Mexique, au Brésil, en Australie, à la Nouvelle Zélande, là au moins elle aurait trouvé un sol fertile, un climat salubre. Au Congo ces deux éléments indispensables de colonisation semblent faire absolument défaut.

Cela étant, peut-on y faire des essais de culture de rapport avec quelque chance de succès ? Peut-on y acclimater facilement telle et telle série de plantes ?

D'abord deux mots au sujet d'acclimation. En principe nous la dénions à propos des végétaux. Le haricot, introduit dans nos cultures des régions tempérées depuis des siècles, est encore aujourd'hui aussi sensible aux froids de nos centrées qu'il l'a toujours été. Même fait pour les pommes de terre, concombres, pourpier, etc. Nous dénions même jusqu'à un certain point l'acclimatation de l'homme : en effet, les nègres languiraient ici, les blancs succomberaient là-bas. Pour nous l'acclimatation n'est possible que par voie de croisement. Nous y revenons tout à l'heure.

Entretemps le Congo restera presqu'entièrement peuplé de nègres et il n'y a que les produits de l'agriculture qui puissent les intéresser quelque peu. Au fait, enfants de la nature sauvage, les nègres se contentent d'elle et de leur liberté ; leurs désirs ne vont pas au delà.

Pour ce qui est donc d'essais de culture, bornons-nous pour le quart d'heure à y faire cultiver plus rationnellement s'il se peut les plantes agricoles du Congo; à notre avis il ne servirait de rien de vouloir y pousser à la culture maraîchère. En effet, admettant qu'après avoir vaincu de grandes difficultés, on parvienne à produire, même abondamment tel et tel légume, qu'en fera-t-on ? Le vendre aux Congolans ! C'est peu probable : pour la consommation des légumes, il faut la classe civilisée plus ou moins aisée et celle-ci, pendant de longues années encore, restera beaucoup trop clair semée au Congo pour faire vivre les maraîchers.

A plus tard donc la culture maraîchère dans ces parages. L'agriculture, soit, car c'est par elle que doit débuter la prospérité d'un pays naissant. Toutefois, tel

**M. De Bosschere.** — Je vais donner lecture par ordre alphabétique des noms des personnes qui représentent au Congrès les différents pays.

**M. Hovelaque.** — Pourquoi ne nommerait-on pas comme membres auxiliaires de la Commission organisatrice les Vice-Présidents du bureau pour former le Comité dont il vient d'être question ?

**M. le Président.** — Cette proposition me parait très-sensée.

**M. Baillon.** — Il y a des personnes de la plus haute compétence qui ne sont pas présentes ici et auprès desquelles il conviendrait de faire des démarches.

**M. le Président.** — Vous permettez au Comité exécutif de s'adjoindre encore quelques personnes dont les noms lui seraient signalés? *(Adhésion)*.

La proposition est donc adoptée.

(M. Baillon remplace M. Morren au bureau en qualité de Président.)

**M. le Président.** — L'ordre du jour comprend un grand nombre de questions dont M. De Bosschere voudra bien vous donner lecture.

**M. De Bosschere.** — La première question que nous avons à discuter, et qui est comprise sous le numéro V du programme, est ainsi conçue :

*Dans quelle mesure conviendrait-il de développer l'enseignement de la botanique, de l'agriculture et de l'horticulture dans les établissements d'instruction moyenne*(1).

---

ne peut encore être le cas que pour autant que dans ce pays il y ait non seulement le producteur, mais aussi le consommateur, le preneur, et d'ici à longtemps, peut-être jamais, les Congolans ne seront ni l'un ni l'autre. Comme le chat reste un chat, le nègre restera nègre ; on ne le rendra pas travailleur et intelligent.

Si cela est, la première chose à faire pour civiliser le Congo, c'est d'y introduire, d'y implanter une autre race d'hommes, capables avant tout de supporter le climat, doués ensuite d'assez d'activité et d'intelligence pour pouvoir progresser.

Étant admis 1° qu'il ne servirait à rien de cultiver si le produit de cette culture n'a pas de consommateur, 2° que pour cultiver il faut être travailleur et savoir supporter le climat, 3° que pour avoir des consommateurs il faut une population assez dense et accessible à la civilisation, 4° que les qualités requises à cette fin, les nègres ne veulent, les blancs ne peuvent les fournir, il reste cependant un moyen terme, à savoir le croisement entre Africains et Européens. On prétend que ce système n'a jamais donné des résultats satisfaisants. Il nous semble cependant. qu'en prenant les soins voulus à propos des reproductions, comme on doit du reste le faire aussi en culture pour les porte-graines, qu'à la 3e ou 4e génération on serait probablement arrivé à une race de métis remplissant les conditions essentielles pour coloniser fructueusement le Congo.

Puisse ce que nous venons de préconiser à propos de culture maraîchère et d'acclimatation être de quelqu'utilité à ceux qui sont en situation et ont de l'intérêt à seconder l'œuvre de civilisation si généreusement entreprise au Congo, par notre auguste souverain, le plus pacifique des monarques.

(1) Voir aux " Rapports préliminaires » le rapport de M. G. KEMNA, pp. 9-16.

**M. Lefèvre**. — L'installation du *Cercle Parisien de la Ligue de l'Enseignement* à l'Exposition d'Anvers, contient plusieurs séries d'images rentrant dans ce que nous appelons l'*Enseignement par les yeux*, autre forme de l'*Enseignement intuitif* si fort en honneur en Belgique.

Je demande au Congrès de vouloir bien s'arrêter à ces images, parce que je considère comme un devoir de soumettre, à des hommes pratiques et compétents, les ressources nouvelles offertes aux *vulgarisateurs des connaissances utiles* et à tous *ceux qui doivent apprendre*, d'autant plus que, dans le rapport de M. E. Laurent[1] je lis ceci : « Les images, quoiqu'on en dise, frappent toujours l'esprit, même chez « les profanes, et les impressions qu'elles produisent ne s'effacent pas « de si tôt de la mémoire » Page 235 des *rapports préliminaires* du Congrès.

Est-ce, par excès d'amour pour la science ou par inhabileté à se servir d'une langue parfaitement claire, que nos devanciers ont fait, de la botanique, l'étude la plus sèche et la plus rebutante, quand elle devrait-être la plus attrayante des sciences ? A qui la faute ? Nul ne le dira, mais nous qui nous occupons de l'enseignement de la science au premier degré, nous devons la dégager des choses abstraites dont on l'a enveloppée.

Un de mes meilleurs amis, grand vulgarisateur, Aug. Bourguin a écrit[2] : « La botanique, c'est le jardin de Dieu ; jardin délicieux, « plein de lumière, de couleurs et de parfums, arrosé par de beaux fleuves « et par des clairs ruisseaux.

« Les savants sont venus dire : Ce jardin est à nous. Aussitôt, l'entou- « rant d'un fossé large et profond, ils ont élevé, sur le revers, une « barricade, au pied de laquelle ils ont pris soin de semer, en guise « de chausse-trappes, toutes sortes de barbarismes épineux. Une seule « porte est restée ouverte : la garde en est confiée à deux effroyables « dragons qui vous crachent à la face un *qui vive* dans une langue « inconnue.

« Messieurs les savants, qui connaissent le mot de passe, ont seuls accès « en ce beau lieu. Ils y ont longtemps parlé latin, mais un latin que « Cicéron aurait eu quelque peine à comprendre. De nos jours, ils parlent « grec, et quel grec ! Les dames de la halle, dans Athènes, eussent bien « ri, si l'on se fut avisé de parler ce grec-là devant elles. »

Nous demandons qu'on ait pitié de l'enfance et de tous ceux qui ne peuvent accorder qu'un temps limité à l'étude.

Le but de mon travail est de prouver que cela n'est pas impossible, il suffit, pour arriver à un résultat précieux, que nous supposions les

---

(1) Professeur à l'École d'horticulture de l'État, à Vilvorde.
(2) La Perruque du Philosophe Kant.

autres ignorants et que notre désir de les instruire égale leur empressement à nous écouter.

Trop longtemps on a fait de la science pour la science elle-même,
c'est-à-dire pour les privilégiés; il faut enfin utiliser cette science, la
vulgariser et la rendre accessible et aimable, si l'on veut que la science
devienne une lumière pour tous.

Dans mon enfance, j'ai entendu un chimiste se révolter à l'idée que
j'émets. Etre savant et devenir industriel!... Avoir poussé l'analyse fort
loin et passer de longues nuits à étudier les eaux livrées aux chaudières,
à la teinture, au dégraissage de la laine et même les résidus impurs des
usines !..... Il s'écriait à tout instant : « Matérialiser la science !... »
L'avenir de l'industrie et des découvertes admirables étaient là pourtant.
Je le dis à la louange des savants contemporains, il n'en est pas un
seul qui ne soit fier d'avoir servi la cause de l'industrie la plus humble.
Les *rapports préliminaires du Congrès* sont empreints de ces idées de vulgarisation et d'utilité générale.

Qu'avons-nous à faire, nous tous qui nous occupons de l'enfance ?
Imiter les chimistes dont je viens de parler; travailler pour le plus
modeste des ateliers, celui où toute l'humanité doit se transformer : l'école
primaire, l'école du peuple.

« *Ne multipliez pas les êtres*, disaient autrefois les philosophes;
« Buffon ne cessait de répéter aux naturalistes : *Ne multipliez pas les*
« *noms sans nécessité*. Ces sages conseils n'ont guère été suivis.

« La déplorable manie de changement a fait naître une science
« nouvelle : la *Synonymi* (1), c'est-à-dire la concordance de tous les
« noms successivement donnés à la même plante : science de mots et
« non d'idées, mais absolument indispensable à qui veut se reconnaître
« dans cette confusion.

« Que faudrait-il pour renverser toutes ces barrières, et pour rendre,
« comme le voulait Platon, *la science accessible à tous ?*

« Bien peu de chose.

« Qu'un amant écrive pour sa maîtresse un traité de botanique, et
« je réponds que tous ces retranchements tomberont d'eux-mêmes.

« Quel beau livre ce serait ! Comme l'étude y serait rendue facile et
« engageante ! Comme les mots seraient bien choisis, les définitions
« simples, les descriptions riantes !

---

(1) Je vous dois des remerciements, Monsieur, pour les noms arabes que vous
m'avez envoyés; ils enrichissent *ma synonymie, déjà très-considérable du Maïs*
(Lettre du 25 janvier 1825, de Jacques Gay à Victor Jacquemont) d'après le
travail de J. E. Planchon, correspondant de l'Institut, communiqué à la Société
de Botanique de France. — Mai 1883.

E. L.

4

« Les amours des plantes, les mystères de la fécondation y seraient
« retracés d'un pinceau fidèle, mais délicat, chaste et plein d'innocence.

« Les noms de famille, les affinités des fleurs indiqueraient bien
« leur degrés de parenté, leurs alliances, leurs rapports de bon voisi-
« nage.

« Les relations de la plante avec l'insecte, avec l'oiseau, avec le
« mammifère, avec l'homme lui-même, n'y seraient point omises.

« Les couleurs, les parfums, les saveurs, — dont la botanique
« officielle ne s'occupe pas, — ont une signification mystérieuse qui
« reste à découvrir. Tout n'est-il pas symbole dans la nature ? »

Cette manière de s'attaquer aux abus n'est pas sans charme; M. Léo
Errera (1), à propos de la première question du programme, dit, p. 23 :
« Aujourd'hui que cet état de choses a heureusement cessé, on se figure
« cependant encore le botaniste tel qu'il était à cette époque et tel que
« Schleiden l'a si spirituellement défini : marchand de latin et grand
« accumulateur de foin desséché. » Je vous recommande ce passage
très-fin où il est aussi question de *latin barbare* et *d'herbes décorées
des noms les plus baroques.*

On dirait que Messieurs Hachette, les grands éditeurs français, parti-
rent de considérations semblables, lorsque, il y a quelques années, ils
commencèrent leurs collections d'images intéressantes à plus d'un titre.

Qu'on ne se trompe pas sur la simplicité du texte; il est parfaitement
scientifique. Si on l'a dégagé de certaines longueurs ça n'a été qu'à force
d'étude. Cette concision est d'autant plus admirable que, dans la masse
des renseignements consignés, on trouve presque toute la botanique elle-
même.

Messieurs Hachette ont déjà publié :

| | | | | | | |
|---|---|---|---|---|---|---|
| 1° Botanique . . . . . . | 16 séries de | 12 images | ou | 192 images ; |
| 2° Insectes. . . . . . | 7 » | 12 | » » | 84 » |
| 3° Travaux agric. et industr. | 4 » | 12 | » » | 48 » |
| 4° Géographie. . . . | 1 » | 12 | » » | 12 » |
| | | | Total | 336 images |

qui sont sous vos yeux.

Il ne pouvait être question de suivre un ordre complet dans la publication de ces jolies choses; c'est seulement en variant les objets à soumettre aux enfants qu'il devient possible de leur donner une idée de la
science compliquée dans laquelle ils pénètrent peu à peu.

Dans le tableau que j'ai l'honneur de soumettre au Congrès, l'ordre

---

(1) Docteur agrégé à l'Université de Bruxelles.

alphabétique (il facilite les recherches) a été établi sans distinction de famille. Le groupement par familles vient ensuite. L'enfant en entend d'abord parler vaguement, assez cependant pour en saisir les caractères généraux. L'indispensable, au début, est d'obliger l'écolier à reconnaître, *dans l'image* et *par l'image*, la plante trouvée dans le jardin paternel, dans la prairie, au bord du chemin, à la lisière du bois et dans l'épaisseur du taillis.

Cela fait, la graine est semée; elle germera dans l'esprit de l'enfant.

Supposons qu'il ait en mains les 8 images de la famille des *Solanées* : il saura, après avoir lu le texte, par ordre du maître, et après avoir revu l'image, par plaisir :

1° Que l'*Aubergine* porte un fruit agréable mais ayant, avant maturité, un suc âcre et malsain ;

2° Que la *Belladone* est un poison violent. La plante, assez agréable, forme dans les lieux frais et humides, à la lisière des bois, des buissons d'un beau vert, et porte des fleurs brunes, ou plutôt violettes, en forme de clochettes ;

3° Que le *Datura pomme épineuse* est une belle plante ayant causé la mort d'enfants qui en avaient mangé ;

4° Que la triste *Jusquiame*, dite l'*herbe aux sorcières*... du temps qu'il y avait des sorcières, peut aussi être appelée la dangereuse Jusquiame ;

5° Que la *Morelle douce-amère*, jolie plante au feuillage vert, aime à trouver appui en s'entrelaçant dans une haie ou s'appuyant contre un mur; ses longs rameaux verts et lisses pendent gracieusement. Son fruit d'un goût douçâtre d'abord, remplit ensuite la bouche d'âcreté et d'amertume ;

6° Que la *Pomme de terre* ou *parmentière* à une jolie fleur. La fleur tombée, le pistil grossit, devient une baie, c'est-à-dire un fruit en forme de boule, vert d'abord, puis rouge, enfin violet sombre, tendre lorsqu'il est mûr. Au pied de la plante, sous terre, il se forme des *tubercules*, des petites masses arrondies de substance farineuse, nourrissante, qui sont nos précieuses pommes de terre ;

7° Que le *Tabac* est une belle plante, dont les feuilles atteignent quelquefois un mètre de longueur. Tabac, poison violent et remède utile. L'habitude de *fumer* les feuilles de tabac desséchées et hachées, ou de les *priser* réduites en poudre, est une habitude coûteuse, qui a mille inconvénients et nul avantage ;

8° Enfin, que la *Tomate*, cultivée dans nos jardins, est un mets agréable ou l'élément principal d'une sauce. Il suffit de lire les rapports sur le Congo, pour apprécier la valeur de ce fruit. Je passe sur les détails spéciaux capables de faire ressortir les différences existant entre ces 8 plantes, mais je constate que déjà l'esprit de l'enfant, cherche une foule d'autres traits distinctifs ou des rapprochements curieux. Vienne

pour lui l'âge de l'étude sérieuse, il saura bientôt se servir du livre et
de la classification rationelle.

Donnez, à un enfant, comme récompense, les 16 images représentant
les *Rosacées*, il appliquera sans cesse ce nom à *l'Églantine* ou à *la Rose*,
s'il connaît leur histoire.

Ecoutez la légende : « La frêle et charmante églantine de nos bois,
« la *rose* sauvage au parfum si frais, porte des fleurs *simples*, c.-à-d.
« n'ayant qu'un petit nombre de *pétales*. Seulement, ces cinq pétales,
« séparés, et tenant à la plante par une partie rétrécie qui est ce qu'on
» appelle *l'onglet*, larges, étalées en couronne, forment la *corolle* de la
« fleur rose-pâle ou blanche ordinairement, chez d'autres espèces rouge-
« pourpre ou jaune-clair.

« La nature n'a pas fait de *roses doubles*; elle a fait les roses sauvages.
« Les roses doubles sont pour ainsi dire des créatures de l'homme.

« Le jardinier, choisissant, parmi les *sauvages*, les plus belles et les
« plus vivaces, les a transplantées dans son jardin ; il leur a fourni la
« terre la plus grasse sans cesse remuée et amollie; enfin il les a taillées
« en retranchant des branches trop nombreuses et le feuillage inutile:
« Par ses soins, la plante mieux nourrie qu'à l'état sauvage, est pour-
« vue d'une *sève* surabondante. Et alors voici ce qui arrive : les fleurs
« doublent, c.-à-d., qu'au lieu de cinq pétales seulement, elles en ont un
« très-grand nombre. Une partie des *étamines* du centre de la fleur, au
« lieu de rester grêles et minces, grandissent, s'élargissent, se teignent
« de vives couleurs et deviennent des pétales; la fleur est plus large, plus
« fournie et plus touffue. Puis, quand le jardinier a produit par ces soins,
« ces rosiers à fleurs doubles, il les multiplie tant qu'il veut, en leur
« enlevant des bourgeons qu'il greffe sur des églantiers simples. —
« C'est de la même façon que la culture produit, avec des fleurs simples
« sauvages, toutes les belles fleurs doubles qui ornent nos jardins. »

Désormais l'enfant connaît la rose. Grâce à l'idée juste qu'il possède
de la famille des Rosacées, il n'hésitera pas à y faire entrer la *ronce* et le
*fraisier*, *l'aubépine* et le *framboisier*, le *pêcher* et *l'abricotier*, *l'amandier*
et le *cerisier*, le *prunier* et le *néflier*, le *pommier* et le *poirier*, le *coignas-*
*sier* et le *sorbier*.

C'est ainsi, à petite dose, que les mots exacts entrent, avec l'image,
dans la mémoire de l'enfant.

C'est au professeur qu'il appartient de découvrir la science mise par
l'auteur dans ces notices; le moyen le plus sûr de professer une science
est de la posséder à un degré suffisant. Le système des livres plus ou
moins gros dispense souvent le professeur d'études personnelles sérieuses;
l'image donnée aux élèves l'oblige à recourir sans cesse au livre, à la
méthode.

Que le maître sache; qu'il parle surtout! Un professeur qui suit et qui parle fait plus, pour sa classe, que toutes les bibliothèques du monde.

M. T. Vernieuwe (1) a terminé son travail sur la VI⁰ question du programme du Congrès, par ces mots : « L'enseignement du professeur « n'est fécond qu'à la condition que ce dernier soit lui-même un cher-« cheur, un savant » — (*page* 127). Je demande simplement à l'instituteur, non d'être un savant, mais un *sachant*, parce que, M. H. Witte (2) le fait très-bien remarquer (*page* 129). « Nous n'avons pas ici à tracer à « l'instituteur le programme qu'il devra suivre dans son enseignement. « En homme intelligent, il saura se borner aux choses nécessaires, « directement utiles et il s'abstiendra de s'étendre sur les théories, sur « les problèmes de physiologie, auxquels les enfants ne comprendraient « rien ou qui finiraient par leur inspirer de la répulsion pour des notions « qui doivent rester simples et pratiques. »

Dans son remarquable travail sur la IV⁰ question du programme, l'*Enseignement de la Cryptogamie*, M. le Dʳ Marchand, professeur à l'Ecole supérieure de Pharmacie de Paris, cite les paroles de Duhamel (3) (*page* 86).

« Les obscurités que certaines choses peuvent laisser dans l'esprit des « élèves, et qu'il est quelquefois si difficile de dissiper, tiennent le plus « souvent à l'enseignement élémentaire. C'est presqu'au début d'une « science que se présentent les idées générales et les conceptions qui se « développent dans une exposition méthodique. Les commencements sont « donc ce qui doit le plus préoccuper ceux qui enseignent. Ils ne doivent « rien laisser s'y introduire qui ne soit parfaitement clair, ils ne doivent « jamais dire : avancez et la foi vous viendra. » Le Dʳ Marchand ajoute : (*page* 86) :

— « L'enseignement primaire est donné à des enfants de 6 à 12 ans. « Pendant ces années l'esprit s'éveille et chaque chose le frappe, la « moindre semence de science trouve un terrain neuf et germe avec une « rapidité incroyable. Ce sont ces 6 ou 7 années que l'on doit utiliser « pour ensemencer le champ fécond des intelligences enfantines, tout en « se gardant de les fatiguer par des détails qui leur rendraient le travail « ardu et trop difficile. »

Le Dʳ Marchand termine ainsi : « Ces quelques notions habilement « inculquées à l'enfant, nous semblent suffisantes pour leur donner le « goût de pousser plus loin leurs études. Dans toute cette période, on « devra se garder de nomenclature et on devra réserver cette difficulté « pour ceux qui, déjà intéressés, demanderont d'eux-mêmes, un guide

---

(1) Attaché au Ministère de l'agriculture, secrétaire adjoint de la Société Royale Linnéenne de Bruxelles.

(2) Jardinier en chef du Jardin botanique de l'Université de Leide.

(3) Mathématicien. Préface de sa géométrie.

« pour se reconnaître au milieu des notions qu'ils ont déjà acquises et de
« celles qu'ils veulent désormais acquérir.) p. 88. »

Grâce à l'image, plus de longues et pénibles heures d'étude.

On peut ainsi, au lieu de surmener l'intelligence des enfants,

1° Faciliter l'étude, la rendre agréable et utile ;

2°. Tuer le livre bavard, phraseur, plein d'une science surfaite où les
mots les plus biscornus sont de véritab'es épouvantails pour l'enfant ;

3° Vulgariser les noms et les formes des choses à étudier ;

4° Faire connaître les qualités utiles ou nuisibles des plantes ;

5° Préparer l'enfant à l'herborisation, c'est à dire à l'étude aidée de
l'expérience tant vantée par Carl Vogt : « Plus nous avançons dans les
« sciences exactes, » a dit ce savant, « plus l'activité pratique, l'expé-
« rience, viennent à occuper le premier plan, tandis que l'étude et
« l'enseignement théoriques s'effacent davantage (1). »

6° Ne pas charger la mémoire de choses inutiles, mais faire pressentir
la nécessité de termes qui, plus tard, véritables synthèses, permettront
aux hommes des mêmes études, de se comprendre sans discussions
inutiles ;

7° Faire admirer la nature jusque dans les choses les plus humbles, les
plus dédaignées autrefois, alors que le savant chercheur n'y avait pas
porté son œil et son esprit ;

8° Attacher l'homme à cette nature, son domaine, sa richesse, son
bonheur, sa consolation.... s'il sait voir que, parti lui-même de rien, il
pénètre aujourd'hui les secrets d'une création si vaste qu'elle n'est point
finie encore.

Le professeur devra faire remarquer que de très-nombreuses *plantes
cultivées* existent à l'*état sauvage* ou *primitif*. En comparant les deux
états, il saura indiquer les résultats d'une culture bien entendue et les
moyens employés pour obtenir l'*amélioration* et la *variété* des espèces.

Il aura également recours aux tableaux indiquant les *organes des
plantes;* toutefois il s'en servira avec discrétion, afin de ne pas empiéter
sur des connaissances au dessus de l'intelligence des enfants. Il initiera
ces derniers à des faits généraux, capables d'éveiller, dans leur esprit,
l'amour de l'étude et le désir de savoir. Ces phénomènes entrevus
serviront de base aux recherches expérimentales qui viendront bientôt.

Écoutez M. J. J. Kickx (prof. de botanique à l'Univ. de Gand), p. 37 :
« Si les horticulteurs comprenaient ce que l'on entend par un groupe
« naturel, par famille, genre, espèce, on ne les verrait pas si souvent

---

(1) Citation du travail de M. Léo Errera, docteur agrégé à l'Université de
Bruxelles. Carl Vogt. *Ein frommer Angriff auf die heutige Wissenschaft*. Breslau,
1882 (p. 8 des rapports préliminaires).

« chercher à obtenir un greffage ou une hybridation dans des conditions
« absolument impossibles. »

Comme tout se complique dans l'enseignement! Que de choses, il faut
savoir si l'on veut rester simple !

L'hiver n'est pas propice à l'étude de la botanique. Voilà ce qu'on
répète, sans se dire que, dans la saison du froid, la nature accomplit un
travail merveilleux parfaitement visible à l'œil habile à chercher. La loupe
et le microscope fournissent alors l'occasion d'admirables causeries.
Au printemps, chacun voudra se rendre un compte exact de tout ce qu'on
lui a annoncé, prédit, promis, et l'ordre, sublime dans sa périodicité, des
travaux et de la puissance de la nature n'en deviendra que plus sensible.

Chaque leçon du maître doit être un pas de plus fait, par l'enfant,
vers une expérience plus grande.

Cette leçon doit être, avant tout, un plaisir, un repos, une heure
agréable.

Si la leçon demeure stérile, c'est que le professeur ne l'a pas bien
préparée; c'est surtout qu'il ne sent point la beauté de ce qu'il enseigne.

Cela dit, il est évident que la Vᵉ question du programme prend un
aspect tout nouveau.

Il faut que nos enfants sachent; il est nécessaire que nos écoles
soient des laboratoires utiles.

C'est à peine si, aujourd'hui encore, le village voit un instituteur
capable de parler, non pas botanique, mais jardinage ou agriculture.
C'est près de lui que les futurs travailleurs de la terre devraient se
former, et les programmes ne prévoient pas cette nécessité ! Il en résulte
que la routine séculaire dure encore. Ici, des instituteurs qui ne savent
pas; là, des cultivateurs qui n'ont pas la moindre idée de la fertilité de
la terre. « Il est vraiment triste de constater, dit M. Kemna, p. 13,
« dans des pays où la culture du sol constitue le seul moyen de sub-
« sistance, pour les grands comme pour les petits, une ignorance
« profonde des connaissances élémentaires se rapportant aux travaux
« des champs. »

Notre collègue M. Van Hulle (1) a bien voulu me communiquer, sur
la IXᵉ question du programme du Congrès, un mémoire qu'il n'a pas
craint d'intituler *vulgarisation de l'enseignement de l'horticulture*; j'y lis
ces lignes aussi justes que courageuses, (p. 10) :

« Si dans le Conseil de perfectionnement l'intérêt horticole avait voix
« au chapitre, nous demanderions, par exemple, pourquoi les livres de
« classe ne pourraient contenir des passages relatifs à la physiologie
« végétale, à la multiplication des plantes, etc. Ne pourrait-on pas

---

(1) Professeur à l'École d'horticulture de Gand.

« aussi bien apprendre à lire aux enfants dans un petit livre de culture
« que dans un autre ? Les devoirs qu'on donne, les problèmes qu'on
« fait résoudre, seraient-ils moins instructifs, s'ils avaient trait à l'hor-
« ticulture ?

« Les ouvrages développés, très-utiles entre les mains d'une personne
« déjà un peu au courant, seraient tout-à-fait déplacés dans une école
« primaire. Pour approfondir une science, il faut l'aimer; or, le goût
« naîtra bien plus en lisant un ouvrage très-élémentaire, au moins
« facile à comprendre, qu'en compulsant des livres trop scientifiques.
« Au surplus, l'enfant a trop de branches diverses à son programme;
« il ne peut rien apprendre à fond; il suffit qu'il s'habitue à aimer
« toutes les sciences, sauf à s'attacher plus tard à celle qui aura ses
« préférences. »

Est-il rien de plus clair, de plus juste, de plus honnête, de plus
pratique ? C'est un professeur qui s'exprime ainsi; il sait toutes les
difficultés de l'enseignement et, s'il veut des améliorations et des réfor-
mes, c'est uniquement dans l'intérêt de ceux qui doivent apprendre.
Est-il rien de plus légitime que semblable révendication ?

M. Van Hulle ajoute : « Si nous déconseillons l'emploi des gros livres,
« nous préconisons au contraire les herbiers, les dessins et les imitations
« d'après nature. Ces planches murales, ces imitations en cire etc., non
« seulement familiarisent constamment les enfants avec les plantes,
« mais elles servent de démonstration pratique au maître, lorsque les
« plantes vivantes font défaut ou quand le mauvais temps ne permet pas
« d'aller les voir au jardin ou aux champs.

« Collectionner tout ce qui frappe utilement la vue, créer, enrichir les
« musées botaniques scolaires, est une des mesures à recommander
« chaudement en vue de vulgariser l'énseignement horticole. »

C'est bien là, il faut le reconnaître, la conclusion à tirer d'un tel
exposé, au point de vue de l'enseignement général et de l'amélioration de
la fortune publique. Il y va de l'avenir de l'enseignement populaire.
C'est pourquoi nous demandons la simplicité du moyen.

M. Van Hulle avait dit, dans son rapport (p. 114. Travaux prélimin.
du Congrès) : « Puisqu'il s'agit ici de l'école primaire, émettons le vœu
« que les livres de lecture mis entre les mains des élèves renferment, à
« l'avenir, des notions succinctes et précises concernant la physiologie
« des plantes, leur multiplication, leur culture etc. »

Cela fait, il resterait encore quelque chose à accomplir.

M. E. Laurent (p. 135) dit fort bien que « le cultivateur doit protéger
« ses plantes contre leurs ennemis. Il est certain qu'il y a un intérêt
« de premier ordre à vulgariser dans nos campagnes quelques saines
« notions de pathologie végétale. Pour parvenir à ce but, il y a deux
« moyens principaux : s'adresser aux populations rurales et attirer

« l'attention des élèves des écoles d'agriculture et d'horticulture sur les
« maladies et les parasites des plantes.

« Dans le premier cas, c'est aux procédés habituels de propagande
« qu'il faut avoir recours. On devrait répandre, dans le public, de
« petites brochures avec figures, placer dans les écoles de village, des
« gravures représentant *les parasites sous des grossissements considé-*
« *rables.* »

Les images que j'ai prié le Congrès de vouloir bien accepter, de la part
de MM. Hachette, rentrent précisément dans ce programme; vous y
voyez l'insecte à l'œuvre, la destruction qu'il opère est incalculable.

M. Aug. Lameere[1] en est effrayé, aussi demande-t-il (p. 45) que l'enseignement spécial ne soit pas limité aux écoles d'horticulture et d'agriculture. « Il devrait s'infiltrer peu à peu dans le peuple par l'école
« primaire où l'histoire des principaux parasites figurerait sur des
« tableaux pendus aux murs de la classe. »

M. Laurent est aussi positif. Il dit, p. 235, « De même que nous
« avons recommandé de multiplier les gravures sous les yeux des culti-
« vateurs dans les campagnes, de même nous proposons de mettre, à la
« disposition des élèves de nos écoles d'agriculture et d'horticulture, des
« ouvrages où les maladies et les parasites des plantes soient figurés. »

Il y a, je l'espère, unanimité de vues, dans le Congrès à cet égard. Cela
donnera à vos conclusions une force considérable, car les savants qui
travaillent à la vulgarisation des connaissances utiles sont comme les
artistes qui secondent leurs projets et les éditeurs qui leur donnent le
jour de la publicité, tous ont besoin d'être soutenus et encouragés.

Que personne ne croie que mon intention soit de blâmer la science
pure et ceux qui la cultivent. J'agirais du reste avec un manque de tact
flagrant, puisque j'honore profondément les hommes illustres qui sont
ici et près desquels je me sens bien petit. J'estime, au contraire, qu'ils
comptent déjà parmi les bienfaiteurs de l'humanité; leurs travaux n'ont
qu'un but, embellir et enrichir le domaine de l'humanité. Qu'il me suffise
de nommer M. Planchon, de Montpellier[2], l'homme modeste autant que
savant. C'est lui qui, à force de recherches, sut déterminer la maladie de
la vigne, trouver et dénommer le Phylloxera. A peine eut-il appris que
M. Maxime Cornu[3] avait mission d'étudier scientifiquement le terrible
insecte, qu'il se mit à sa disposition, lui livra ses notes, le conduisit partout où la maladie ravageait la vigne. Il fit plus, il voua à son jeune collègue une amitié qui ne s'est jamais démentie. Combien d'hommes sont
capables d'un pareil dévouement?

---

(1) Secrétaire de la Société Entomologique de Belgique.
(2) Directeur du Jardin botanique de Montpellier.
(3) Professeur et administrateur du Museum de Paris.

Encore un mot. M. Kemna (p. 15) dit, en terminant son rapport : « Il
« sera facile au professeur d'intercaler dans son cours de botanique quel-
« ques indications pratiques et simples sur l'horticulture, sur la taille des
« arbres fruitiers, sur les diverses façons de les greffer, sur les petits
« travaux de jardinage, etc. » Je me borne à faire remarquer que Messieurs Hachette l'ont compris également. Vous avez sous les yeux 48 images sur les *travaux agricoles* et industriels(1).

**M. le Président** — L'assemblée remercie l'orateur de sa très-intéressante communication.

**M. Rodigas.** — Je désire qu'on donne lecture des questions du
programme, alors on décidera de quoi on va parler

**M. Ch. De Bosschere.** — J'ai déjà commencé. Voici la suite des
questions.

VI. Faire ressortir la meilleure méthode d'enseignement théorique et
pratique de la botanique dans les écoles d'horticulture et d'agriculture.
Développer ce qui doit faire partie de cet enseignement.

VIII. Comment faut-il enseigner les notions de physiologie végétale
dans les conférences populaires sur l'horticulture ?

IX. Quelles sont les mesures à prendre pour vulgariser l'enseignement
de l'horticulture, spécialement dans les centres ruraux ? Quels sont les
moyens à employer pour propager la culture des plantes dans les classes
ouvrières ?

XIII. Avantages de l'unification de l'échelle thermométrique. —

---

(1) Après le congrès, j'ai fait adresser à M. Ed. Morren, Président du Congrès et professeur à l'Université de Liège, une collection de ces images ; voici
la partie de sa lettre ayant rapport à la question traitée par moi :

« Les images botaniques de MM. Hachette sont bien faites pour éveiller l'atten-
« tion et exciter l'intérêt : elles charment et instruisent non seulement les
« enfants mais aussi les parents. J'espère qu'elles seront appréciées comme elles
« méritent de l'être et que la publication continuera en se complétant.

« Le nom français et commun des plantes figurées est ici bien suffisant, au moins
" quand il est déterminatif, comme *Guimauve*, *Violette*, *Pâquerette*, *Riz*, *Ricin*,
« *Caféier*, mais il n'en est pas toujours ainsi *Saule*, *Ortie*, *Ciguë*, *Prèle*, *Scabieuse*,
« *Fougère*... on demande quel Saule, quelle Prèle, quelle Fougère, quelle Ortie.

« Je trouve les légendes de la série zoologique mieux faites, plus explicites. Il
« conviendrait de donner toujours le nom générique et spécifique comme : *Gesse*,
« *odorante*, *Orchis tacheté*, *Erable sycomore*, etc., non seulement parce que les
« choses sont ainsi dans la nature et dans le langage, mais aussi pour développer
« l'esprit d'observation et d'analyse.

« Excusez-moi d'énoncer cette petite observation. J'exposerai les images de
« MM. Hachette dans mon Institut botanique et je les recommanderai dans nos
« publications. Je les répandrai volontiers.

ED. MORREN,<br>Directeur de l'Institut Botanique de Liège. »

Lettre du 18 août 1885 à Emile Lefèvre à Anvers.

Moyens à mettre en œuvre pour arriver à l'adoption générale de l'échelle centésimale.

XVII. Quels sont les remèdes employés jusqu'ici contre les ravages des pucerons et quels résultats ont-ils donnés ?

XX. Convention internationale phylloxérique de Berne. Proposition d'en unifier et d'en généraliser l'application dans tous les pays.

**M. le Président.** — Vous voyez combien nous sommes pressés par le temps. Toutes les questions dont on vient de vous donner lecture doivent être discutée dans la séance de ce matin et dans celle de l'après-midi. Il faut donc faire votre choix.

**M. Rodigas.** — Un mot à propos de la question XIII : *Avantages de l'Unification de l'échelle thermométique* (1).

Je me bornerai à relire les conclusions de mon rapport. Nous avons l'honneur de proposer au Congrès de vouloir émettre les vœux suivants :

1° de voir s'établir promptement une échelle thermométrique unique ;

2° de voir adopter de préférence l'échelle centésimale.

3° de voir, en attendant que la réforme soit adoptée, les publicistes horticoles indiquer dans leurs écrits, la réduction en degrés centigrades des chiffres de température donnés d'après l'usage de leur pays respectif.

Ainsi les Anglais qui se servent de l'échelle Fahrenheit indiqueraient en même temps les degrés centigrades.

Chacun dans son pays préfère se servir de son système, comme c'était le cas pour le pied antique. Mais pour arriver à une solution comme on l'a fait au sujet de l'unité métrique qui commence à être admise partout, pourquoi n'émettrait-on pas le vœu qui est indiqué dans les conclusions de mon rapport ?

**M. le Président.** — Le vœu est exprimé d'une façon très-claire. Voulez-vous passer immédiatement au vote ? (*Adhésion*).

Ce vœu est adopté à l'unanimité.

**M. Planchon.** — Je demande qu'on revienne sur la question V du programme : *dans quelle mesure conviendrait-il de développer l'enseignement de la botanique, de l'agriculture et de l'horticulture dans les établissements d'instruction moyenne.*

**M. le Président.** — La discussion est continuée sur cette question.

**M. Planchon.** — Nous venons d'entendre pour la millième fois les reproches adressés aux savants, aux botanistes sur leur nomenclature. Lorsqu'on a voulu dans la science se servir uniquement des noms vulgaires on a compliqué la langue au lieu de la simplifier et il en est résulté les erreurs les plus graves.

---

(1) Voir aux « Rapports préliminaires » le mémoire de M. E. Rodigas, p. 345-347.

Un botaniste éminent, Lindley, dans son *Vegetable Kingdom*, a eu l'idée de mettre les noms vulgaires à la mode. Quand il n'en trouvait pas il en fabriquait avec des terminaisons de son choix. Il se fait aujourd'hui que l'ouvrage si remarquable de cet éminent botaniste renferme des noms qui sont devenus des énigmes même pour les anglais. Souvent le même nom vulgaire s'applique à des choses tellement différentes que cela donne lieu aux plus grandes méprises.

Nous reconnaissons sans doute qu'il faut se mettre à la portée des gens du monde et des enfants; nous ne sommes pas des pédants, des savants en *us* qui veulent parler latin même à l'école primaire. Et si dans la nomenclature nous mettons généralement le nom latin à côté du nom écrit dans notre langue, c'est pour être plus clairs et être compris partout.

**M. E. Lefèvre.** — Ce que j'ai dit, c'est en me plaçant au point de vue élémentaire, et si ces Messieurs, au lieu de professer dans une chaire, professaient dans une *école primaire*, ils comprendraient mieux les difficultés qui résultent de certaines expressions cherchées qui reviennent continuellement. Ouvrez un livre de science, vous verrez que le savant, au lieu de chercher à vulgariser ce qu'il dit, parle toujours pour ceux qui savent.

Je ne lui en fais pas un reproche, mais je serais très-heureux que l'on s'efforçat de simplifier les noms le plus possible et que toujours, à propos d'une définition ou d'une observation quelconque, on n'entassât pas des mots qui ne sont compréhensibles qu'au moyen d'études très longues et très spéciales.

Je demande que, dans tous les ouvrages qui ont pour but l'enseignement élémentaire et même l'enseignement supérieur à un certain degré, les savants aient pitié de ceux qui ne sont pas savants. Je me féliciterais pour ma part de voir ce progrès partir du Congrès d'Anvers. (*Applaudissements.*)

**M. Ch. De Bosschere.** — Lorsque la Commission organisatrice a introduit la 5ᵉ question au programme, elle a simplement voulu continuer l'œuvre du Congrès botanique de 1880. Alors la question que M. Lefèvre vient de traiter a été discutée en séance spéciale. Des conclusions ont été présentées au Congrès botanique par notre honorable secrétaire M. Marchal, conservateur au jardin botanique de Bruxelles. Ses conclusions sont à peu près conformes aux idées qui viennent d'être émises par M. Lefèvre. Je dis à peu près parce qu'il y a certaines choses que je ne puis approuver dans les discussions soulevées par cet honorable membre.

Il est inutile de reprendre une question qu'on a traitée à fond en 1880. Les conclusions adoptées par le Congrès de cette époque ont été mises à exécution par notre gouvernement. Nous avons donc obtenu pleine et entière satisfaction à cet égard.

Peut-être existe-t-il des ouvrages sur lesquels, au point de vue où l'on s'est placé, il y a quelque chose à redire, mais nous vous prions de vous occuper de l'enseignement moyen, de l'enseignement secondaire, le seul dont il soit question pour le moment.

Je regrette vivement que M. Lefèvre ait saisi une occasion inopportune pour présenter sa thèse. S'il avait bien voulu prévenir d'abord l'assemblée, on lui aurait assigné une heure à laquelle il lui aurait été loisible de développer ses idées.

**M. Lefèbre.** — Pour ma part je n'ai point de regrets et je suis sûr que les idées que j'ai émises feront leur chemin dans le Congrès.

**M. le Président.** — La discussion est close ; nous passons à la question VI.

*Faire ressortir la meilleure méthode d'enseignement théorique et pratique de la botanique dans les écoles d'horticulture et d'agriculture. Développer ce qui doit faire partie de cet enseignement.*

**M. Niepraschk.** — J'avais l'intention de répondre à la VI^me question, mais ayant lu l'excellent travail de M. Vernieuwe, j'ai abandonné cette idée, car tout dans ce travail est dit si clairement et si nettement que je ne saurais plus rien y ajouter. D'ailleurs, je suis convaincu que tous ceux qui, comme moi, s'occupent de l'instruction des élèves en horticulture, seront complètement d'accord avec l'honorable rapporteur.

Cependant, il y a un point sur lequel je voudrais attirer l'attention des membres du Congrès, c'est l'enseignement de la botanique dans les écoles supérieures, dans les lycées. (1)

Messieurs, j'ai pu constater que la plupart des élèves qui sortent des classes supérieures des lycées pour entrer dans une école d'horticulture supérieure, avaient oublié en grande partie ce qu'ils avaient appris de la botanique. Je me suis demandé quelle pouvait être la cause de cette situation ; j'ai trouvé qu'elle réside dans le fait que dans les lycées et autres écoles supérieures, la botanique n'est enseignée que dans les classes inférieures et qu'on ne s'en inquiète plus dans les classes supérieures. C'est fâcheux pour les élèves qui commencent des études d'horticulture et il serait désirable et même nécessaire qu'on modifiât sous ce rapport, le plan d'études et qu'on trouvât le moyen d'enseigner aussi la botanique dans les classes moyennes et supérieures.

**M. le Président.** — Si personne ne désire plus prendre la parole sur la même question, nous passerons à la suivante :

---

(1) Voix aux « Rapports préliminaires les mémoires de MM. J. J. Kickx, pp. 35-39, T. Vernieuwe, pp. 121-127. et Carl Hansen, pp. 134-135.

*Comment faut-il enseigner les notions de physiologie végétale dans les conférences populaires sur l'horticulture* (1) ?

Personne ne demande la parole ? — Nous passons à la question :

*IX. — Quelles sont les mesures à prendre pour vulgariser l'enseignement de l'horticulture, spécialement dans les centres ruraux ? Quels sont les moyens à employer pour propager la culture des plantes dans les classes ouvrières* (2) ?

M. Benary a la parole.

**M. Benary.** — Si parmi les vœux qui seront formulés dans ces réunions, il en est un qu'il serait utile de voir réaliser, c'est certes celui qui se trouve dans le mémoire que M. Witte a présenté sur la IX^me question qui nous occupe en ce moment et qu'il propose comme une des mesures à prendre pour vulgariser l'enseignement de l'horticulture : c'est la création de jardins scolaires.

Messieurs, j'ai demandé uniquement la parole pour vous prier d'envisager cette excellente idée aussi à un autre point de vue plus important encore, celui de l'hygiène ou de l'état sanitaire des élèves.

Je crois, Messieurs, que la création de jardins scolaires constituerait un moyen puissant pour venir en aide à ceux qui, dans tous les pays d'Europe, font des efforts des plus louables pour arriver à la construction d'écoles bien exposées, bien aménagées, bien aérées, avec de grandes salles de classe où les élèves, souvent au nombre de 40 à 50, séjournent pendant 3 ou 4 heures sans interruption. Vous n'ignorez pas que ni les gouvernements ni les communes ne craignent de faire de grands sacrifices pécuniaires pour faire de mieux en mieux sous ce rapport. Nous n'avons qu'à comparer l'état actuel des classes avec celui de jadis, pour qu'immédiatement nous nous sentions disposés à nous féliciter des progrès réalisés dans cette voie.

Ceux d'entre vous, Messieurs, qui comme moi, parcourent souvent la campagne, auront remarqué sans doute que ces écoles sont, pour la plupart très-mal placées et se trouvent exposées au soleil, à tel point qu'on se demande où les élèves pourraient bien prendre leur récréation. On croit sans doute bien faire en plaçant ces écoles au centre de la commune afin que les professeurs et les élèves n'aient pas une trop longue course à faire pour y arriver. Mais dans les villages et les petites villes il n'y a pas de grandes distances à parcourir pour arriver à une des extrémités de la partie bâtie; on devrait donc plutôt construire les

---

(1) Voir aux « Rapports préliminaires » le mémoire de M. E. LAURENT, p. 119-120.

(2) Voir aux « Rapports préliminaires » les mémoires de MM. H. J. VAN HULLE, p. 113-118, H. WITTE, p. 128-131, VAN RISSEGHEM, p. 343-344, et H. MILLET, p. 367-369.

écoles à l'un ou l'autre bout du village, dans un endroit ou règne le calme. Les terrains n'y étant pas très chers, il serait facile, nous semble-t-il, d'y créer les jardins scolaires dont parle M. Witte.

Ces jardins scolaires seraient appelés à rendre des services sérieux, surtout si vous y plantiez des arbres, de grands arbres qui donneront de l'ombre, si vous y créez un petit bocage silonné de sentiers où les élèves se promèneraient pendant les heures de récréation et respireraient de l'air pur, de l'ozone si vous voulez, qu'ils ne trouvent plus dans les classes à la fin de la première leçon de la journée. On peut aller plus loin et dire que, pendant la belle saison, certaines leçons pourraient se donner dans ces jardins sous l'ombrage des arbres, des leçons où les élèves peuvent se passer de la plume et de l'encrier. On pourrait aussi se dispenser de renvoyer les enfants pendant les fortes chaleurs comme cela se fait souvent.

Si les petites communes voulaient créer des jardins scolaires comme ceux dont je viens de vous entretenir, il est probable que les grandes villes songeraient bientôt à suivre leur exemple.

Je termine, Messieurs, en déclarant que si ce Congrès réussissait à réaliser l'idée de la création des jardins scolaires, il pourrait se montrer fier d'avoir obtenu un pareil succès.

**M. Palacky.** — Je suis heureux d'apprendre au Congrès que dans mon pays les jardins scolaires existent depuis 15 ans.

Tout maître d'école doit apprendre l'arboriculture à l'École normale. Ce n'est donc pas une nouveauté. J'ajouterai donc, pour être sincère, que jusqu'à présent les résultats obtenus par ce système n'ont pas été brillants.

**M. Rodigas.** — Je désire rendre hommage aux choses excellentes que M. Benary a dites et signaler en même temps les conclusions de deux rapports qui ont été remis à la plupart des membres du Congrès, au moins à ceux de notre pays.

Les jardins scolaires, le jardin attenant aux écoles, ont certainement du bon. S'ils ne donnent pas toujours les résultats voulus, c'est probablement parce que les instituteurs ne sont pas encouragés comme ils devraient l'être. Sous ce rapport, je tiens à faire remarquer à ceux d'entre vous qui ont une influence quelconque sur les sociétés d'horticulture — et c'est le cas de presque vous tous — ce qui se pratique dans la province de Namur depuis de longues années.

Tous les cinq ans la Société provinciale de Namur organise des concours. Un jury dont j'ai fait partie déjà 4 fois avec M. Del Marmol, le Président de la Société, se rend sur les lieux, va examiner les jardins, distribue des récompenses importantes, et encourage par conséquent dans une certaine mesure ceux des instituteurs, qui soignent le mieux leur jardin. Ce sont presque toujours les meilleurs instituteurs qui obtiennent ces récompenses et ceux qui ont les élèves les mieux dressés sous tous les rapports.

Nous avons constaté, en outre, avec plaisir, que la plupart de ces instituteurs que nous avons eu l'occasion de primer dans les concours ont été nommés, à la suite de nos visites, inspecteurs cantonaux de l'enseignement primaire dans la province.

L'exemple donné par la Société agricole de Namur mérite d'être signalé.

**M. de Gerlache.** — Uu simple mot, Messieurs, au nom des amateurs et en l'abscence d'autres que moi qui aiment tout ce qui a rapport à la botanique, aux plantes, à la végétation et qui n'ont pas le bonheur de comprendre très-bien tous les termes de la science.

Ne pourrait-on pas dresser la liste des meilleurs ouvrages à consulter pour les étymologies grecques et latines des mots ? Comme les travaux du Congrès seront consignés dans une brochure qui nous sera distribuée, nous pourrions puiser là de précieux renseignements. Cette liste, pour la facilité de tout le monde, pourrait être publiée en français, ainsi que dans d'autres langues.

**M. le Président.** — Vos paroles seront inscrites dans le compte-rendu de la séance ; le vœu que vous avez formulé sera donc ainsi naturellement exprimé et il n'est pas douteux qu'on y donnera suite.

**M. Wittmack.** — Il est à regretter que l'Allemagne n'ait pas beaucoup de jardins scolaires et que les jeunes instituteurs n'aiment pas de s'occuper de jardinage.

Dans notre société d'horticulture de Prusse nous avons tenté très souvent de réagir contre cette tendance et nous avons cherché à intéresser à nos efforts le gouvernement et tous ceux qui ont quelque influence. Mais les jeunes instituteurs sont tellement occupés pendant les 3 années qu'ils passent à l'École normale, qu'ils n'apprennent pas grand'chose relativement au point qui nous occupe. Ils sont bien forcés de suivre les cours de pomologie et d'arboriculture, mais en général ils regardent celà comme une chose inutile.

Nous avons obtenu de meilleurs effets quand nous nous sommes adressés aux instituteurs qui étaient déjà en place. Lorsqu'on encourage les instituteurs des villages et des petites villes à planter des arbres et à créer des jardins, ils ne s'y refusent pas. Ces instituteurs qui vivent à la campagne ont beaucoup plus de goût sous ce rapport que les normalistes, mais il y a encore de grands progrès à réaliser à cet égard.

Notre gouvernement — comme cela se pratique ici et en France — organise des cours au printemps et à l'automne et les instituteurs viennent y apprendre l'arboriculture, surtout l'élevage, le greffage, la taille des arbres fruitiers.

En Angleterre et en Hollande on a fait des distributions de plantes aux ouvriers. Je prierai ceux qui connaissent cette question de s'en expliquer devant vous plus en détail. On a voulu essayer également à Berlin de ce système, mais on y a renoncé parce qu'on a remarqué qu'il est très difficile de contrôler ces plantes.

On peut facilement donner des boutures pour les plantes en pot, mais il est malaisé de reconnaître si c'est la même plante que l'ouvrier représente en automne et s'il ne l'a pas achetée au marché. Dans les petites villes, la chose peut se pratiquer facilement. Il existe là une Commission de surveillance dont le contrôle peut être sérieux, mais dans les villes comme Berlin, ce contrôle est presque impossible.

**M. Baltet**. — C'est en Belgique que l'enseignement de l'horticulture a toujours été le plus développé depuis un grand nombre d'années. Si le point de départ de ce mouvement, comme l'a dit M. Rodigas, émane des environs de Namur, nous devons nous rappeler que les présidents de Sociétés, que les Comices agricoles ont trouvé jadis dans Pierre Joigneaux, un des nôtres, un auxiliaire puissant. Il a contribué à la propagation de l'horticulture et de son enseignement. Efforçons-nous, à notre tour de l'imiter, lui et ses successeurs.

En France, nous avons institué les conférences qui sont données par des praticiens, dans les jardins et les vergers et l'enseignement de l'horticulture est inscrit au programme de nos écoles. Ce que devra contribuer beaucoup à propager le goût de l'horticulture dans les campagnes, ce sera l'exemple fourni par les jardins attenant aux maisons d'école; là l'instituteur déjà formé à l'école normale, peut diriger un enseignement pratique des plus efficaces. Le maitre apprendra aux enfants à planter, à semer, à faire des pépinières; c'est ainsi que l'on s'attache à la culture et au toit paternel. Il distribuera aux élèves des bons points utiles, se rapportant à l'histoire naturelle ou au jardinage, et même de petits traités élémentaires. Les compositions qui sont faites journellement pourront emprunter leur sujet de rédaction à la botanique ou aux diverses branches de l'économie rurale.

Il est un autre moyen d'instruction : ce sont les promenades, les excursions, les visites aux exploitations, aux expositions horticoles et agricoles avec explications et démonstrations sur le terrain. Les élèves aiment beaucoup ce mode d'enseignement. Aussi disent-ils toujours après ces leçons pratiques : « Nous en avons appris plus dans cette journée d'excursion que pendant plusieurs semaines à l'école. »

Ils ne se doutent pas cependant que c'est parce qu'ils ont appris à l'école les premières notions d'agriculture qu'ils peuvent voir avec fruit les bois, les champs et les jardins et s'y intéresser toujours. Espérons que les excursionnistes et les auditeurs aux Cours et aux Ecoles d'horticulture jouiront de certaines facilités de voyage, comme on le voit en Belgique.

Les encouragements, toutefois, font rarement défaut ici. Les Sociétés et les administrations se montrent disposées à récompenser et les maîtres et les élèves. En forçant la jeunesse à apprendre à semer, à planter, à greffer, nous aurons contribué beaucoup plus à empêcher l'émigration des campagnes vers les villes, que par tant d'autres moyens qui ont été préconisés. Cultivateurs, propriétaires, citadins, ouvriers trouveront toujours au jardin, satisfaction et profit.

La jeune fille ne doit pas rester étrangère à la culture des légumes et des fleurs, à l'emploi des fruits. Son rôle n'est-il pas d'assurer le bien-être et la joie à la maison ?

Les cours pratiques d'arboriculture fruitière, de culture potagère ou d'entretien des jardins d'ornement sont suivis et goûtés par la population de tout âge et des deux sexes. L'État, les Conseils généraux ou municipaux, les Sociétés horticoles subventionnent les professeurs et publient souvent le résumé des leçons.

L'horticulture et ses sœurs viticole et sylvicole sont démontrées dans nos écoles supérieures ou moyennes d'agriculture, aussi bien que dans les fermes-écoles. Le personnel enseignant se recrute plus facilement aujourd'hui, grâce à la création de l'École nationale d'horticulture de Versailles si habilement dirigée et installée au milieu d'autres riches collections. Nous avons là une pépinière de professeurs, de chefs de culture, de maîtres jardiniers, destinée à rendre de grands services au pays.

Je n'insiste pas en présence du personnel enseignant des écoles d'horticulture de Gand, de Vilvorde, de Tournai.

Vous le voyez, Messieurs, nous avons largement emprunté à la nation qui nous offre l'hospitalité en ce moment même. D'autres États ont suivi la même voie.

S'il nous fallait démontrer nos sentiments de reconnaissance, il suffirait de vous rappeler avec quel entrain nous nous associons aux témoignages de sympathie décernés à vos savants et dévoués professeurs.

**M. Nierpraschk.** — Je ne suis pas tout à fait de l'avis de M. Wittmack.

Dans les pays rhénans, il existe des petits jardins à l'usage des écoles et on encourage les maîtres d'école en leur donnant quelques centaines de sujets à greffer. C'est surtout pour les arbres fruitiers qu'on entretient ces jardinets ; cela se pratique beaucoup dans les environs de Cologne ; grâce à ce système les élèves réalisent des progrès très-satisfaisants. C'est un exemple qu'il serait bon d'imiter et dont on recueillerait les plus grands avantages.

**M. Fischer de Waldheim.** — A Varsovie, il y a un établissement — c'est le « Jardin pomologique » qui a pour but de propager la culture des plantes utiles et surtout de celles qui se rapportent à la pomologie. Le gouvernement accorde une subvention de près de 5000 roubles pour l'entretien de ce jardin. Il y a près de 30 élèves praticiens qui y travaillent et qui y apprennent comment il convient de cultiver, de tailler etc. les arbres fruitiers. On pousse le plus possible à la propagation des espèces utiles et nouvelles. Le but de cette institution est de tâcher de généraliser dans le pays autant que possible la plantation et la culture de ces arbres fruitiers. Chaque maître, chaque inspecteur ou directeur d'une école de l'enseignement du degré inférieur a le droit de demander chaque année un certain nombre d'arbres fruitiers qui lui sont délivrés gratuitement. Dans ces écoles à études du degré inférieur, il y a des instituteurs qui apprennent à connaître la culture de ces arbres. Vous comprenez, Messieurs, que cette institution peut porter des fruits, puisqu'il a des arbres (*Hilarité*). C'est un excellent procédé pour propager l'horticulture et spécialement la pomologie. Cette institution n'était peut-être pas connue jusqu'ici. C'est pourquoi je me suis permis de la signaler à votre attention.

**M. Van Hulle.** — Vous avez pu lire dans les rapports préliminaires un résumé de mon travail, je prends la liberté d'en déposer sur le bureau une demi-douzaine d'exemplaires. Ils seront remis aux personnes qui s'intéressent spécialement à cette question.

**M. le Président.** — Le Congrès vote des remercîments à M. Van Hulle.

**M. Magnus.** — Chez nous l'administration envoie des professeurs nomades que nous nommons en Allemagne *Wanderlehrer*.

Ils vont de village en village et enseignent populairement la greffe et tout ce qui se rattache à l'arboriculture.

Ils commandent les espèces et les variétés d'arbres fruitiers d'après le climat et les conditions particulières de chaque endroit.

**M. Wittmack.** — Les conférences de professeurs existent même au Japon et — chose étrange — les Japonais paraissent avoir été les premiers qui avaient des instituteurs nomades.

Je n'ai pas encore reçu de réponse au sujet des plantes qui sont distribuées aux ouvriers. J'ai lu tous les rapports, mais dites moi donc, Messieurs de la Hollande, vos expositions sont-elles bonnes, utiles? Et vaut-il la peine d'introduire cette institution en Allemagne ? Faites vous de cela une œuvre de charité, de philanthropie et l'amour des plantes a-t-il été plus répandu à la suite de vos expositions ?

**M. Krelage.** — Quoique je ne sois pas préparé à discuter cette question, j'en dirai quelques mots en réponse à ce que vient de dire M. Wittmack. Les distributions de plantes aux ouvriers et les expositions de fleurs qui permettent de constater les soins qu'ils leur ont donnés est une chose excellente si elle est bien appliquée, mais dans le cas contraire, elle peut offrir certains dangers et tourner à la plaisanterie. Il faut qu'on puisse contrôler l'emploi qui est fait des plantes et reconnaître si celle que l'ouvrier présente en automne est bien celle qu'on lui a remise sous forme de très jeune plante au printemps. Il y a un moyen de s'en assurer. Il s'agit de mettre une petite pierre marquée dans le pot de façon à ce que les racines des plantes touchent déjà un peu la pierre. On pourrait recourir à d'autres procédés. On peut par exemple faire des visites d'inspection chez les personnes qui ont reçu des plantes.

M. Wittmack a demandé si cette institution offrait de l'utilité pour les grandes villes. Je n'ai pas fait d'expériences à ce sujet.

Dans les grandes villes on devrait procéder par quartiers, faire de petites associations qui auraient le contrôle des plantes.

Le nombre des plantes distribuées en Hollande, par ville, est environ de 4 à 5 mille. Dans une ville comme Berlin, il en faudrait 50,000. Le champ est bien vaste mais on pourrait diviser la ville ou tout au moins les quartiers habités par les ouvriers, en douze sections ayant chacune une organisation spéciale. Un grand centre comme Berlin doit être nécessairement divisé si on veut y faire avec fruit les distributions de plantes.

**M. Ch. De Bosschere.** — Je me permets de vous demander s'il entre dans vos intentions de déclarer close définitivement la discussion des trois premières questions proposées à l'assemblée générale. Cet après-midi on commencera par la 17$^{me}$ question pour entamer ensuite la Convention phylloxérique. Je sais que plusieurs membres du Congrès désirent prendre la parole sur une des trois premières questions. Ces Messieurs pourront-ils parler alors que les objets à l'ordre du jour sont épuisés? Je crois qu'il conviendrait qu'il en fût ainsi.

**M. le Président.** — Aucune objection n'étant faite à cette proposition, je la déclare adopté.

Notre ordre du jour se trouve ainsi entièrement réglé.

La séance est levée à midi et demi.

## II<sup>me</sup> Assemblée générale du 3 août 1885.

Présidence de M. Krelage, délégué du Gouvernement des Pays-Bas.

**Sommaire :** *XVII<sup>me</sup> question du programme :* Quels sont les remèdes employés jusqu'ici contre les ravages des pucerons et quels résultats ont-ils donnés ? MM. Rodigas, Drude, De Nobele, Niepraschk, de Selys-Longchamps, Hovelacque, Wesmael, Van Hulle, Ch. De Bosschere, Van Heubck, Wittmack. — *XX<sup>me</sup> question du programme :* Convention internationale phylloxérique. Proposition d'en unifier et d'en généraliser l'application dans tous les pays. MM. Cornu, Van Heurck, Wittmack, Rodigas, Ch. De Bosschere, Krelage, Baltet.

La séance est ouverte à 2 1/2 heures.

Siègent au bureau : MM. Krelage, président, Ch. de Bosschere, secrétaire-général, Marchal et Rodigas, secrétaires.

**M. Ch. De Bosschere.** — M. Sava Petrovitch, le délégué du gouvernement de la Serbie, vient de faire hommage au Congrès de deux ouvrages de botanique : 1º la flore de Serbie; 2º un fascicule de plantes rares des environs de Belgrade.

Ces deux ouvrages seront soumis à l'examen des membres du Congrès.

**M. le Président.** — Nous abordons la XVII<sup>e</sup> question de notre programme : « *Quels sont les remèdes employés jusqu'ici contre les ravages des pucerons et quels résultats ont-ils donnés ?* » (1)

**M. Rodigas.** — La XVII<sup>e</sup> question de notre programme a été suffisamment développée par deux de nos confrères de Gand, MM. L. De Nobele

---

(1) Voir aux « Rapports préliminaires » les mémoires de MM. L. Spae-Vandermeulen, p. 48-49, Ad. Van den Heede, p. 108-110, L. De Nobele et Ed. Pynaert-Van Geert, p. 259-268.

et E. Pynaert-Van Geert, ainsi que par un confrère de Lille. On a indiqué comme un des remèdes actuellement en vigueur, le tabac employé d'une certaine façon. Il s'agit, non plus de fumigations, mais de la vaporisation du tabac. Ce remède, je désire le constater ici, est très-efficace. Il tue directement les insectes sans trop nuire aux plantes. Je vois entrer un de mes honorables confrères de Belgique, M. de Nobele. Je lui cède volontiers la parole.

**M. Drude** (Saxe). — Nous avons employé au Jardin botanique de Dresde le remède indiqué par M. Rodigas et qui consiste à brûler des extraits de tabac. Nous l'avons notamment utilisé pour la culture de la *Victoria Regia*. Les insectes ont été tués en peu de jours.

**M. De Nobele.** — Vous avez pu voir, Messieurs, par le rapport que j'ai soumis au Congrès que je ne conteste nullement l'efficacité du jus de tabac, bien au contraire. Je suis convaincu qu'il constitue un insecticide puissant. A mon avis, en s'adressant au jus de tabac on ne s'adresse pas à la source qui doit fournir un principe actif suffisamment concentré aux conditions les plus économiques. Mes études ont porté sur la recherche de ce principe. Une opinion courante est qu'il réside dans la nicotine. Or, la chimie est là pour démontrer que cette croyance est erronnée. Dans les conditions ordinaires, quand le milieu chauffé n'est pas alcalin, si on chauffe une solution de nicotine, la nicotine, ne se dégage pas.

Il y a donc lieu de rechercher ce qui la remplace. Mon opinion est formelle à ce sujet : ce sont les sels ammoniacaux.

Les composés ammoniacaux agissent d'une façon directe sur les insectes. A la suite de cette 1re théorie, j'ai fait, dans un sens scientifique, quelques petites expériences dont je vais vous exposer sommairement le résultat. J'ai pris du tabac en nature, je l'ai fait infuser pendant un certain temps dans l'eau. Puis, j'ai dirigé la vapeur des matières ainsi préparées sous des cloches où se trouvaient des insectes. Lorsque je débarrassai ces vapeurs des sels ammoniacaux en les faisant passer sur des substances imprégnées d'acide sulfurique, l'effet était nul. Quand on supprime le tabac et qu'on fait arriver sous des cloches à insectes du carbonate ou du chlorure d'ammoniaque, on constate que l'on a affaire à un insecticide puissant. J'appelle votre attention sur ce point.

**M. Niepraschk.** — Je désire vous signaler un autre remède contre les pucerons qu'on emploie beaucoup dans les pays rhénans, on l'appelle Krepin, inventé par M. Bovenschen à Créfeld. C'est un extrait de Pyrethrum, à ce qu'il parait. Il produit des effets merveilleux. Partout où l'on emploie ce remède, les pucerons meurent tout de suite.

Il offre d'autres avantages encore : il ne nuit nullement aux plantes, pas même aux tiges jeunes et délicates.

**M. le baron de Selys-Longchamps.** — Les remèdes préconisés sont-ils applicables à la cochenille du pommier ? Il s'agit ici d'arbres en plein air auxquels on ne peut pas appliquer les fumigations. J'ai lu le rapport préparatoire. On y prononce le mot « cochenille » mais sans insister sur le remède. Chez nous, le Kermès est le plus grand fléau du pommier.

**M. Rodigas.** — Les remèdes qui ont été recommandés sont aussi nuisibles au règne animal qu'au règne végétal. Je suis étonné d'entendre M. Niepraschk recommander la poudre de Pyrèthre comme un remède efficace. Il résulte de mes expériences que la poudre de Pyrethrum, quand elle est brûlée, endort l'insecte mais ne le tue pas. Le lendemain l'insecte se réveille après quelques heures de repos. Si l'insecte a une vie éphémère, ce sommeil forcé lui est très préjudiciable mais n'entraîne pas sa destruction.

**M. Niepraschk.** — Je me suis peut-être mal exprimé. Je n'ai pas voulu parler d'une poudre, j'avais en vue un extrait liquide très concentré propablement préparé à l'alcool qui tue l'insecte.

**M. Rodigas.** — Je demanderai à M. De Nobele s'il connaît cet extrait.

**M. De Nobele.** — C'est une essence.

**M. Hovelacque.** — Dans quelle proportion emploie-t-on cette essence ? Est-elle utilisée pure ou avec un mélange d'eau ?

**M. De Nobele.** — Je ne saurais le dire.

**M. Niepraschk.** — Il y a beaucoup de remèdes recommandés contre les pucerons lanigères qui se trouvent sur les arbres fruitiers. J'en emploie un qui est fort simple : on prend une graisse quelconque, on la chauffe un peu et à l'aide de pinceaux, on l'étend sur les tiges ou sur les parties quelconques de l'arbre ravagées par les insectes. Ceux-ci meurent aussitôt faute de respiration. La graisse a l'avantage de s'étendre rapidement partout, même dans les fentes de l'écorce, où se trouvent des œufs des insectes.

**Un membre.** — L'alcool ne peut-il servir?

**M. Niepraschk.** — Il fait du tort aux jeunes tiges.

**M. Wesmael.** — A l'aide d'alcool étendu d'eau on détruit parfaitement les pucerons lanigères. En moins de quelques semaines je me suis débarrassé de ces insectes qui détruisaient tous mes pommiers.

Un autre moyen très-pratique consiste à faire usage de pétrole qu'on étend avec un pinceau. Seulement il faut avoir soin, quand vous vous servez d'alcool, que votre jardinier ne le boive pas. Dans ce cas le remède n'opère pas. (*Rires*).

**M. le Président.** — La section considère-t-elle la XVII<sup>e</sup> question comme suffisamment élucidée? Aucune conclusion ne nous est soumise.

**M. Rodigas.** — Je voudrais cependant que le Congrès aboutit à une conclusion. Ne pouvons-nous pas recommander l'usage du tabac ou mieux encore des sels ammoniacaux. Disons aussi que l'on peut employer l'alcool sans aucun effet dangereux pour les plantes. Mais je n'oserais pas préconiser l'emploi du pétrole si ce n'est en quantité excessivement minime. Encore doit-on le diluer dans l'eau. Nous savons tous que le pétrole tue autant de plantes que d'insectes.

**M. Van Hulle.** — Il est à regretter que nous n'ayons pas parmi nous un des rapporteurs de cette question, M. Van den Heede. En son absence, permettez-moi de vous exposer en quelques mots ce que j'ai pu constater chez lui. Il s'agit de la destruction des insectes qui attaquent les plantes cultivées sous verre; nous parlerons tout à l'heure des plantes exposées en plein air. Voici un moyen que M. Van den Heede emploie avec le meilleur succès sur ses plantes de serres presque constamment tourmentées par des insectes, notamment les Gardenias et autres de cette catégorie : il recourt tout simplement à la vaporisation du jus de tabac très concentré dont vient de vous entretenir M. Rodigas. J'insiste sur ces mots : *jus de tabac très concentré*. On se pourvoit de réchauds d'une forme spéciale, c'est-à-dire de tubes très longs. On en charge la partie inférieure de charbon que l'on allume. Quand le feu commence à se ralentir on y introduit le récipient contenant le jus de tabac qui ne tarde pas à entrer en ébullition. Les émanations qui en proviennent suffisent pour tuer tous les insectes, sans nuire en quoi que ce soit aux parties les plus tendres des plantes. Voilà, Messieurs, le procédé suivi par M. Van den Heede et dont il obtient les meilleurs succès.

Observons cependant qu'il est bon d'allumer le réchaud à l'air libre et de ne l'introduire dans les serres que quand les charbons ne fument plus.

Quant aux pucerons lanigères auxquels M. le baron de Selys-Longchamps a fait allusion tout-à-l'heure, je suis un antagoniste des remèdes curatifs. Je me déclare au contraire partisan des moyens préventifs. Aussi dois-je plutôt déconseiller d'appliquer les remèdes indiqués, mêmes efficaces, sur les grands arbres de nos vergers, par exemple. En admettant que le remède indiqué tout à l'heure soit efficace, et il l'est, pensez-vous que ce ne soit rien de grimper sur de hauts arbres, d'atteindre à toutes les branches et de les brosser avec le liquide que l'on vient de citer ?

Pour de petits arbres il en est autrement. Voici ce qui m'est arrivé dernièrement. — J'entre dans une pépinière. Je passe devant des centaines de pommiers de 7 à 8 ans et qui étaient vraiment de beaux arbres. Plus loin j'aperçois le chef de la pépinière à genoux, en train de barbouiller avec du pétrole allongé d'eau, les greffons de l'année : — « Que faites vous là, lui dis-je ? » — « Je lave, me répondit-il, mes arbres avec du pétrole mélangé à un autre liquide. » — « Peine inutile, fis-je, cela ne sert à rien, il faut tuer l'insecte, si non il reviendra l'année prochaine. » — « J'ai toujours cru ce remède peu sérieux, me repliqua mon interlocuteur. Cependant, les pommiers de 7 à 8 ans, cette belle marchandise que vous avez remarquée, se sont trouvés il y a 5 ou 6 ans dans le même état que ces greffons. Je les ai lavés une seule fois, le remède a agi, à preuve que mes arbres se portent aujourd'hui à merveille. ».

Si ce remède qui consiste à laver les parties atteintes avec du pétrole allongé d'eau a produit de tels effets chez ce pépiniériste, nous pouvons en conclure qu'il est recommandable, pour les jeunes arbres au moins.

**M. Rodigas.** — Je suis de l'avis de M. Van Hulle. Ce qu'il vient de dire m'engage à insister pour que le Congrès veuille décider que l'emploi du jus de tabac et mieux encore des sels ammoniacaux, qui seuls agissent dans le suc de tabac très concentré, est un remède très actif contre les insectes dans les serres.

Nous pouvons affirmer en second lieu qu'à l'extérieur on peut employer l'alcool avec de l'eau.

En troisième lieu, comme l'a dit M. Van Hulle, l'emploi du pétrole peut-être bon, mais à la condition qu'il soit très dilué dans l'eau. Sans cette précaution, ce dernier remède peut-être considéré comme étant aussi nuisible aux plantes qu'aux insectes.

**M. le Président.** — Les conclusions de M. Rodigas sont-elles appuyées?

**M. E. Lefèvre.** — Je ne crois pas que le Congrès puisse adopter des conclusions en ces termes. Des opinions sont émises; elles peuvent être prises en considération. Mais pourquoi les codifier? Nous ne pouvons pas conclure d'une manière si péremptoire.

**M. Rodigas.** — Je suis étonné de ce que vient de dire M. Lefèvre. Tous les remèdes dont on vient de parler sont basés uniquement sur l'expérience et non pas sur des considérations purement théoriques. Le Congrès veut-il simplement se rallier aux propositions que je viens d'émettre sous réserve des expériences qui seront faites plus tard?

**M. E. Lefèvre.** — Je ne fais pas du tout une opposition systématique aux propositions de M. Rodigas. Je crois que la plupart des membres présents éprouvent les mêmes scrupules que moi. Je veux bien admettre que j'ai tort, mais je ne sais pas pourquoi ceux qui pensent autrement que moi auraient raison.

**M. Rodigas.** — C'est pourquoi les conclusions sont mises aux voix.

**M. Cornu.** — Nous expérimentons au Jardin des plantes à Paris, depuis près de 2 ans, l'emploi de la vaporisation du tabac; elle nous donne les meilleurs résultats. Nous employons le liquide qui est mis en vente par les Manufactures de l'État sous le nom de *jus de tabac ;* c'est un produit noir, qui nous est livré à 0 fr. 75 c. le litre[1].

Nous avons été amenés à supprimer l'usage des réchauds; la colonne d'air sec et chaud, les particules de cendre soulevées par cette colonne montant du foyer occasionnent toujours des dégâts dans les serres, sur les Orchidées et les Fougères notamment. Les émanations du charbon sont toujours dangereuses pour les plantes délicates. Voici ce dont j'ai eu l'idée et qui nous a très bien réussi. On fait chauffer dans le four de la serre un certain nombre de briques. Ces briques, portées à une température très haute, sont disposées dans un plateau de fonte. Quand elles sont toutes rangées, le jus de tabac qui a été placé dans une casserole muni d'un long manche est renversé brusquement à deux ou trois reprises sur cette surface chaude; aussitôt répandu, il entre immédiatement en ébullition. Au bout de 2 ou 3 minutes, une serre, même de grand volume, est remplie de vapeur de nicotine. Avec une vingtaine de briques disposées sur un double rang, on peut facilement vaporiser plus d'un litre de liquide. La vaporisation est immédiate. Elle se pratique sans aucune espèce de difficulté et le jus répandu ainsi fume encore pendant assez longtemps.

Une fois le vase renversé, le jardinier doit se retirer rapidement, fermer la porte et laisser le poison faire son action. Même avec du jus de tabac à une haute dose, on n'a à craindre en général aucun accident non seulement pour les plantes molles, mais encore pour les fleurs d'Orchidées. La vaporisation du jus de tabac peut donc être considérée comme l'un des moyens curatifs à la fois les plus puissants et les plus simples pour la destruction des insectes nuisibles dans les serres.

**M. Van Heurck.** — J'ai essayé le pétrole très dilué, à la dose d'un verre à bière dans un seau d'eau. Le D$^r$ Duquenne a indiqué le premier ce moyen.

**M. Wittmack.** — On n'a pas encore cité le remède de M. Nessler, à Carlsruhe, contre les pucerons lanigères. Il est reconnu comme très-efficace. Il consiste en un composé de savon noir, avec 10 p. c. d'alcool amylique, 20 p. c. d'alcool à 90 degrés et 70 p. c. d'eau. La partie la plus active dans ce mélange est l'alcool amylique, qui forme aussi le fond de l'insecticide Fichet.

---

(1) La vaporisation du jus de tabac, substituée à la fumigation à l'aide des feuilles, donne des résultats bien plus complets; ce fait a été découvert par M. Boizard, chef-jardinier chez M. le B$^{on}$ de Rothschild, à Paris; une souscription privée a été faite à ce propos pour lui offrir une médaille d'or en récompense de cette découverte.

*(Note ajoutée à l'impression).*

**M. Cornu.** — La composition est tenue secrète. Je ne la connais pas. Ce liquide est excellent.

**M. Wittmack.** — Ce remède est surtout usité en plein air et pour les petites plantes. Il est vraiment efficace. On le recommande aussi dans le Grand-Duché de Bade, dans les provinces rhénanes, etc. Beaucoup de Sociétés le préconisent aussi. Il y a encore un autre remède, c'est celui de M. Massias, actuellement jardinier de l'Université de Heidelberg. M. Massias trempe les plantes couvertes de pucerons ou de thrips, etc. dans de l'eau chauffée à 56° C (45° R), mais seulement pendant 4 secondes et il le répète plusieurs fois (voir *Gartenzeitung*, 1882, p. 497).

**M. Rodigas.** — Je suis heureux que MM. Cornu, Van Heurck et Wittmack aient soutenu ma thèse, qui renverse celle que M. Lefèvre aurait voulu voir triompher.

Je maintiendrai donc mes conclusions si vous me le permettez, sauf à y ajouter les mots suivants : « tout en tenant compte des expériences ultérieures que feront d'autres personnes non présentes à ce Congrès, nous recommandons d'une manière spéciale les remèdes qui viennent d'être indiqués ».

Je pense que de cette façon nous ne nous engageons pas trop. Nous ne combattons ni la science ni les expérimentateurs.

**M. Van Hulle.** Je pense qu'il y a lieu de remercier tout spécialement M. Cornu pour la communication qu'il a bien voulu nous faire dans l'intérêt de nos horticulteurs. L'efficacité de la vaporisation du jus de tabac n'était plus douteuse. Mais ce qui laissait à désirer, c'était le mode d'emploi. Les essais faits à Gand ont donné lieu à des inconvénients qui provenaient surtout des réchauds. Le système de M. Cornu évite cette difficulté. Les horticulteurs de Gand, qui sont fort nombreux, sauront en profiter.

**M. Durand.** — Je demanderai deux mots d'explication aux membres qui ont parlé de l'emploi des sels ammoniacaux.

On a mentionné aussi le carbonate d'ammoniaque. Ce sel a une forte odeur. Je comprends son action. Il a été question du chlorure d'ammoniaque, lequel est un sel inodore. Je voudrais savoir d'une façon exacte comment on applique ces deux substances et si leur action est équivalente. A-t-on employé d'autres sels encore? Et est-on arrivé toujours aux mêmes résultats ?

**M. De Nobele.** — Cette question est assez complexe. Lorsqu'on parle de poison pour les insectes, il faut d'abord se rendre compte de quelle façon les toxiques agissent. L'alcool amylique pénètre dans l'organisme. Il y fait entrer un élément qui n'est pas normal aux tissus, mais les sels ammoniacaux n'agissent pas de la même façon. En injectant de l'ammoniaque, sous une cloche renfermant des parties de plantes recouvertes d'insectes on n'obtient pas de résultats complets. En s'adressant, au contraire, à des substances qui renferment de l'ammoniaque c'est à dire aux sels ammoniacaux, capables de former des cristaux, on obtient des résultats concluants.

Les insectes respirent par de petites ouvertures dites *stigmates*. Je suppose que les sels vaporisés viennent pénétrer dans les stigmates à un moment déterminé et s'y trouvent à une température plus basse que celle de leur vaporisation. Les cristaux se reforment alors et bouchent les organes respiratoires, ce qui fait périr les animaux par asphyxie. Ce que je dis ici est une simple hypothèse. Quand on prend une cloche et qu'on y injecte de l'ammoniaque à une faible dose, l'effet est nul. Avec du sulfate ou du chlorure et en général avec n'importe quel sel ammoniacal, on obtient des résultats positifs. Les insectes sont détruits. Cette expérience est facile à faire. Elle n'exige qu'une cloche et un sel ammoniacal.

Je pense qu'on peut expliquer ainsi l'action des sels ammoniacaux alors que l'ammoniaque libre n'opère pas. Je ne veux pas dire que si l'on employait suffisamment d'ammoniaque, on ne tuerait pas les insectes, mais on aurait l'inconvénient de faire périr en même temps les plantes.

**M. Baillon.** — Ne pouvant ici parler de tous les remèdes proposés, surtout de ceux que je n'ai pas personnellement employés, je ne jugerai que deux modes de traitement :

1° Le tabac. Je l'ai vu essayer depuis plus de dix ans, toujours avec succès. On peut dans certains cas l'employer en décoction plus ou moins faible; mais les inconvénients de ce procédé ont été signalés. Plus ordinairement, nous mélangeons avec deux tiers d'eau un tiers du liquide qui se vend à Paris aux horticulteurs. La masse est placée dans la serre, sur un petit réchaud de charbon de terre bien allumé, dans une bassine de fer, jusqu'à réduction totale en une boue brune et épaisse. Tous les insectes sont tués.

2° L'insecticide Fichet. Cette préparation, dont le secret ne m'est pas connu, réussit dans le plus grand nombre des cas; on en enduit les parties des arbres, notamment de ceux de plein air, des fruitiers, pour détruire les insectes, le puceron lanigère par exemple, etc.

Il est évident que le chlorhydrate d'ammoniaque n'agit pas simplement à la façon du carbonate d'ammoniaque ou de tout autre sel qu'il suffit de chauffer pour obtenir un dégagement d'ammoniaque. Au point de vue pratique, je dois dire que le tabac que j'ai vu employer se vend à Paris au siége de la Manufacture centrale des tabacs. Je ne sais quelle préparation peuvent avoir subi les détritus de fabrication qu'on livre au monde horticole et il n'y a guère que les jardiniers qui emploient cette substance, désignée à tort par eux sous le nom de nicotine. Dans nos serres, les modes d'application du remède varient ; mais quand on prend les précautions voulues, auxquelles il a été fait tout à l'heure allusion, les résultats demeurent les mêmes. La prétendue nicotine dégage dans la serre une très-forte odeur de tabac, mélangée d'une autre odeur bien plus désagréable que celle du tabac que brûlent les fumeurs. Tous les insectes sont tués, à ce que j'ai vu, sans aucun inconvénient pour les plantes. Je parle des espèces délicates et, entre-autres, des Orchidées. J'ai vu de ces plantes en fleurs soumises à ce traitement sans qu'un seul périanthe fût altéré. On peut donc affirmer que le résultat final est bon.

**M. le Président.** — Je crois devoir remercier les orateurs qui ont si bien élucidé cette question.

Je mets à présent aux voix la proposition de M. Rodigas.

— Cette proposition est adoptée.

Nous aborderons à présent la XX⁰ question de notre programme : « *Convention internationale phylloxérique de Berne. Proposition d'en unifier et d'en généraliser l'application dans tous les pays.* » (1)

**M. Cornu.** — La question des transports horticoles et des lois prohibitoires qui s'y rapportent est peut être une des plus graves question pour l'horticulture depuis quelques années. Elle met en jeu des conflits d'intérêts respectables ; elle peut être étudiée au point de vue théorique ou pratique. Dans ces divers cas elle a donné lieu aux débats les plus passionnés.

En France et dans d'autres pays, il y a des intérêts viticoles considérables, énormes, même ; c'est sous la pression des viticulteurs effarés qu'on a tout d'abord édicté des lois prohibitives d'une dureté extrême. La première convention de Berne avait dépassé ce but et on a vu, dès qu'elle est devenue exécutoire, se dresser de véritables impossibilités ; il a fallu la modifier.

Dans le 4ᵉ fascicule du Bulletin du Congrès, M. Krelage a très justement rappelé l'historique de la question, les réclamations de l'Allemagne, de la Suisse et de la France.

Pour ce qui concerne notre pays, permettez-moi d'indiquer brièvement ce qui se passa.

Les horticulteurs furent profondément émus des exigences de la loi nouvelle ; les diverses Sociétés d'horticulture du pays tout entier s'entendirent et dans une pensée commune envoyèrent des délégués qui se réunirent en séance plénière au siége de la Société centrale et nationale d'horticulture de France.

---

(1) Voir aux « Rapports préliminaires » les mémoires de MM. J. H. KRELAGE, p. 329-342, le sénateur ROSSI, p. 364-366, et O. BRUNEEL, p. 372-376.

Le président qui fut désigné était M. le comte Horace de Choiseul, sous-secrétaire d'État au Ministère des affaires étrangères, président de la Société d'horticulture de Melun. On désigna un certain nombre d'horticulteurs les plus importants pour aller avec le Président, adresser leurs réclamations au Ministre de l'agriculture. Ces horticulteurs, vous les avez vus, se trouvent en grande partie à Anvers, soit comme membres du Congrès, soit comme membres du Jury de vos magnifiques expositions. C'étaient MM. Truffaut, de Versailles; Edouard André, l'un des directeurs de la *Revue horticole*; Louis Leroy, d'Angers; Nanson, d'Orléans. Ces demandes furent assez mal accueillies par la Commission supérieure du Phylloxéra où un seul membre, celui qui parle devant vous, eut l'honneur de les soutenir et de faire triompher ses convictions.

On décida de se joindre aux États (l'Allemagne et la Suisse) qui demandaient de modifier l'ancienne législation et une réunion nouvelle fut décidée. Elle se réunit le 3 octobre 1881, on daigna me choisir pour représenter mon pays.

Une innovation des plus heureuse fut l'adjonction d'experts spécialistes, horticulteurs véritables; il y en eut deux pour la France, MM. Louis Leroy et André et M. Auguste Van Geert pour la Belgique; la conférence fut de courte durée, mais leur influence sur les débats fut considérable et ne contribua pas peu à les asseoir sur leur véritable terrain, celui des faits.

L'horticulture avait à lutter contre des intérêts redoutables. En France, la viticulture constitue une branche importante de la richesse publique; la production moyenne est annuellement d'environ 35 millions d'hectolitres de 20 à 30 fr. l'hectolitre en moyenne. L'horticulture est bien loin d'atteindre une importance aussi grande.

Malgré l'inégalité de leur valeur commerciale, l'une des industries ne doit pas anéantir l'autre; il faut qu'elles puissent vivre en bonne intelligence; les craintes exagérées doivent être réduites à de plus justes proportions. Dans l'esprit des viticulteurs, l'examen attentif des faits scientifiques et solidement établis, a ramené plus de sérénité; on a compris d'où venait le véritable danger et on a abandonné les sévérités excessives comme inutiles, vexatoires et poussant à la fraude. Mais dans tous les pays un semblable apaisement ne s'est pas encore produit et le commerce horticole international éprouve, de ce chef, une opposition très-grande à certaines frontières.

Il y a un second ordre de prohibition qui part d'une source tout à fait différente et qui cependant n'a pas une importance moindre; il s'agit du conflit des intérêts horticoles proprement dits, opposés les uns aux autres, de nation à nation. Ce point doit être traité d'une façon très délicate, aussi est-il inutile d'y insister longtemps; certains législateurs pensent que les prohibitions sont de nature à favoriser les produits nationaux : de telle sort que le pays qui ne reçoit rien de l'étranger encourage ainsi le travail intérieur, la production nationale.

Ce n'est point une question de doctrine, ni un principe d'économie politique admis par les uns et attaqué pour les autres; les variétés horticoles, les plantes nouvelles, les porte-greffes de choix ne se créent pas à volonté comme les outils de l'industrie, comme des produits manufacturés : la prohibition absolue ne peut se soutenir; la prohibition partielle même est dangereuse pour l'horticulture qu'elle veut secourir.

Nous sommes, en France, partisans d'une liberté suffisante pour ne pas trop gêner nos transactions horticoles, mais qui ne compromette pas nos intérêts viticoles; or ces intérêts viticoles sont de beaucoup supérieurs à tous ceux des autres pays de l'Europe.

La convention nouvelle signée le 3 novembre 1881 a apporté un adoucissement réel à l'ancienne législation si dure. Ce qui caractérise les dispositions nouvelles c'est que les causes du danger véritable sont particulièrement spécifiées; que le commerce des vignes est hautement dénoncé comme périlleux : c'est en effet là qu'il faut veiller avec le plus grand soin; c'est la vigne qui est le grand coupable.

L'Allemagne, l'Autriche-Hongrie, la Belgique, la France, le Portugal, la Suisse, ont adhéré à la convention nouvelle. La Serbie et la Hollande s'y sont ultérieurement ralliées. La Belgique était représentée diplomatiquement à la conférence par M. Delfosse, son ministre à Berne, qui a défendu les intérêts horticoles communs de la Belgique et de la France, avec une courtoisie parfaite.

Malheureusement, deux grands pays pour lesquels l'horticulture a une importance considérable à cause de leur climat, n'ont pas voulu s'adjoindre à la Convention, ce sont d'une part l'Italie et de l'autre l'Espagne. Ce sont les deux puissances dont les délégués avaient le plus insisté pour introduire les conditions (si dures qu'elles ne purent êtres exécutées) de la première convention et cependant elles ne voulurent point y adhérer.

Elles n'envoyèrent point de délégué à la Conférence destinée à adoucir la législation première.

L'Italie et l'Espagne ont, sans contredit, des vignobles d'une haute importance que ces deux nations ont, avec juste raison, le devoir de protéger; mais il est incontestable, d'autre part qu'on y a exagéré les dangers que fait courir l'introduction des plantes vivantes. On peut dire, sans blesser personne, que la contrebande s'exerce à ces frontières d'une manière bien connue.

Au mois d'octobre 1884, il y a eu à Turin, à propos de la brillante exposition nationale, un Congrès phylloxérique international, où j'ai eu l'honneur encore, de représenter mon pays. Dans cette réunion qui comprenait un grand nombre de sommités viticoles de l'Italie, on pouvait déjà observer les heureux symptômes de l'apaisement des esprits au sujet des transactions horticoles internationales : deux orateurs seulement ont réédité ces théories bien dûment condamnées depuis longtemps sur la possibilité d'introduire le phylloxéra entre les tuniques des bulbes d'ognons et les racines des plantes à fleurs. M. le chevalier Costa, directeur du Musée zoologique de Naples, naturaliste éminent, a fait justice de ces craintes puériles : il a été approuvé par l'assemblée entière; enfin on peut dire qu'un grand nombre de membres du Congrès phylloxérique, notamment les présidents des Sociétés d'horticulture étaient partisans d'ouvrir largement les portes aux végétaux vivants venant de l'étranger : le Congrès a émis des vœux assez libéraux, ce qui paraît l'avoir retenu dans cette voie, c'est la crainte de ne pas être suivi par l'opinion publique.

Il est désirable au plus haut point que cette opinion publique, éclairée par des savants zoologistes tels que l'Italie en possède, revienne à une appréciation plus juste des faits et que cet important État donne son adhésion à la convention de Berne.

L'Espagne, de même, devrait être moins sévère; ce pays est déjà très fortement contaminé; des vignobles d'une étendue énorme sont déjà envahis par le Phylloxera; le transport des produits de l'horticulture est une cause très faible de danger à côté de ce grand foyer d'infection.

On peut représenter à cette puissance que le véritable péril consiste non pas dans le commerce loyal, mais dans la fraude. J'ai reçu comme la plupart de nos confrères de la Société nationale d'Horticulture de France, une annonce très singulière, sous pli *ouvert*. Le directeur d'une agence résidant à la frontière nous avertissait qu'il est en mesure de se charger de toute espèce d'exportation de plantes vivantes; et cela moyennant une rémunération relativement faible.

L'existence d'agences semblables est parfaitement connue du gouvernement, au delà des Alpes; on sait que les plantes pénètrent ainsi en contrebande et qu'il est pour ainsi dire impossible de s'opposer à cette fraude, qui s'exerce sur une grande échelle, par les montagnes.

M. Édouard André a signalé devant les membres de la conférence de Berne, ce fait que des genres et des espèces de plantes nouvellement introduites en Belgique et en Angleterre étaient signalées presque aussitôt dans les expositions florales en Italie. Les plantes peuvent donc franchir les frontières malgré les lois prohibitives. Une loi sage et prudente mettrait un terme à cette contrebande que certaines personnes peu délicates ne répugnent pas à employer, et qui, sans contrôle possible, est la véritable source de contamination.

Si, en effet, un commissionnaire peut faire entrer une Broméliacée ou un Palmier, qui l'empêchera d'introduire des Vignes, cause unique de taches nouvelles dans un pays sain : cet intermédiaire s'arrange pour demeurer inconnu et reste insaisissable. C'est probablement à des envois de ce genre qu'il faut attribuer les taches phylloxériques trouvées à la frontière italienne et qui ne peuvent être attribuées aux vignobles en contact, qui sont demeurés sains jusqu'à une assez grande distance.

Des faits de cette nature suffiraient, à mon sens, pour engager les puissances à adhérer à la convention de Berne, ou tout au moins à permettre l'introduction des produits de l'horticulture dans des conditions déterminées.

Il est nécessaire de faire remarquer qu'il y a dans l'histoire naturelle du Phylloxera et dans les circonstances de sa propagation, des points qui sont depuis longtemps hors de doute et parfaitement acquis à la science; on ne peut les rejeter et ils sont le point de départ de toutes les lois régissant les transports horticoles.

Je vous demande la permission de préciser ces quatre points qui sont absolument fondamentaux : dans toute discussion il faudra les admettre sinon aucun règlement n'est possible, aucune législation ne peut être proposée.

Ces propositions sont celles qui ont été admises dans la seconde séance plénière de la conférence de Berne; on est forcé d'y faire appel quand on examine les clauses restrictives à appliquer au commerce horticole pour assurer la sécurité des vignobles.

1° « La principale cause de l'invasion phylloxérique est le transport direct de l'insecte par des racines ou des fragments de racines de vignes (contaminées). »

Le Phylloxera ne vit que sur des vignes proprement dites et même, pas sur toutes les espèces.

2° « Le transport du Phylloxera à de grandes distances ne doit pas être, en général, attribué au vol naturel de l'insecte ailé; l'influence des trains de chemins de fer ne paraît pas avoir l'importance qu'on lui supposait. »

La Belgique n'a pas de vignobles; cette remarque ne s'applique point à elle mais aux pays en continuité presque directe les uns avec les autres par leurs vignobles. La France avec l'Italie, l'Espagne, la Suisse.

3° « La propagation à grande distance n'est pas déterminée par des Phylloxeras aptères errants; ces insectes qui sont dans ce cas sont tous des jeunes; ils ne peuvent vivre longtemps en dehors des vignes sans nourriture. »

On aurait aussi le plus grand tort de supposer les insectes capables de résister à un séjour prolongé hors de terre; les transports à longue distance par des substances mortes, desséchées, sont de puériles suppositions.

4° « Les plantes enracinées, cultivées en vases, ainsi que les produits de l'horticulture, non en contact avec des racines de vignes doivent être considérés comme sans danger. »

Ces quatre propositions réduisent à leur juste valeur les dangers que l'horticulture peut faire courir à la viticulture. Je crois avoir le droit d'affirmer que beaucoup de cas de propagation par des végétaux autres que la vigne sont extrêmement douteux.

J'ai beaucoup parcouru la France; j'ai visité des pays voisins : je ne connais pas un exemple de propagation du Phylloxera autrement que par le transport d'une vigne ou fragment de vigne phylloxérée dans un vignoble ou à proximité d'un vignoble.

Quant au cas souvent invoqué de propagation par les instruments de travail, les trains de chemins de fer, par le foin, par le fumier, par les vêtements, les chaussures des travailleurs, par des arbres, plantes, dans une vigne, je n'en connais pas un *seul cas authentique et démontré*; il y a le plus souvent des indications précises du transport, volontaire ou involontaire, de fragments de vignes.

J'ai fait un grand nombre d'expériences sur la contamination des vignes par le Phylloxera : sur six cents vignes en pots, sur les racines desquelles furent placés des racines phylloxérées il y en a eu peut-être une vingtaine chez lesquelles l'insecte transporté directement ne s'est cependant pas développé.

Dans la nature, avec tous les obstacles qu'il rencontre pour gagner les profondeurs, le Phylloxera, même déposé sur le sol, a les plus grandes difficultés à trouver les racines; que cela doit-il être quand l'insecte, qui est presque microscopique, doit parcourir une distance un peu notable à la recherche des vignes.

*Ce qui est véritablement dangereux, c'est le commerce des vignes :* aussi la convention de Berne l'a-t-elle laissé sous la responsabilité directe des gouvernements; mais pour l'horticulture proprement dite, la liberté la plus large doit être accordée. Les fougères, les orchidées, les plantes de serres, en général toutes les plantes qui croissent loin des vignes devraient être absolument libres.

C'est par les échanges respectifs que l'horticulture des différents États s'enrichit et s'améliore; les voies nouvelles se multiplient, on prolonge les routes, on perce les tunnels; les tarifs de transports s'abaissent; les chemins de fer apportent de loin les produits utiles : la prohibition annule tous ces bienfaits!

En nous appuyant sur des données scientifiques, nous avons le droit de demander que tous les gouvernements prennent en considération les besoins de l'horticulture et en facilitent autant que possible les transactions internationales; toutefois, sans négliger en aucune façon les mesures véritables de prudence, les mesures étudiées longuement pour établir le texte de la convention de Berne sont gênantes sans doute; mais elles permettent d'autoriser, avec des sanctions suffisantes, le commerce si utile pour tous, des plantes vivantes et de leurs produits.

**M. Van Heurck.** — Il y a quelques années j'ai fait des expériences de laboratoire avec des racines de vigne couvertes de Phylloxeras que M. Planchon avait eu la bonté de m'apporter. Je n'ai pu maintenir les Phylloxeras en vie, dans mon laboratoire, plus de 4 à 5 semaines. Ce fait confirme ce que vient de dire M. Cornu.

**M. Wittmack.** — Je crois que nous sommes d'accord avec M. Cornu, qu'on n'a jamais prouvé que le Phylloxera ait été transporté par des poiriers, des pommiers ou des plantes de serre. Quand nous cherchons à convaincre le gouvernement allemand de cette vérité, on nous répond : vous autres professeurs, vous autres horticulteurs, vous tenez ce langage, nous le savons, mais vous ne pouvez pas prouver que le Phylloxera ne se transporte point de cette manière et même par les sabots et les outils des travailleurs.

Telle est la constante objection qu'on nous fait. Je crains fort que nous nous ne puissions en ce moment gagner le gouvernement allemand à un autre avis.

Un grand point serait que la convention de Berne ne consistât qu'en un seul article ainsi conçu : « le transport de vignes est interdit. » Cette défense suffirait.

Mais j'ose à peine supposer d'insérer cette conclusion dans les vœux du Congrès, tant je crains qu'on ne l'accepte pas. Peut-être vaudrait-il mieux laisser la convention de Berne telle qu'elle existe.

Je reconnais qu'on ne se montre pas trop sévère en Allemagne. Il est fâcheux que l'Angleterre et l'Amérique du Nord aient refusé d'adhérer à la convention de Berne. Pour nous, en Allemagne, il est à regretter qu'on ne puisse pas importer des plantes de ces pays. Ainsi on ne peut pas même importer en Allemagne des plantes du Colorado, où jamais une plante de vigne n'a existé. En Hollande et en Belgique on est plus heureux que chez nous. On y a un paragraphe qui dit : « les plantes venant de pays qui n'ont pas adhéré à la convention de Berne seront visitées à la frontière par un expert. »

L'Allemagne et les autres pays n'ont malheureusement pas de stipulation semblable. Faut-il que les pays qui se sont ralliés à cette convention soient moins bien traités que ceux qui l'ont repoussée ? Nous avons demandé au gouvernement allemand de nous accorder la même faveur. On nous l'a refusé. Mais on nous a déclaré que chaque fois que nous recevions des plantes d'autres pays, excepté l'Angleterre, l'Amérique du Nord et l'Australie où le Phylloxera existe en masse, on se montrerait très-large pour chaque permission spéciale que nous demanderions. Ainsi nous obtenons des permissions pour chaque cas spécial, mais elles nous sont refusées d'une manière générale.

Je prierai le Congrès d'émettre le vœu que tous les pays, qui ont adhéré à la convention de Berne, admettent librement les plantes venant des tropiques après qu'elles auront été visitées à la frontière par un expert.

On me répondra que la chose se fait déjà à présent. Mais je voudrais que cette mesure fût régularisée et appliquée d'une façon constante. L'année dernière un importateur avait annoncé une grande vente aux enchères d'une collection d'Orchidées venues des tropiques, mais on ne voulait pas la laisser entrer directement à Hambourg et on était obligé de la faire entrer par la Belgique.

Ce que nous désirons, c'est qu'on n'exige plus une autorisation spéciale pour chaque lot à introduire dans un pays. Je serais heureux que le Congrès émît un vœu dans le sens que je viens d'exposer.

**M. Rodigas.** — Il est fâcheux de devoir constater, comme vient de le faire M. Wittmack, que les gouvernements se montrent si peu disposés à écouter la voix de la science avant de prendre des mesures d'un ordre supérieur. Je pense que les Congrès, qui ont la mission d'éclairer les gouvernements, doivent élever la voix pour prévenir des mesures désastreuses ou pour y mettre un terme. Notre assemblée, composée des hommes compétents que nous avons l'honneur d'entendre ici, doit faire comprendre qu'on a tort de croire que les véhicules du Phylloxera se trouvent là où ils ne peuvent être. Il est ridicule de faire croire au public que le Phylloxera se transporte, par exemple sur des bulbes; autant vaudrait lui dire que le Phylloxera peut se propager sur les plantes artificielles de M. Stein, de Breslau. Il importe que notre Congrès montre à tous les gouvernements combien ils nuisent aux intérêts de l'horticulture en laissant se répandre des idées en contradiction avec la science.

Je propose donc qu'on adopte les conclusions qui nous sont soumises. Chaque État conservera le droit d'établir à ses frontières une quarantaine, mais l'essentiel est qu'on accorde une liberté aussi large que possible à tous les produits et objets quelconques qui ne peuvent pas transporter le Phylloxera.

**M. Ch. De Bosschere.** — Je m'étais fait inscrire pour prendre la parole et pour présenter une proposition analogue à celle de M. Rodigas. Je suis heureux de constater que les conclusions de M. Rodigas se rencontrent avec celles de M. O. Bruneel, le secrétaire de la Chambre Syndicale des horticulteurs belges. M. Bruneel donne la liste des pays qui ont adhéré à la convention de Berne. Je crois que M. Rodigas a répondu à votre désir à tous en demandant que tous les États soient instruits à fond de la question. Je propose que le comité exécutif du Congrès soit chargé de soumettre à tous les gouvernements le remarquable exposé du représentant de la France, M. Max. Cornu.

En l'absence de MM. O. Bruneel et A. Van Geert, qui ont été empêchés par une circonstance fortuite d'assister à notre séance, je me fais l'interprète des horticulteurs belges et je remercie d'une manière spéciale

M. Max. Cornu pour les immenses services qu'il a rendus à l'horticulture en défendant d'une manière remarquable ses intérêts à la réunion de Berne. (Applaudissements).

**M. Cornu.** — Je ne puis laisser passer une occasion comme celle-ci sans proclamer les services considérables rendus à la cause de l'horticulture par M. A. Van Geert. Admis à la conférence de Berne, M. A. Van Geert nous a signalé des difficultés qui, sans lui, auraient entravé certains arrangements. Je regrette vivement son absence aujourd'hui. Grâce à lui et à M. Delfosse, ministre de Belgique en Suisse, les négociations de la convention de Berne ont été singulièrement facilitées. Si vous me votez des remercîments, je vous prie, Messieurs, d'en reporter la plus grande part sur M. A. Van Geert, président de la Chambre Syndicale des horticulteurs belges. (*Applaudissements.*)

**M. le Président.** — Il me sera permis de dire quelques mots sur cette question qui m'intéresse autant que vous et pour la solution de laquelle j'ai fait quelque chose, comme M. Wittmack a eu la bonté de le rappeler. La proposition de M. Cornu me paraît du plus haut intérêt. Je suis de l'avis de M. Cornu que les vœux si importants de notre Congrès doivent être soumis à tous les gouvernements. Ainsi que j'ai eu l'honneur de le dire dans le petit mémoire que j'ai écrit sur ce sujet, je crois qu'on doit aller plus loin encore. Les propositions que M. Cornu nous a soumises ne sont pas encore suffisantes. M. Wittmack a fait observer avec beaucoup de raison que tous les gouvernements ont une tendance à se défier des mesures que l'on propose de prendre en faveur de l'horticulture. Nous n'avons qu'un seul moyen de remédier à cette opposition, c'est que des hommes compétents, des savants, rédigent des mémoires basés sur des expériences, pour prouver que toute contagion par le Phylloxera est impossible hors de la vigne. Si des publications semblables étaient faites en Espagne, en Italie, en Roumanie, par des hommes de ces pays mêmes, elles excerceraient plus d'influence que nos avis et, en tous cas, elles pourraient donner un poids considérable aux conclusions de notre Congrès.

M. Wittmack a parlé de la position favorable de la Hollande quant à l'introduction de plantes venant de pays qui n'ont pas adhéré à la convention de Berne. La Hollande est tout-à-fait sur la même ligne que la Belgique. Celle-ci nous a donné, dans les divers règlements de la question, un exemple excellent et, sauf de légères différences au point de vue légal, les règlements des deux pays sont les mêmes. Pour moi je considère que la Belgique et la Hollande sont tout-à-fait en règle en soumettant à leurs frontières, à l'inspection d'un expert officiel, les envois des pays qui n'ont pas adhéré à la convention de Berne. Une telle inspection est moins favorable que l'introduction simple par un certificat. Je crois que cette thèse peut être fort bien défendue. Les mesures introduites dans les règlements de Belgique et de Hollande sont tout à fait dans le cadre de la convention et répondent ainsi à cette exigence que les pays non contractants ne soient pas traités plus favorablement que les autres. Il est désirable que tous les gouvernements suivent la même marche. On peut admettre des vœux généralisés comme le sont les propositions formulées par MM. Rodigas et De Bosschere ou basées sur les communications de M. Cornu, mais aussitôt qu'il s'agit de règlements spéciaux on doit en laisser la rédaction aux divers gouvernements intéressés. Comment s'assurerait-on que les institutions légales d'un pays s'appliquent aux dispositions arrêtées par un gouvernement voisin. Quant aux questions générales qui sont les mêmes pour tous les pays, je crois qu'il appartient à notre Congrès d'en dire quelque chose, mais les points spéciaux doivent être abandonnés, je le répète, à l'appréciation des divers pays intéressés.

**M. Ch. De Bosschere.** — Je vous ai prié, Messieurs, de décider que le remarquable exposé de M. Cornu sera imprimé à un nombre considérable d'exemplaires, pour qu'on puisse le distribuer aux principaux intéressés. Mais en même temps je crois qu'il est fort utile que les divers gouvernements sachent ce qui s'est dit aujourd'hui au Congrès international d'Anvers. Pour atteindre ce but, la Commission organisatrice vous propose d'envoyer les actes du Congrès ainsi que les rapports préliminaires à tous les gouvernements qui ont eu ici, non seulement des délégués officiels, mais des représentants officieux. De cette façon les commissions qui s'occupent de la question phylloxérique pourront suivre avec beaucoup de fruit vos discussions, approfondir le rapport de M. Cornu et arriver aux conclusions que nous désirons tous voir adopter.

Voici la conclusion que M. O. Bruneel soumet à l'assemblée; elle est la même, comme j'ai déjà eu l'honneur de le dire, que celle de M. Rodigas.

« Puisse le Congrès accueillir cette proposition : que tous les pays
« adhèrent à la Convention phylloxérique du 31 novembre 1883 et
« adoptent, en les étendant aussi libéralement que possible, les mesures
« de réglementation intérieure et la formule du certificat édictées en
« Belgique. »

— Cette conclusion est adoptée.

**M. Ch. De Bosschere.** — Nous avons en 2$^{me}$ lieu l'exposé de M. Cornu que j'ai proposé d'envoyer à tous les gouvernements étrangers. Le Congrès se ralliera sans doute à cette proposition? (*Adhésion unanime*).

**M. Baltet.** — M. Rodigas a demandé que les végétaux fussent soumis à une quarantaine quelconque à la frontière. Il ne faut pas émettre ce vœu qui pourrait être dangereux. Affirmons que les plantes en mottes, en racines, ne doivent pas subir de quarantaine, quelle qu'en soit la durée.

**M. le Président.** — M. Rodigas n'insiste pas sur son amendement. Je propose d'adopter les propositions telles que M. De Bosschere les a formulées. (*Adhésion*). Quant aux discussions du Congrès nous pouvons laisser à la Commission organisatrice le soin d'en faire l'usage qui conviendra. (*Adopté*).

Nous pouvons nous féliciter d'avoir terminé la discussion de cette importante question du Phylloxera. Puissent nos débats avoir des résultats fructueux. Je tiens à vous remercier, Messieurs, de votre concours unanime à cette œuvre.

**M. Ch. De Bosschere.** — M. le Président me prie de donner lecture des communications arrivées au Bureau.

La première émane de M. Lefèvre qui fait observer que l'enseignement primaire se subdivise en France en enseignement primaire élémentaire et en enseignement primaire supérieur. Par enseignement moyen on doit entendre l'enseignement primaire supérieur et non l'enseignement secondaire ou tout autre.

M. le Docteur Drude m'a chargé de vous dire qu'il travaille en ce moment à une question qui vous intéresse et qui se rattache directement à celle que nous avons discutée ce matin : la flore du Congo. Il divise les régions de l'Afrique tropicale en provinces florales.

M. Drude demande si sa communication figurera aux Actes du Congrès. Je crois que cette question est décidée d'avance ; toutes les communications qui nous seront adressées paraîtront dans notre bulletin.

Nous avons à l'ordre du jour de notre assemblée générale trois questions qui intéressent l'enseignement :

V. Dans quelle mesure conviendrait-il de développer l'enseignement de la botanique, de l'agriculture et de l'horticulture dans les établissements d'instruction moyenne ?

VI. Faire ressortir la meilleure méthode d'enseignement théorique et pratique de la botanique dans les écoles d'horticulture et d'agriculture. Développer ce qui doit faire partie de cet enseignement.

VIII. Comment faut-il enseigner les notions de physiologie végétale dans les conférences populaires sur l'horticulture ?

L'heure est trop avancée pour vous prier d'ouvrir le débat sur ces questions, mais je prie les membres étrangers du Congrès de bien vouloir nous adresser à ce sujet les renseignements qui concernent leurs pays respectifs. Nous serons heureux d'insérer dans les Actes du Congrès les indications qu'ils voudront bien nous fournir.

Il serait bon de décider dès maintenant quelles questions figureront à l'ordre du jour de nos deux séances de demain.

**M. Baltet.** — Au nombre des questions qui pourraient être traitées par les deux sections réunies je citerai la XIX⁰ : « de l'opportunité de la création, dans les centres horticoles, de Sociétés de prévoyance mutuelle et d'épargne en faveur des jardiniers et de leurs familles. » Cette question humanitaire est digne de fixer notre attention.

**M. Wesmael.** — Ne pourrions nous formuler l'après-midi des vœux au sujet des questions discutées le matin en sections?

**M. Ch. De Bosschere.** — Parfaitement. Reste à discuter quelle question nous aborderons demain matin dans la section d'horticulture.

**M. Baltet.** — Réservons cette décision pour demain. Elle dépendra des membres présents.

**M. Durand.** — J'appuye la proposition de M. Baltet. Il me semble que nous discutons un peu dans le vide en ce moment.

**M. Ch. De Bosschere.** — Je ne suis pas tout à fait de l'avis de MM. Baltet et Durand. Mon but est d'éviter que nous ne nous trouvions demain matin dans l'embarras. Si nous décidons de commencer demain matin par la 3ᵉ question, les membres qui désirent prendre part à la discussion se trouveront à leur poste. Cette question vidée, la section verra quelle autre elle veut entamer. Les sections sont maîtresses de régler leur ordre du jour comme elles l'entendent. (*Adhésion*).

**M. Wesmael.** — Si les membres de la Section de botanique ne voient pas d'inconvénient à mettre en tête de leur ordre du jour la 3ᵉ question qui leur est soumise, la chose me serait fort agréable. Voici cette question :

III. Quels sont, depuis le Congrès de Paris en 1878, les progrès réalisés en botanique dans les principaux pays du monde? Installations botaniques, musées, laboratoires, etc. Quelle a été, dans ces mêmes pays, l'influence des études botaniques sur les progrès de l'horticulture?

Je serais heureux de pouvoir développer demain les conclusions que j'ai préparés sur cette question.

— La proposition de M. Wesmael est adoptée.

**M. Ch. De Bosschere.** — Au sujet de la question XIX :

« XIX. De l'opportunité de la création, dans les centres horticoles, de « sociétés de prévoyance mutuelle et d'épargne en faveur des jardiniers et « de leurs familles, » j'ai une proposition à vous soumettre. M. le délégué du gouvernement belge désire traiter cette question. J'ignore si M. Bernard, directeur au ministère de l'agriculture, à Bruxelles, sera encore ici demain. Voulez-vous m'autoriser à prévenir M. Bernard que cette question sera discutée dans notre prochaine séance du matin, mais que nous la remettrons à l'après-midi s'il ne peut se rendre plus tôt au Congrès? (*Adhésion*).

**M. Cornu.** — Je demande que la question relative à la culture des Champignons utiles soit renvoyée également à la section de botanique comme rentrant directement dans les études de plusieurs membres du Congrès. Cette question pourrait même être traitée dans les deux sections à des points de vue différents. (*Adhésion*).

**M. le Président.** — Si certaines questions intéressent les deux sections à la fois on pourrait peut-être les traiter en assemblée générale du Congrès.

La séance est levée à 5 heures.

# SECTION DE BOTANIQUE.

## Séance du 4 août 1885.

Présidence de M. le D<sup>r</sup> L. WITTMACK, professeur à l'Université de Berlin.

M. CH. DE BOSSCHERE, secrétaire-général, remplit les fonctions de secrétaire.

**Sommaire :** Création d'un arboretum belge. Proposition de M. WESMAEL. — *III<sup>me</sup> question du programme :* Quels sont, depuis le Congrès de Paris en 1878, les progrès réalisés en botanique dans les principaux pays du monde ? Installations botaniques, musées, laboratoires, etc. Quelle a été, dans ces mêmes pays, l'influence des études botaniques sur les progrès de l'horticulture ? par MM. le D<sup>r</sup> WITTMACK, FISCHER DE WALDHEIM, H. BAILLON, MAX. CORNU, J. E. PLANCHON, D<sup>r</sup> MAGNUS, CH. DE BOSSCHERE. — *I<sup>re</sup> question du programme*; le rôle et l'organisation des laboratoires de botanique, par MM. le D<sup>r</sup> MAGNUS, E. LEFÈVRE, H. BAILLON, MAX. CORNU, FISCHER DE WALDHEIM, J. E. PLANCHON, A. GRAVIS, WITTMACK.

La séance est ouverte à 9 1/4 heures du matin.

**M. le Secrétaire-général.** — Je crois répondre, à votre désir à tous, en invitant M. le professeur Wittmack à prendre le fauteuil de la présidence. (*Adhésion unanime*).

Je me suis rendu ce matin chez M. le professeur Morren. J'ai le plaisir de vous annoncer que l'état de sa santé s'est sensiblement amélioré depuis hier. Je crois même pouvoir vous dire que notre honorable Président assistera à une partie de la séance de ce matin pour prendre congé de vous; il désire rentrer à Liége aujourd'hui même, afin de pouvoir se soigner convenablement.

Nous avons reçu comme hommage au Congrès, une flore d'un de nos botanistes belges, M. André Devos, conservateur du musée scolaire de l'État et membre de la Société royale de botanique de Belgique; c'est la *Flore complète de Belgique.*

M. Jules Burvenich, par une lettre en date du 3 courant, nous apprend que son père est gravement malade et qu'il lui sera de toute impossibilité de prendre part aux travaux du Congrès.

**M. le Président.** — Nous avons décidé hier que nous commencerions aujourd'hui nos travaux par l'examen de la 3e question soumise à la section de botanique :

« *Quels sont, depuis le Congrès de Paris en 1878, les progrès réalisés en botanique, dans les principaux pays du monde? Installations botaniques, musées, laboratoires, etc. Quelle a été, dans ces mêmes pays, l'influence des études botaniques sur les progrès de l'horticulture?* » (1).

**M. Wesmael.** — Il y a deux mois à peine, nous étions réunis également dans les vastes salons de l'hôtel-de-ville d'Anvers où M. le Bourgmestre De Wael nous fêtait à l'occasion du Congrès agricole et forestier belge. Au nombre des questions mises en discussion figurait celle-ci : « Quelles sont les zônes de la Belgique capables de recevoir comme plantations forestières les espèces de chênes américains naturalisés en Belgique? » J'avais été nommé rapporteur de cette question. Comme conclusion je demandai que le gouvernement belge créât, comme l'ont fait nos voisins du midi et de l'Est, un arboretum, de manière que nos agents forestiers, nos propriétaires,pussent trouver là réunies toutes les espèces naturalisées, susceptibles de rendre, au point de vue sylvicole, de nombreux services. Les conclusions de la section de sylviculture ont été les miennes et, à l'unanimité, le Congrès a émis le vœu de voir créer à Bruxelles ou dans les environs de la capitale un arboretum. Depuis lors, mon idée a fait du chemin. Ce projet a été soumis à M. Folie, directeur de l'Observatoire. Pour ceux d'entre vous qui n'habitent pas la Belgique, je dirai que notre gouvernement fonde aux portes de Bruxelles, sur un terrain de 12 hectares, un nouvel Observatoire. Ce terrain est situé sur le territoire de la commune d'Uccle, dans le voisinage de la forêt de Soignes. M. le Directeur Folie a été heureux de ma proposition et je suis assuré de son concours. Je crois qu'il est inutile que je m'étende longuement sur l'utilité d'un arboretum. La France l'a reconnue; on n'a plus rien à y créer aujourd'hui sous ce rapport. En Allemagne nous avons vu M. le professeur Koch, réunir au Jardin Botanique de Berlin la plupart des

---

(1) Voir aux « Rapports préliminaires » les communications en réponse à cette question : p. 137-222, et 353-360.

espèces arborescentes ligneuses susceptibles de vivre sous le climat du centre de l'Europe. En Angleterre, au Jardin de Kensington, existent de splendides collections. D'après mes renseignements, à Vienne et dans d'autres villes de l'Autriche et de l'Allemagne, on a également rassemblé tous les végétaux capables de vivre dans nos régions.

Je demanderai donc à mes honorables collègues étrangers et belges d'émettre le vœu que le gouvernement crée en Belgique, à l'exemple de nos voisins du midi et de l'Est un arboretum [1].

Depuis quelques jours l'administration forestière de Belgique, qui était placée sous la direction du département des finances a passé sous celle du ministère de l'agriculture. Elle se trouve ainsi où elle doit être. Le gouvernement belge a consenti à opérer cette heureuse réforme à la suite des nombreuses réclamations que nous avons formulées dans nos congrès sylvicoles annuels. J'espère que l'assemblée toute entière voudra bien se rallier au vœu que je viens d'avoir l'honneur de lui soumettre.

**M. le Président.** — Je crois que le Congrès sera unanime à appuyer le vœu de M. Wesmael. (*Adhésion*).

Nous passons à la 3ᵉ question inscrite à notre ordre du jour :

« *Quels sont, depuis le Congrès de Paris en 1878, les progrès réalisés en botanique dans les principaux pays du monde? Installations botaniques, musées, laboratoires, etc. Quelle a été, dans ces mêmes pays, l'influence des études botaniques sur les progrès de l'horticulture?* »

Je prierai un de mes compatriotes de dire quelques mots sur ce sujet. Nous avons reçu le questionnaire du gouvernement belge trop tard pour répondre à cette question. M. De Bosschere a déjà dit dans l'introduction de son rapport qu'il n'avait pas été possible de recevoir les réponses. Je vous explique la raison de ce silence.

Permettez moi, Messieurs, de vous entretenir un instant du Musée royal botanique de Berlin, qui a été créé depuis ce temps là. Ce Musée sous la direction de M. Eichler est, après ceux de Kensington et de Paris, le plus complet que je connaisse. Nous avons aussi un grand Musée, à l'école supérieure d'agriculture, qui a été installé depuis 1880 dans un grand édifice. Sa partie végétale contient de riches collections concernant surtout la botanique appliquée. Nous possédons depuis 1878, à Leipzig et à Gœttingen, des laboratoires dont on vous a déjà entretenu ici. Un nouveau jardin botanique avec Institut botanique sont installés à Kiel et si mon collègue, M. Drude, était présent, il pourrait vous parler de la réorganisation projetée du Jardin royal de botanique à Dresde. Ce serait une lourde tâche que celle de retracer tous les progrès accomplis par la science botanique et horticole dans tous les pays de l'Europe.

---

(1) Voir aux « Rapports préliminaires » le mémoire de M. Wesmael, p. 223-224.

**M. Fischer de Waldheim.** — Je pense que Messieurs les membres du Congrès auront quelque intérêt à connaître les progrès que la botanique a accompli depuis 1878 en Russie. Toutes les universités de Russie ont aujourd'hui des laboratoires de botanique. On s'y occupe non seulement d'anatomie et de physiologie, mais également de morphologie et de la partie systématique de la botanique. Ces laboratoires ont des collections précieuses et tous les autres matériaux nécessaires aux études. Chaque Université a un musée botanique assez grand pour donner une idée des plantes les plus intéressantes. Les élèves y trouvent des herbiers du pays et d'autres contrées et des échantillons d'un grand nombre de plantes dans des collections carpologiques, dendrologiques et microscopiques. La cryptogamie n'est pas oubliée. Nos collections cryptogamiques sont fort belles. Nous avons même, en Russie, de riches amateurs qui consacrent de fortes sommes à ces installations. Les institutions établies dans des parties très-différentes du pays, propagent la science. Nous avons, par exemple, à Moscou, un laboratoire de botanique qui a été fondé il y a quelques années, grâce à un particulier qui n'était pas même botaniste, mais qui avait un grand amour pour notre science.

Ce laboratoire de Moscou est parfaitement approprié aux études sérieuses. Il est installé au Jardin botanique dans un édifice à deux étages, muni de tous les instruments et de toutes les collections nécessaires. Vous voyez que cette installation est des plus convenables. A mon avis, de pareils établissements devraient toujours se trouver dans les Jardins botaniques.

J'ai aussi quelques progrès à signaler en ce qui concerne le Jardin botanique de Varsovie. On y a placé un petit laboratoire. Les étudiants ont le loisir d'y étudier, pendant la bonne saison, les plantes du jardin. Il y a là également une bibliothèque assez riche en ouvrages d'horticulture et de botanique; elle est tout à fait séparée de celle de l'Université. J'ai tâché de fonder aussi un petit musée au Jardin botanique. L'Université de Varsovie elle-même possède un musée botanique doté de belles collections. Le laboratoire de botanique de l'Université doit être cité comme un établissement de premier ordre.

MM. les membres du Congrès, qui ont visité St-Pétersbourg l'année dernière, ont pu se convaincre des grandes ressources que l'on y trouve pour l'étude de la botanique. Je n'en parlerai donc pas. Je vous citerai encore l'Université de la petite ville de Dorpat où, durant les dernières années, on a beaucoup fait pour la science. D'autres Universités russes, celles de Kiew, de Casan notamment, ont aussi des laboratoires de botanique, des musées, bref toutes les installations nécessaires. Le gouvernement russe ne néglige rien pour donner à toutes ces installations une grande valeur scientifique. Voilà ce que j'avais à dire, en quelques mots, sur les progrès réalisés, en Russie, dans le domaine botanique, durant ces dernières années.

**M. le Président.** — Je remercie M. Fischer de Waldheim, au nom de la section, de sa très-intéressante communication.

**M. Baillon.** — Cette question est tellement vaste qu'il est presque impossible de la traiter. Vous comprenez le sentiment d'embarras qu'éprouvent les représentants d'un pays à parler de ce qui se fait chez eux; ils ont l'air de se décerner des éloges ou d'en réclamer pour leur patrie. Je ne m'occuperai donc pas du pays auquel j'appartiens; du reste, on peut regretter que les progrès matériels accomplis n'y soient pas plus considérables. Un voyage que nous avons fait en Russie et à travers une grande partie de l'Europe, nous permet de confirmer ce que vient de dire M. Fischer de Waldheim. Par suite, sans doute, du sentiment auquel j'ai fait allusion il y a un instant, notre honorable collègue n'a pas voulu dire tout le bien qu'on doit penser du Jardin botanique impérial de Sᵗ-Pétersbourg. Ce jardin admirable tient aujourd'hui un des premiers rangs en Europe. Dans les autres pays, on ne peut se faire une idée de cette création scientifique. L'installation des parterres réservés à la flore asiatique occidentale et aux plantes de plein air est de nature à rendre des services signalés à la science botanique, qui prend une si grande importance.

Quant aux serres, elles sont d'une richesse extrême. Ce spectacle est merveilleux pour des gens d'Occident. Nous avons parcouru, au Jardin de la Tauride, sans fatigue, des serres d'une longueur de 2 kilomètres.

Les plantes destinées à l'ornementation des domaines impériaux sont cultivées sur une échelle considérable et avec des procédés de reproduction qui feraient grand plaisir à certains horticulteurs. Il est incroyable de voir avec quelle facilité on conduit ces plantes d'ornements. J'en ai été vivement frappé.

Le laboratoire installé dans le Jardin botanique de Moscou est remarquable, non par ses dimensions, car il n'est pas considérable, mais par l'excellence de ses installations. Je ne m'occuperai pas de l'herbier de Sᵗ-Pétersbourg. Sa réputation est universelle. Il va s'enrichissant de jour en jour, et il commence à se trouver en très-bon ordre. On n'aura bientôt presque plus rien à y faire. Au point de vue de l'ordre, le Musée botanique de Berlin est l'un des plus parfaits sous le rapport de l'arrangement. Cependant, il y a encore quelque chose à faire dans ces établissements. Aucun n'est à la hauteur de celui de Kew. Son grand mérite consiste dans l'ordre parfait des collections. On sait instantanément à quel point de vue on trouvera tel ou tel objet. Tous les établissements analogues de l'Europe n'ont qu'une chose à faire : c'est d'imiter ce qui se fait à Kew; ce doit être leur idéal pour le plus grand profit de la botanique.

Le jardin de Kew, tout splendide qu'il soit, ne sera peut-être pas aussi utile, au point de vue de l'enseignement, qu'un jardin planté comme celui de Vienne ou celui de Berlin, mais le jardin de Kew est supérieur en ce qui concerne les plantes d'ornement et les serres de toutes sortes.

Au point de vue de ce que doit être une école de botanique, il n'y a rien à comparer à ce qui existe à Vienne. Avec les améliorations nouvelles, avec les agrandissements auxquels on travaillait encore l'année dernière, le jardin de Vienne est l'école la plus utile qui existe en Europe. Il est très bien disposé, très bien planté par groupes naturels, En outre, il est d'un accès agréable. Ce qui est remarquable, c'est la plantation des arbres. On se promène et on se repose dans d'énormes allées, remplies de toutes les essences de l'Europe et autres. Le bon étiquetage des arbustes et des arbres en favorise l'étude. Les plantes herbacées, comme les arbres et les arbrisseaux, sont accompagnées de toutes les indications nécessaires. Il y a là un progrès considérable.

J'ai tenu à présenter ces observations, à l'honneur du Jardin botanique de Vienne, qu'on peut actuellement proposer comme modèle à tous les autres pays.

**M. Cornu.** — Malgré l'avis de M. Baillon, au sujet de l'embarras qu'on éprouve à parler de son propre pays, je demande la permission de dire quelques mots sur ce qui a été fait en France depuis sept ans.

L'amélioration des études de botanique a commencé depuis près de 18 ou 20 ans. A cette époque — M. Baillon pourra le dire — fort peu de jeunes gens se destinaient à l'étude de la botanique. Lorsque j'étais étudiant, je fus à peu près le seul de mon âge qui désirât continuer ses études dans la voie de la botanique. Il n'en est plus de même aujourd'hui et les botanistes jeunes sont très nombreux. Depuis ce temps, des progrès incontestables ont été réalisés dans l'enseignement de la botanique élémentaire comme dans celui de la botanique supérieure.

I° *Enseignement primaire.* — Pour la diffusion des connaissances élémentaires de la botanique, une création très importante a été faite ; elle est modeste dans chacune de ses applications, mais comme elle s'étend à la surface totale de la France, le résultat final est considérable. Le gouvernement a établi depuis peu d'années, dans chaque département, un professeur chargé d'enseigner l'agriculture, l'horticulture et la botanique dans les écoles normales primaires. Ce professeur est nommé à la suite d'un concours, ouvert sur l'ordre du ministre. Le jury, chargé de juger le concours est, en général, composé de savants distingués et de spécialistes qui se transportent dans le chef-lieu du département où ont lieu les épreuves qui sont d'ailleurs publiques. Tous les départements de la France sont aujourd'hui pourvus d'un semblable professeur dont l'influence sur les études primaires est incontestable.

On doit encore signaler comme une amélioration très grande l'encouragement donné aux sciences naturelles dans les écoles supérieures d'agriculture (Ecoles nationales distinctes des écoles pratiques). Les répétiteurs des différentes cours sont encouragés à poursuivre des recherches, à passer des examens ou à faire des cours supplémentaires des plus intéressants. L'école d'agriculture de Montpellier notamment est en relations intimes avec la Faculté des sciences et a obtenu le relèvement rapide de l'enseignement des sciences naturelles.

Il y a plus : dans plusieurs de ces écoles notamment à Montpellier encore, des professeurs de Faculté donnent des cours dont la valeur est considérable.

II° *Enseignement secondaire.*

III° *Enseignement supérieur.* — Une amélioration évidente a encore été introduite sous un autre rapport ; cette fois pour l'enseignement supérieur dans les facultés de province, l'enseignement des sciences naturelles était confié à un ou deux professeurs. Les trois branches des sciences naturelles étaient enseignées dans ces Facultés par un même professeur chargé des cours de géologie, de botanique ou de zoologie. Cette réunion des cours en une même chaire est quelquefois très favorable pour les études. Ainsi, M. le Dr Baillon était chargé, à la Faculté de médecine de Paris de l'enseignement de la botanique et de la zoologie. Il a accompli cette double tâche avec un égal succès, l'un des cours complétant rigoureusement l'autre : mais il arrive fréquemment que l'un des cours est sacrifié à l'autre.

Dans les Facultés des sciences en province, on a, pour la plupart des cas, dédoublé les chaires, de sorte que la botanique a un enseignement dégagé de celui des autres sciences naturelles. Le progrès accompli sous ce rapport est incontestable. On a choisi en général de jeunes botanistes pour donner ce cours.

On a de plus créé, dans l'enseignement supérieur, un nouvel ordre de professeurs qu'on appelle *des maîtres de conférences.* Cette innovation a été introduite dans toutes les facultés de France, même au Museum d'histoire naturelle de Paris. Il en est résulté pour toutes les branches de la science, surtout dans le domaine de la botanique, une amélioration véritable sur l'ancien état de choses. En même temps qu'on instituait ces maîtres de conférences, le service des laboratoires était aussi beaucoup amélioré soit par l'agrandissement des locaux, soit par la fondation de laboratoires nouveaux, soit enfin par l'augmentation très sensible des subsides alloués.

Je n'entrerai pas dans de plus grands détails parce qu'il faudrait examiner les Facultés une à une, et étudier chacun de nos établissements d'enseignement ; mais on peut dire que des progrès sérieux ont été accomplis dans l'enseignement de la botanique depuis les sept dernières années et je pense qu'il est impossible de ne pas le reconnaître.

Ce mouvement est la continuation de celui qui a été commencé en France il y a plus de 18 ans, sous les auspices d'un homme qui a rendu les plus grands services à l'enseignement : je veux parler de M. Victor Duruy, qui a été Ministre de l'instruction publique sous l'Empire. Il fut un honnête homme dans toute l'acception du mot, il désirait le bien, le progrès et l'accomplissait même avec les ressources les plus restreintes. Ce mouvement se continue d'une façon visible; il nous fait espérer que nous pourrons réaliser le programme que nous avons au fond du cœur.

Il s'est traduit d'une autre façon encore : les licenciés ès-sciences naturelles ont vu le niveau de leurs examens s'élever dans des proportions notables. Les questions posées aujourd'hui, sont plus étendues que celles qui étaient faites il y a 15 ou 20 ans, la science a marché et les connaissances classiques se sont accrues simultanément. Les épreuves ont été multipliées, c'est-à-dire qu'au lieu d'une épreuve sur une seule des sciences naturelles, on en subit plusieurs qui sont, non seulement théoriques, mais pratiques. Les épreuves pratiques sont relatives soit à la connaissance des plantes, soit à la détermination des fossiles, soit à la préparation d'un objet d'anatomie ou d'organographie; elles ont reçu une extension plus grande. Malgré l'augmentation des difficultés le nombre des candidats est plus grand qu'autrefois.

On sait qu'en France l'enseignement supérieur est absolument *public et gratuit*, cours, laboratoires etc. mais on fait plus encore : pour faciliter aux jeunes gens pauvres l'étude des sciences, on a institué depuis quelques années ce qu'on nomme des Bourses de *licence*. A la suite d'un examen, certaines jeunes gens reçoivent une subvention pécuniaire de 1200 fr. par an qui leur permet de suivre des cours et de passer leur examen de licence. Beaucoup de ces jeunes gens sont déjà licenciés ès-sciences physiques et se préparent à la licence ès-sciences naturelles. Cette bourse peut-être transformée en *bourse d'agrégation* ou de *Doctorat :* par ce moyen les jeunes gens peuvent conquérir le grade de Docteur ou le titre d'agrégé.

Au Muséum d'histoire naturelle une somme annuelle de trente mille francs entretient ainsi vingt boursiers; à la Faculté des sciences il en est de même ainsi que dans les établissements de même nature.

On le voit : si on considère l'argent consacré à l'enseignement de la botanique, le programme des examens, le nombre des professeurs, le nombre des chaires, le présent ne ressemble plus au passé. En peu d'années, nous avons réalisé des améliorations considérables.

**M. Planchon.** — J'ajouterai un mot aux justes observations de MM. Baillon et Cornu. Nous sommes à la veille, en France, de rétablir le baccalauréat ès-sciences physiques tel qu'on l'avait autrefois, en rétablissant l'ancien baccalauréat ès-sciences mathématiques.

Une des causes de l'affaiblissement des sciences d'observation, en France, a été la malheureuse idée de ne conserver qu'un baccalauréat, qu'on appelait complet, parce que les sciences naturelles n'y entraient pas.

Ce fait est monstrueux, mais il a duré plus de 30 ans. J'ai vu les choses commencer lors de la bifurcation. On a supprimé complètement dans le baccalauréat, qui est le 1er degré d'études moyennes, d'études secondaires, les sciences naturelles. On les a rétablies depuis lors dans le baccalauréat qu'on appelle restreint. Mais cela ne suffisait pas. J'attends beaucoup de progrès, pour l'enseignement en général, de la transformation qui se prépare. J'espère que le Conseil supérieur, qui s'inspire aujourd'hui fort heureusement des vues des Facultés (nous sommes a cet égard sous un excellent régime de consultations), rétablira l'ancien baccalauréat ès-sciences physiques. En en faisant l'examen d'entrée des sciences médicales et pharmaceutiques, par exemple, et en réservant une part légitime aux sciences naturelles, on réalisera de très grands progrès. Comme on l'a dit : l'enseignement secondaire est intimement lié à l'enseignement supérieur. Ce sont les professeurs de l'enseignement secondaire qui forment la pépinière des maîtres de l'enseignement supérieur et réciproquement celui-ci réagit sur l'enseignement secondaire. Sous ce rapport nous sommes entrés dans une bonne voie.

**M. Cornu.** — En parlant des améliorations apportées dans les examens, j'ai omis de signaler ce qu'on appelle l'agrégation des sciences naturelles; elle est destinée à former dans les lycées des professeurs spéciaux de sciences naturelles, lesquels n'avaient pour ainsi dire pas d'existence légale. Ces professeurs étaient choisis parmi les physiciens et les mathématiciens. Actuellement les professeurs de sciences naturelles sont choisis à la suite d'un examen spécial. Je suppose que ce terme d'agrégation vous est suffisamment connu, la fonction d'agrégé de l'université correspond à un examen tout à fait particulier. Il confère non pas un grade mais un *titre* avec un traitement spécial y attaché et qui s'ajoute au traitement de la fonction.

J'ai exposé en termes sommaires ces choses qui pourraient être longuement développées et dont l'importance est frappante.

**M. Magnus.** — Je voudrais attirer l'attention sur l'Institut le plus important peut-être qui ait été créé en ces derniers temps pour les progrès de la botanique. Je veux parler du laboratoire pour des recherches microscopiques et scientifiques de Botanique dans le Jardin botanique de Buitenzorg, à Java, établi et dirigé par M. Treub. Ce jardin et ce laboratoire sont sans doute connus de tous les membres du Congrès. Tous les botanistes sont invités de la façon la plus pressante à le visiter. Ils y trouveront et les places et les moyens pour les recherches ainsi qu'ample matière à études. On rencontre là des plantes qui ne se voient pas ailleurs.

Je constate avec satisfaction que plusieurs Allemands ont déjà profité de cette offre bienveillante. L'Institut de Buitenzorg n'est pas seulement destiné aux recherches purement scientifiques. On y a également organisé des cultures merveilleuses de quinquina et récemment de caoutchouc. Je serais heureux qu'on voulût reconnaître à Anvers la grande libéralité avec laquelle la Hollande a créé le Jardin et le laboratoire de botanique de Buitenzorg, dans l'île de Java. (*Applaudissements*).

**M. le Président.** — Vous avez applaudi vivement les paroles de M. Magnus.

Je suis sûr que M. Treub sera touché d'une telle marque de reconnaissance du Congrès.

**M. Baillon.** — Je vais plus loin : j'exprime le vœu que les membres du Congrès signent, séance tenante, une lettre qui sera adressée à M. le directeur du Jardin Botanique de Buitenzorg, pour le remercier de sa généreuse et grandiose idée. (*Applaudissements*).

**M. Ch. De Bosschere.** — J'attire votre attention sur une demande que je me suis déjà permis de vous faire. Vous me trouverez peut-être exigeant. Je viens à chaque instant prier les membres étrangers du Congrès de bien vouloir nous envoyer le plus d'éclaircissements possibles sur les différents points du programme. Au risque d'abuser de votre obligeance, je réitère ma requête. Le but que la Commission organisatrice du Congrès a poursuivi est de s'instruire par les exemples que donnent les grands et les petits pays de l'Europe.

Cette 3me question a pour objectif de nous apprendre ce que vous faites dans vos états respectifs. Nous désirons comparer les progrès que vous avez réalisés dans l'espoir que le Congrès en bénéficiera et que d'autres pays pourront également en retirer des avantages.

Lorsque, sur ma proposition, cette question a été insérée dans notre programme, je me suis demandé par quelle voie nous pourrions le mieux et le plus sûrement arriver au but proposé. Ce n'est que tardivement que nous avons pu adresser le questionnaire que vous connaissez, aux gouvernements étrangers, par l'intermédiaire de notre département des affaires étrangères. Ce questionnaire se trouve à la page 137, 2me fascicule. Trois gouvernements ont répondu à notre appel : nous avons reçu des documents de l'Angleterre, des Pays-Bas et de la Suisse. Ces pièces sont arrivées trop tard pour être insérées dans les rapports préliminaires. Elles trouveront place dans les Actes du Congrès. Permettez-moi d'espérer qu'avant la publication de notre Bulletin, d'autres réponses nous parviendront des gouvernements étrangers et même de plusieurs d'entre vous.

Nous serons très-heureux de les accueillir et nous en remercions d'avance les auteurs.

La 2<sup>me</sup> partie de la question se rapporte plutôt à l'horticulture. Nous avons décidé hier de reporter à l'assemblée de l'après-midi les questions d'intérêt commun aux deux sections. Vous voudrez bien me permettre de prendre cet après-midi la parole sur la 2<sup>me</sup> partie de la question : « quelle a été, dans ces mêmes pays, l'influence des études botaniques sur les progrès de l'horticulture? »

Je crois que c'est une question à laquelle s'intéresseront à la fois les botanistes et les horticulteurs.

**M. le Président**. — Je pense que nous pouvons déclarer pour le moment cette discussion close. (*Adhésion*). Nous passerons à l'examen de la question n° 1 ainsi conçue :

I. *Le rôle et l'organisation des laboratoires de botanique*[1].

**M. Magnus.** — Mon collègue, M. Wittmack a loué avec beaucoup de raison le Musée et le Jardin botanique de Berlin. Je regrette qu'on n'ait pas réuni à Berlin le laboratoire au Jardin botanique même. Il est curieux qu'à Berlin on n'étudie le développement des plantes qu'en ville, tandis que les plantes elles-mêmes croissent hors de la ville.

J'ai déjà dit qu'il est très désirable qu'on annexe à chaque Jardin botanique un laboratoire pour les recherches sur le développement des plantes cryptogamiques, sur le développement des fleurs, sur la biologie etc. Cet usage est suivi dans les petites Universités de l'Allemagne. A Strasbourg, on peut étudier beaucoup mieux le développement des champignons, de la biologie, qu'il n'est possible de le faire à Berlin où nous sommes très malheureux que les deux établissements soient situés si loin, l'un de l'autre. Il importe qu'on puisse étudier le développement des plantes sur les lieux mêmes où elles croissent et où l'on trouve les écoles d'horticulture ainsi que les jardiniers.

Je voudrais que le Congrès exprimât le vœu qu'on réunit à tous les Jardins botaniques un laboratoire de botanique.

**M. Lefèvre.** — Selon moi, les installations les plus complètes sous ce rapport, existent au Jardin botanique d'Edimbourg dont je n'ai pas encore entendu citer le nom. Si l'on voulait étudier l'organisation de ce jardin, qui est très considérable, comme vous savez, on pourrait, je pense, dans cet ordre d'idées, trouver une solution à la question. Je me reconnais incompétent pour la traiter. Aussi je me borne à vous la signaler.

**M. Baillon.** — Je crois qu'il y a beaucoup plus de jardins qu'on ne

---

(1) Voir aux « Rapports préliminaires » les mémoires de MM. Léo Errera, p. 17-29, A. Fischer de Waldheim, p. 60-64, et É. Laurent, p. 80-82.

semble le croire où les deux choses sont réunies. Je pense même que tel est le cas pour le plus grand nombre en Europe. Il est fâcheux, sans doute, que dans une grande ville comme Berlin, le laboratoire ne soit pas joint au Jardin botanique; mais il n'est pas toujours aisé de remplir ce desideratum. A Kew, le laboratoire, dit de Jodell, est très petit; mais tenu à la disposition de tous les savants, il n'est pas moins fort utile; il a été fondé aussi aux frais d'un particulier, grâce à un legs. Il ne faudrait donc pas placer Kew dans la même catégorie que Berlin.

J'appuie également le vœu que les laboratoires soient placés autant que possible dans les Jardins botaniques.

**M. Cornu.** — La 1re question porte : « Le rôle et l'organisation des laboratoires de botanique. Tout d'abord qu'entend-on par laboratoires de botanique? C'est un mot moins précis qu'on ne le pense.

Je considère comme extrêmement distincts les uns des autres les laboratoires de recherche et les laboratoires d'enseignement. Chez nous, par le mot de laboratoire de botanique, on a eu surtout en vue le local dans lequel l'enseignement pratique de la botanique se fait et se poursuit. Aussi voyons-nous un très grand nombre de ces locaux, souvent très spacieux, très bien aménagés, très bien disposés, qui ont coûté des sommes considérables, enclavés au milieu d'autres constructions, situés à un étage élevé, être somme toute assez médiocres au point de vue du travail de recherche.

J'estime que celui qui veut se livrer à des travaux scientifiques sera plus à son aise, sera mieux placé pour ses recherches dans un local très petit, souvent insuffisant comme dimensions, mais à la condition que ce local soit à portée des serres et des cultures dans lesquelles prospèrent les plantes vivantes.

Au Congrès de 1878, j'ai insisté sur la nécessité d'avoir une communication directe entre le laboratoire de recherche et l'enceinte dans laquelle les plantes peuvent vivre et végéter, en bonne santé. Malheureusement ce desideratum n'est pas toujours réalisé. Je crois que dans beaucoup de cas on pourrait l'atteindre, si on voulait se contenter d'une installation très modeste. On doit laisser de côté les grandes et coûteuses appropriations, les beaux meubles, les riches vitrines, toutes choses excellentes en elles-mêmes, souvent nécessaires pour l'instruction et le travail des élèves, mais que les professeurs, les savants, n'ont pas toujours besoin d'avoir immédiatement sous la main. Dans un laboratoire réduit, sorte de petite chambre à modeste installation, mais en contact immédiat avec les végétaux indispensables, on serait dans d'excellentes conditions. On s'efforcerait de rester à l'abri des visites importunes, on ne serait pas gêné par le passage d'un grand nombre de personnes, par les poussières quelles soulèvent et les germes de toute nature apportés involontairement.

Le mot de laboratoire de botanique a donc un double sens : Dans plusieurs des communications précédentes on a confondu les deux choses, me semble-t-il. Le laboratoire de recherche est une chose relativement simple matériellement, quand on a la liberté de s'installer où l'on veut et comme on le veut.

Mais le laboratoire d'enseignement est généralement une installation plus compliquée. Il est sans doute le plus important et le plus nécessaire pour la vulgarisation de la science et l'étude de la botanique. Mais en ce qui regarde les recherches de biologie notamment (je ne parle pas de la physiologie proprement dite) qui exige des appareils de physique ou de chimie, des fournaux, des étuves, etc., des locaux très modestes suffisent largement; dans ces conditions, si réduits qu'ils soient, on peut en tirer un excellent profit.

**M. Baillon.** — Malgré le sentiment que j'ai exprimé, on est obligé quelquefois de parler de ce qui se fait dans son propre pays. En ce qui me concerne, je suis du même avis que M. Cornu; à la Faculté de médecine de Paris, nous avons annexé au jardin un petit laboratoire pour les botanistes. Nous serons très-heureux d'y recevoir votre visite. Ce laboratoire est peu considérable; il ne coûte pas cher; il n'est pas richement doté; mais on y travaille bien. Le laboratoire d'enseignement à l'usage des élèves qui débutent dans l'étude de la médecine, occupe un local spécial. Il s'agissait de loger à certains jours jusqu'à 400 élèves dans le même laboratoire. La municipalité parisienne nous a accordé un vieil édifice hors d'usage, le Collège Rollin. La botanique a été installée dans les dortoirs qui occupent cinq immenses galeries, dans chacune desquelles on peut loger environ 120 élèves. Là, avec des ressources assez restreintes, — car le budget n'est pas riche pour ces choses-là — on a placé devant les fenêtres une série de planches qui servent de tables pour les observations. Avantage plus précieux encore pour nous et que nous avons pu nous assurer au bout de quelques années, grâce à des sommes légères qui nous ont été accordées, chaque élève est aujourd'hui pourvu d'un microscope simple et d'un microscope composé. Sous la direction d'un chef de travaux, aidé de cinq jeunes gens, appelés aides-préparateurs, nous pouvons donner l'instruction élémentaire de la botanique au grand nombre d'étudiants dont je viens de parler.

Il en résulte un autre bien encore : dans le laboratoire plus sérieux de recherches, qui existe au Jardin botanique, nous sommes débarrassés des jeunes débutants qui sont quelquefois un peu turbulents et qu'il serait impossible de loger dans un très-petit laboratoire. Il s'est présenté un inconvénient : c'est que les débutants n'avaient pas de jardin à leur disposition sur le lieu même du laboratoire. J'ajoute que nous avons organisé un semblant de jardin autour du laboratoire de botanique. Il y avait là un petit terrain qui a été aménagé et cultivé de façon à fournir, en quantité, aux étudiants de 1ʳᵉ année de médecine, les plantes qui ne se trouvent pas en abondance dans la campagne. Je citerai comme exemples la Belladone et l'Aconit.

Pour les plantes communes, nous avons un approvisionneur qui en apporte chaque jour des cargaisons énormes. Je signale ce fait, non pour prétendre que nous soyons arrivés à la perfection, mais pour montrer que nous marchons dans une voie excellente.

On construit à Paris un nouveau laboratoire, dans les futurs bâtiments de la Faculté, pour les études pratiques d'histoire naturelle et de botanique. Or, il est arrivé que le laboratoire informe, établi pour les débutants dans les vastes dortoirs du collège Rollin, a été strictement copié par l'architecte pour la construction des laboratoires nouveaux qui seront annexés au bâtiment neuf de la Faculté de médecine. On a jugé ce plan le plus utile, le plus convenable et le plus commode. Ce sera le même plan qui aura été trouvé si bon dans sa simplicité que l'on a adopté avec enthousiasme. Nous avons la promesse que les cours assez nombreuses de cet établissement nous seront livrées pour la culture de plantes analogues à celles auxquelles je faisais allusion tout-à-l'heure. Nous aurons ainsi le même jardin que celui que nous possédons actuellement aux portes du laboratoire d'instruction de nos élèves, mais il nous sera livré dans des conditions bien plus avantageuses encore.

**M. Fischer de Waldheim.** -- L'idée émise par M. Cornu est très-pratique. Elle se trouve réalisée à Varsovie. Nous avons là un petit laboratoire de recherches, composé d'une chambre avec quelques instruments nécessaires.

Nous avons aussi un laboratoire d'enseignement : c'est celui de l'Université, qui est plus vaste. Il donne place à 30 ou 40 personnes. Des installations semblables devraient être adoptées partout où l'on ne dispose pas de grands moyens. Les grands laboratoires installés dans les Jardins botaniques entraînent des dépenses que les gouvernements ne sont pas toujours disposés à supporter.

Je propose donc au Congrès de bien vouloir appuyer l'idée de M. Cornu, à savoir : qu'il est bon d'établir les laboratoires de recherches dans les Jardins botaniques mêmes où il n'en existe pas encore et de créer des laboratoires d'enseignement dans les Universités.

**M. le Président.** — Nous sommes en présence de deux propositions : M. Magnus demande que le Congrès émette le vœu que les laboratoires soient le plus possible en relation avec les jardins botaniques.

**M. Magnus.** — Je propose que les laboratoires d'enseignement soient établis dans les villes et qu'on annexe un laboratoire de recherches à chaque Jardin botanique.

**M. Cornu**. — Il y a lieu, je pense, de scinder la proposition. Nous dirons d'abord : Il y a deux sortes de laboratoires avec des besoins variés et des installations différentes : les laboratoires d'enseignement et les laboratoires de recherches. M. Magnus dit que les premiers doivent surtout se trouver en relation directe avec les Universités et les seconds avec les Jardins botaniques et les cultures de plantes. De la sorte les propositions sont interverties; la première devient la seconde et réciproquement.

**M. Planchon**. — Nous avons à la Faculté des sciences de Montpellier un double laboratoire; l'un se trouve à la Faculté à proximité du jardin, l'autre se trouve au jardin même, et il est placé sous la direction du même professeur. Dans l'un, on donne l'enseignement pratique pour les licenciés; dans l'autre, le professeur qui a son laboratoire particulier peut, en traversant un simple vestibule, rejoindre les jeunes gens qui préparent leurs thèses de Doctorat ès-sciences. Mais ce sont là des circonstances locales qu'on ne retrouve pas partout. Il n'y a pas grand inconvénient à ce que le laboratoire d'enseignement pur, destiné à ce que nous appelons la licence, se trouve à une certaine distance du jardin. Mais j'affirme qu'il y a nécessité d'avoir un laboratoire de recherches annexé au jardin même.

J'ajoute qu'on ne doit pas se limiter au laboratoire particulier du professeur. Il faut que les jeunes gens qui préparent leur doctorat ès-sciences aient un laboratoire où ils soient séparés de leurs condisciples de la licence. Les derniers suivent une marche réglée d'avance, ils obéissent à un mot d'ordre. Les premiers doivent avoir une grande liberté. Chacun est isolé à côté de son voisin. On devrait scinder les deux choses et demander que le laboratoire de recherches soit annexé au Jardin botanique tandis que celui d'enseignement pourrait rester dans la Faculté. Cette connexion est naturelle et forcée. Je crois que M. Baillion n'insistera pas pour qu'on dise que le laboratoire d'enseignement doit être annexé au jardin. Il y a des endroits où les conditions locales ne permettraient pas de le faire.

**M. Baillon**. — C'est exiger beaucoup que de vouloir que tout laboratoire ait son jardin. Ce peut-être là un vœu platonique. En effet, ces installations entraîneraient à des dépenses si considérables que bien peu d'États consentiraient à les faire. J'admets parfaitement que nous devions tendre vers cet idéal. Il est une question qui n'est pas indiquée dans le programme du Congrès et à laquelle la force des choses nous conduit. Beaucoup de nos collègues d'Allemagne abonderont, je pense, dans ce sens. La création d'un centre botanique unique s'impose. Peu importe qu'on l'appelle Institut botanique ou de tout autre nom. Ces centres botaniques existent déjà dans certaines villes. Tout ce qui concerne l'enseignement de la botanique s'y trouve réuni. Avec le grand morcellement qui existe dans certains pays, comme le nôtre, on fait des dépenses très considérables pour arriver à des résultats relativement médiocres. En concentrant, au contraire, dans un seul centre tout ce qui est relatif à la botanique, il est évident qu'avec des frais moins élevés, on obtiendra des avantages plus grands. J'appelle donc la création dans mon pays de ce que l'on appelle ailleurs les Instituts botaniques. Toute difficulté disparaît dans cette hypothèse. L'Institut botanique est pourvu d'un très vaste jardin, renfermant tout ce qui peut être utile à la botanique. Dès lors il n'y a plus grande difficulté à créer, dans l'intérieur même de ces jardins, un certain nombre de laboratoires des deux ordres auxquels il a été fait allusion tout à l'heure avec raison. Il serait, je pense, parfaitement accepté dans notre pays que les laboratoires de recherches et les laboratoires d'enseignement pour les débutants fussent compris dans le même Institut botanique et logés, par conséquent, aux extrémités d'un seul et même jardin. On trouverait là grande économie et sensible avantage. Ce n'est pas à moi à faire ressortir l'utilité des Instituts botaniques. J'espère que quelques uns de nos collègues d'Allemagne nous en parleront. Beaucoup d'entre nous sont allés visiter un Institut botanique de nouvelle création; celui de Liège. J'ai appris, ces jours derniers, que le modèle de l'Institut de Liège va être transporté jusqu'au fond de la Roumanie. Ce sont là de très bons exemples à suivre dans un pays comme le nôtre et dans d'autres aussi. Pour moi, l'idéal c'est l'Institut botanique, comme l'est l'Institut zoologique, l'Institut chimique, etc., dans un autre ordre d'idées.

**M. Planchon.** — M. le professeur Baillon sait bien qu'à Paris il y a des enseignements botaniques qui sont forcément distincts. L'enseignement de la Faculté de médecine ne peut pas être conforme à celui de la Faculté des sciences. Le Muséum a un enseignement libre, absolument à part. Il y a des difficultés en France à réunir dans les Jardins botaniques, par exemple, des corps spéciaux. Je citerai un exemple. A l'école de pharmacie de Montpellier j'ai un petit jardin réduit à un certain nombre de plantes utiles. Les élèves les ont constamment sous les yeux parce qu'elles se trouvent à côté de la cour où ils s'assemblent en attendant les leçons. Si ces mêmes élèves devaient aller à l'école de médecine ils seraient privés de cet avantage. Par conséquent, tout en désirant la centralisation, il est certain que l'on peut avoir dans la même ville plusieurs établissements d'enseignement sur des points distincts. A Montpellier on a créé un Institut chimique et physique qui est admirablement installé, pourvu de tous les instruments du progrès moderne; il a coûté une somme considérable. Cet Institut ne sert que pour la médecine. Les professeurs de chimie des autres Facultés ont chacun leur laboratoire. On ne doit pas subordonner l'enseignement d'un professeur à celui d'un autre. Je ne fais pas d'objection absolue à la création d'Instituts botaniques dans des villes qui ne sont, pas dotés d'enseignements spéciaux. A Liège où existe une Université complète, l'Institut botanique peut servir aux médecins à condition qu'on leur attribue une division spéciale pour les plantes médicinales. Il ne faut pas oublier que les médecins ne sont pas appelés à être des botanistes purs; ils leur suffit de connaître les plantes usuelles et les principes de la physiologie et de la biologie ; ils n'ont pas à recevoir un enseignement botanique complet. Je vois donc des difficultés sérieuses à fonder partout, au moins en France, des Instituts botaniques.

En Allemagne, où la situation n'est pas la même, il est possible qu'on puisse le faire avec avantage. Mais je laisse à de plus compétents que moi le soin de se prononcer sur ce point.

**M. Gravis.** — Messieurs, M<sup>r</sup> le professeur Ed. Morren espérait pouvoir vous entretenir de l'Institut botanique dont il est le Directeur. Il a même préparé, sur ce sujet, une notice destinée aux Actes du Congrès. Forcé malheureusement de quitter Anvers ce matin pour cause d'indisposition M. Morren m'a chargé de prendre la parole à sa place. Je vais donc résumer la notice qu'il m'a confiée [1] en m'attachant, surtout à ce qui se rapporte plus spécialement à l'enseignement.

L'Institut botanique de Liége constitue un établissement d'enseignement supérieur, créé sous les auspices du gouvernement et de la ville, dans l'intérêt de l'enseignement universitaire. Il a été décidé en 1836 et 1837 et commencé en 1840, grâce à l'initiative et à l'activité de Charles Morren.

Il est resté longtemps incomplet, inachevé, malgré nos démarches les plus réitérées : sans ressources et presqu'abandonné, il rendait peu de services à la science, son existence fut même un instant menacée et cela alors que les Chambres législatives venaient de mettre à la disposition du gouvernement l'argent nécessaire pour le compléter et le mettre au niveau des exigences actuelles. Cette crise fut heureusement conjurée, grâce au concours de la population liégeoise et à la sollicitude du Conseil communal. On remit là main à l'œuvre en 1881, sur des bases nouvelles et l'inauguration put se faire le 22 novembre 1883, en présence des autorités communales, législatives, universitaires et administratives.

---

[1] Cette notice a été publiée *in extenso* avec de nombreuses gravures et photolithographies, dans *la Belgique horticole*, Janvier 1885, p. 31 à 56.

L'Institut botanique comprend trois divisions principales : le jardin, les serres, et les constructions.

Les bâtiments de l'Institut botanique sont disposés en deux groupes attachés à droite et à gauche des serres hautes. Cette séparation était en quelque sorte imposée par les conditions topographiques et surtout par les circonstances locales. Elle est, du reste, sans inconvénient pour le service, l'aile droite étant affectée à l'enseignement quotidien, tandis que l'aile gauche est réservée aux collections et à certaines études spéciales. Ils sont peu élevés, construits en pierres et de style grec.

### Aile droite. — Enseignement.

L'aile droite comprend les installations nécessaires pour l'enseignement de la botanique.

Un large *vestibule* sert de vestiaire et peut abriter les étudiants pendant les intempéries.

L'*Auditoire* est une vaste salle en hémicycle, de neuf mètres de rayon et très élevée. Il compte 8 rangées de bancs concentriques, comprenant 220 places numérotées. La chaire, élevée sur une estrade de deux marches, occupe le centre de la partie droite de la salle. Auprès d'elle se trouvent un tableau noir et mobile, des piédestaux, des tables, des bijoutières pour les plantes et les objets de démonstration et enfin des chevalets fixés au mur sur lesquels on dispose des tableaux graphiques se rapportant au sujet des leçons.

Le *laboratoire de démonstration* est attenant à l'auditoire. On y expose pendant un certain temps, à la disposition des élèves, les objets de démonstration qui ont servi aux leçons : on y fait les démonstrations et les exercices pratiques élémentaires; on y expose les tableaux et les cartes utiles à l'instruction. Ce laboratoire est éclairé par cinq grandes fenêtres exposées au Nord et à l'Ouest et devant lesquelles sont de solides tables d'étude : contre les trumaux sont des armoires vitrées renfermant les microscopes les plus usuels. Les murs de ce laboratoire et en général de toutes les salles sont garnis de dessins ou d'objets botaniques les plus propres à éveiller l'attention et à exciter l'intérêt.

Le *laboratoire de recherches* est une vaste salle bien éclairée par 6 fenêtres, dont 3 au Nord et 3 au Sud. Devant chaque fenêtre se trouve une table, à laquelle deux travailleurs peuvent prendre place. La partie centrale est occupée par une longue table pour la lecture, le dessin, etc. De petites armoires vitrées sont attachées au mur entre les fenêtres et au niveau des tables; les étudiants y rangent leurs instruments et leurs notes après chaque séance.

Deux armoires plus grandes contiennent divers objets d'un usage journalier, ainsi qu'une bibliothèque classique comprenant un petit nombre d'ouvrages les plus utiles, tels que les meilleurs traités généraux, des manuels techniques, des flores et des ouvrages pour la détermination des cryptogames. Cette bibliothèque est continuellement à la portée des élèves qui travaillent dans ce laboratoire.

Une collection de matériaux d'étude, conservés à l'alcool, occupe une autre armoire : 600 flacons et 2000 tubes de trois grandeurs trouvent place dans ce meuble, grâce à une disposition intérieure spéciale.

Ce laboratoire est en communication directe avec les serres où se font certaines expériences et des cultures déterminées. Ainsi, par exemple, on a installé dans une serre voisine, une armoire vitrée pour la culture de divers cryptogames, surtout de mycètes ou champignons, et pour des expériences de physiologie.

La *salle du matériel* communique avec les laboratoires dont elle constitue une dépendance. On y a placé une cage à évaporation, un lavabo, des produits chimiques, de la verrerie et divers ustensiles. Elle sert aussi de remise aux collections classiques, c'est-à-dire à tout ce qui doit le plus spécialement servir chaque année à la démonstration de l'enseignement.

Ces collections comprennent :

1° Un herbier de démonstration, composé d'un grand nombre de types bien choisis, tant au point de vue scientifique pur qu'au point de vue des applications de la Botanique. Les neuf classes du règne végétal sont représentées dans cet herbier qui contient aussi, non seulement des phanérogames et des cryptogames supérieurs, mais encore les types les moins élévés en organisation, parmi les algues et les champignons. Ces derniers, naturellement, sont montrés sous le microscope.

Pour les rendre d'un maniement plus facile, les échantillons ont été collés sur des feuilles de carton mince. Celles-ci sont classées et conservées dans des boîtes en bois.

2° Une collection de préparations microscopiques relatives à l'anatomie et à la cryptogamie. Jusqu'ici cette collection était surtout composée de séries achetées à des préparateurs de profession, tels que MM. Amadio, Boecker, Bourgogne, Delogne, Duncker, Hoppe, Möller, Vize, Zimmerman, etc..... Ce fond primitif est peu à peu renouvelé par des préparations plus fraîches et plus en rapport avec les besoins actuels de l'enseignement. Ces préparations nouvelles sont exécutées au laboratoire même par le personnel de l'Institut. Les meilleurs élèves concourent aussi à enrichir journellement cette collection.

3° 400 tableaux de démonstration collés sur carton. Ces tableaux, dont le format moyen et de $0^m90$ de hauteur sur $0^m70$ de largeur, comprennent les belles séries de planches murales publiées par MM. Ahles, Dodel-Pont, Giwotowsky, Henslow, Kny, Lubarsch, Poulsen, Schnizlein et tant d'autres auteurs.

D'autres tableaux ont été exécutés à l'Institut botanique par le préparateur et par un artiste dessinateur attaché momentanément à l'établissement. Ils reproduisent, en les amplifiant beaucoup, les figures publiées par les meilleurs auteurs sur la morphologie générale, l'anatomie, la cryptogamie, la physiologie, la géographie botanique, etc. Quelques-uns, enfin, ont été dessinés d'après des préparations originales faites au laboratoire.

4° Une collection de bois, fruits et graines. Cette collection n'est formée que des types vraiment classiques. Ceux-ci ont été choisis parmi les échantillons les plus grands et les plus démonstratifs qui composent la collection générale. Les fruits typiques communs sont recueillis chaque année en abondance afin qu'ils puissent être distribués aux élèves pendant les exercices pratiques.

5° Des modèles en carton pierre, de grandes dimensions, représentant les divers états de développement des principales espèces de champignons polymorphes.

6° Des modèles en cire représentant des ovules, des graines, des embryons, l'organogénie de la fleur, etc.

Le *cabinet du directeur* est au centre de toutes ces installations et a vue, par deux fenêtres, sur l'ensemble du Jardin botanique. Il renferme une bibliothèque choisie, formée d'ouvrages utiles, souvent de grande valeur; on y conserve aussi les microscopes et autres appareils les plus précieux. Il est orné de bustes et de tableaux se rapportant principalement à l'histoire de la botanique à Liège.

Les *salles des Herbiers* sont situées au premier étage et comprennent un herbier général, un herbier belge et un herbier cryptogamique. Les deux premiers, fusionnés pour le moment, sont formés d'une soixantaine d'herbiers particuliers, dont la plupart ont été recueillis par des botanistes voyageurs dans les diverses régions du globe. (La liste de ses herbiers sera publiée.)

Les armoires, d'un modèle nouveau, simples et commodes forment, 400 casiers dans lesquels les fascicules sont déposés sans carton ni courroie. On peut ainsi parcourir l'herbier avec la plus grande facilité. La fermeture hermétique des armoires rend d'ailleurs inutiles les divers systèmes de boîtes, cartons, etc.

L'herbier cryptogamique, relativement considérable, a été formé de l'herbier de M. le professeur Morren, auquel de nombreux exsiccatas ont été fusionnés. Parmi ces derniers on peut citer les plantes de Bellynck, Delogne, Desmazières, Gravet, Husnot, Libert, Mougeot, Nordstedt, Olivier, Oudemans, Piré, Rabenhorst, Roumeguère, Thümen, Westendorp, Winter et Wittrock.

Dans les trois salles des herbiers, de grandes tables sont disposées le long des fenêtres et mises à la disposition des étudiants et d'autres personnes qui veulent étudier les plantes sèches.

La préparation des herbiers se fait dans une salle des greniers. Ceux-ci servent aussi de magasin pour les cristaux, les papiers, les cartons, certains produits chimiques ou autres.

Les alcools, les acides et d'autres produits semblables, sont conservés dans les caves avec lesquelles on communique aisément. Le calorifère de l'auditoire est aussi établi dans le sous-sol. Enfin l'eau, le gaz et les sonneries électriques sont installés partout. Dans l'auditoire et plusieurs autres salles, des volets à fermeture hermétique permettent d'obtenir l'obscurité nécessaire, soit pour certaines expériences, soit pour des projections à la lumière solaire ou artificielle.

Il serait non moins aisé de pratiquer la photographie dans les laboratoires.

### Enseignement.

I. *Le cours de botanique* est annuel et comprend une centaine de leçons. Il est suivi par les étudiants de la candidature en sciences naturelles[1] ainsi que par ceux de la candidature en pharmacie. Pendant les dernières années, leur nombre fut, en moyenne, de deux cent cinquante.

Le cours est divisé en deux parties :

1° La botanique générale qui se résume en l'étude morphologique et biologique de la cellule. Cette partie, à laquelle sont rattachées l'anatomie et la physiologie générales des plantes, est traitée en une trentaine de leçons.

2° La botanique spéciale qui comprend les principes généraux de la Taxinomie, l'étude des caractères généraux des neuf classes et la description des principales familles du règne végétal. Pour chacune de ces familles, les principaux genres et les espèces les plus importantes sont cités à titre d'exemples. Ces types sont choisis tant au point de vue scientifique pur qu'à celui des applications à la médecine, à l'industrie, aux arts, etc.... Cette seconde partie est synthétisée par le *Tableau du règne végétal disposé suivant l'ordre de l'évolution*, par M. le professeur Ed. Morren.

Un cours de Géographie botanique est fait aux élèves du doctorat en sciences naturelles et des leçons approfondies sont données à ceux d'entre eux qui spécialisent la botanique.

II. *Démonstrations hebdomadaires.* — Chaque semaine l'assistant fait aux étudiants une démonstration relative aux questions exposées au cours. Les collections du laboratoire servent à ces démonstrations. Les étudiants peuvent, pendant ces séances, consulter à leur aise les herbiers, les livres et atlas de la bibliothèque, revoir les planches murales,

---

(1) En Belgique les élèves qui se destinent à la médecine doivent d'abord suivre, pendant deux ans, les cours de la Faculté des sciences et y prendre le diplôme de candidat en sciences naturelles.

étudier des préparations mises au point sous des microscopes, demander des explications, en un mot, répéter les leçons du professeur en ayant sous les yeux toutes les pièces à conviction.

III. *Des exercices pratiques élémentaires* ont été institués en faveur des élèves de la candidature en sciences et de ceux de la candidature en pharmacie. Ces exercices sont facultatifs et comprennent de douze à quinze séances de travail chaque semestre. Ils ont été fréquentés, pendant l'année académique 1884-85, par une cinquantaine d'élèves, qui furent divisés en quatre séries. Chaque série a travaillé au laboratoire une fois par semaine, pendant trois heures au moins.

Le but des exercices pratiques élémentaires est de faciliter l'étude de la botanique en développant chez les élèves l'esprit d'initiative et d'observation.

Au début de chaque séance, l'assistant rappelle en quelques mots les enseignements théoriques relatifs aux exercices à faire; il indique la manière d'opérer, les procédés à employer les réactifs dont il faut faire usage, etc. Les élèves se livrent ensuite à un *travail personnel :* ils font eux-mêmes les préparations, les observent, prennent des notes et des croquis.

Chaque élève dispose d'un microscope Vérick, modèle moyen, avec les objectifs nᵒˢ 0, 2, 6; d'une série de réactifs ordinaires; d'une boîte contenant les instruments indispensables tels que scalpel, rasoir, aiguille, pince, lames, lamelles, etc.

Voici maintenant le programme des exercices pratiques élémentaires :

1ᵉʳ semestre :

*a*) Maniement du microscope et confection des préparations.

*b*) Étude générale de la cellule et des tissus.

2ᵒ semestre :

*a*) Morphologie de quelques types de cryptogames cellulaires et vasculaires ;

*b*) Étude spéciale des principales familles de plantes phanérogames [1].

Pendant l'été les élèves étudient les familles naturelles, principalement les phanérogames en analysant les fleurs mises à leur disposition. Plusieurs herborisations sont organisées sous la direction du professeur ou de l'assistant.

IV. *Travaux des élèves du Doctorat en sciences naturelles.* — Les élèves du Doctorat, qui approfondissent la Botanique, fréquentent journellement le laboratoire. Ils s'y livrent à des études de perfectionnement et à des recherches originales. Le programme de ces travaux ne peut être, on le conçoit, uniforme et constant.

---

(1) On peut voir à l'Exposition d'Anvers une collection de 200 préparations environ, choisies parmi les meilleures de celles exécutées par les élèves qui ont pris part aux exercices pratiques élémentaires pendant l'année 1884-1885.

### Aile gauche. — Collections.

L'aile gauche, attaché à la rotonde du même côté, est exactement symétrique à l'aile droite, au moins du côté de la façade, tandis que par derrière les bâtiments de la botanique ont été, de côté, écourtés par ceux de la pharmacie. Cette aile gauche est actuellement réservée aux collections botaniques.

Un corridor transversal, accessible du côté du jardin, conduit aux principales salles.

Un *laboratoire de physiologie* est attenant à la rotonde tropicale : c'est une assez grande chambre rectangulaire éclairée par 6 fenêtres. On y a installé actuellement l'herbier des Broméliacées, renfermé dans de bonnes armoires en bois.

Une *Bibliothèque* occupe une chambre voisine, très profonde, et peu éclairée par deux fenêtres seulement. Elle peut servir de lieu de réunion.

Le *Musée de botanique* termine les bâtiments du côté gauche, comme l'auditoire les termine du côté droit. Il est haut de 11ᵐ, large de 15 et a la forme d'un hémicycle éclairé par deux rangs de sept fenêtres. Une large galerie en fer, supportée par des colonnes ornées et accessible par deux escaliers tournants, court le long des parois semi-circulaires. Les mycètes. et les végétaux cellulaires sont installés dans cette galerie, tandis que les produits des Gymnospermes et des Dycotylées occupent le rez-de-chaussée. Ces collections se composent de bois, de fibres, de fruits, de graines et des produits les plus divers du règne végétal. Ils sont classés dans de grandes armoires vitrées de la manière la plus pittoresque et la plus instructive, tant pour les hommes de science que pour le public. Les spécimens les plus considérables ou les plus précieux sont conservés dans certaines vitrines particulières et appropriées. Au centre du Musée on a installé une forte colonne portant 24 grands panneaux suspendus sur des gonds mobiles, destinés à recevoir les principaux spécimens de la flore de Belgique et à servir ainsi d'herbier public. Enfin, contre le mur droit du fond de la salle, on doit arranger une sorte de trophée de grandes tiges et de produits extraordinaires. Des bustes et des tableaux doivent compléter l'ameublement de cette salle de collection.

La *Salle des Monocotylées*, située en arrière, continue et complète le musée principal.

A l'étage quelques grandes salles et des greniers servent de remise pour les produits végétaux qui attendent le classement.

D'autres salles, accessibles par un escalier dérobé, servent à la préparation et à la conservation de graines.

Diverses caves s'étendent sous la plus grande partie des bâtiments : on y conserve les pots, les terres, les bois, les charbons et, en général, une grande partie du matériel d'exploitation.

La cour de derrière est indispensable pour la préparation des terreaux.

Quelques petites chambres, ménagées derrière les serres centrales, servent de remise aux outils, de cantine pour les ouvriers, d'atelier et enfin de logement pour le concierge.

Un joli cottage, bâti à l'angle nord-est du jardin, entre les rues Louvrex et Fusch, sert d'habitation au jardinier en chef et à sa famille. On lui a réservé un petit jardin particulier.

### Le Personnel.

Le personnel de l'Institut botanique de Liège est actuellement formée de la manière suivante :

Le directeur de l'Institut, professeur à l'Université.

Un assistant du cours de botanique, M. Auguste Gravis, docteur en sciences naturelles, chargé des démonstrations et de la surveillance des travaux pratiques faits par les élèves.

Un élève assistant, M. Émile Bernimolin, docteur en sciences naturelles, actuellement occupé à la détermination des plantes cultivées, au classement des herbiers et à la mise en ordre du Musée botanique.

Un conservateur des collections, M. Pierlot, a spécialement dans ses attributions la tenue des registres d'entrée et des inventaires, la correspondance et les écritures. Un concierge est chargé du service des locaux et un garçon de salle est en même temps commissionnaire.

Un jardinier en chef, M. Maréchal, veille à tout ce qui concerne la culture, l'entretien du jardin, l'étiquetage des plantes, la récolte des graines, etc. et il a, à cette fin, sous ses ordres un personnel de 9 ou 10 jardiniers journaliers et de 4 apprentis, savoir :

Un jardinier pour les grandes serres chaudes avec un apprenti.

Un jardinier avec un apprenti, pour les grandes serres tempérées, le service des étiquettes, les graines, etc.

Deux jardiniers, avec deux apprentis pour les serres basses, l'aquarium et le service de la cour.

Un jardinier de plein air spécialement chargé de la conduite des arbres et des arbustes.

Deux autres jardiniers pour la culture des écoles.

Un jardinier pour l'entretien des pelouses et des eaux.

Un journalier pour le service des fourneaux et le gros œuvre.

Enfin un journalier pour les services techniques.

Le service de la police est fait par un agent préposé de l'Administration communale.

Les installations de l'Institut botanique de Liége et son organisation ont été inspirées par la volonté de le faire servir tout entier à l'enseignement; d'abord et avant tout à l'enseignement universitaire et aux progrès des hautes études, mais aussi à l'enseignement public en général, à toutes les écoles qui veulent le visiter et y trouver des objets d'observations, aux visiteurs qui viennent s'y promener et même s'y reposer. Tout ce qui le compose : jardin, serres, laboratoires, herbiers, bibliothèque et collections est au service de la science et accessible à tous. Il est l'expression de l'union intime de la culture et du laboratoire qui, à Liége, s'entr'aident pour se fortifier mutuellement.

L'Institut botanique de Liège est en relations scientifiques avec tous les Jardins botaniques du globe, avec lesquels il échange des plantes et surtout des graines.

Il publie chaque année le catalogue des graines récoltées et il l'adresse à la plupart des établissements similaires du monde.

Ces vastes relations ont donné lieu à la *Correspondance botanique* dont la publication est appréciée avec beaucoup de faveur.

En terminant, permettez-moi, Messieurs, de rendre hommage au savant éminent, à l'illustre professeur, qui a doté la Belgique d'un établissement scientifique comparable à ceux dont se glorifient, à juste titre, les pays voisins. C'est aux efforts persévérants de M. Éd. Morren que nous devons l'Institut botanique de Liége que tant de botanistes étrangers sont déjà venus admirer. Puisse son œuvre grandir encore et porter, dans l'avenir, les fruits heureux que nous entrevoyons dès maintenant. (*Applaudissements prolongés.*)

**M. Planchon.** — Je ne veux pas laisser place à une fausse interprétation de ce que j'ai dit au sujet des Instituts botaniques. Je n'ai certainement aucune objection à élever contre un Institut tel que celui que mon ami, M. Morren, vient d'établir. C'est une grande gloire pour lui et la Belgique d'en avoir donné le modèle. Des circonstances particulières ont permis de réunir tout l'enseignement de la botanique dans le même local. Mais ailleurs, les jardins et laboratoires spéciaux ont leur avantage. Je désire que mes paroles soient consignées au procès-verbal parce que je ne voudrais pour rien au monde laisser croire que je n'ai pas l'admiration voulue pour un Institut comme celui de Liége.

**M. le Président.** — Nous tiendrons note de la déclaration de M. le professeur Planchon.

**M. Cornu.** — La question qui vient d'être soulevée par MM. Baillon et Planchon touche d'une manière directe la méthode d'enseignement de notre pays.

On peut constituer les Établissements en partant de deux points de vue :

1º Les constituer en vue d'un but déterminé : produire des médecins, ou des pharmaciens, etc. avec des chaires multiples appropriées à ce but spécial dans chaque cas.

2º Grouper ces chaires multiples en Établissements séparés où ne s'enseignera qu'une science, mais avec toutes les ressources qu'elle peut offrir; par exemple : la botanique avec un jardin, des herbiers, etc. En un mot rencontrer sur un point tous les éléments disséminés.

On peut choisir entre les deux méthodes; dans certains cas il y a avantage, dans d'autres, il y a des inconvénients à l'un ou à l'autre des systèmes.

Lorsque des programmes, parfaitement définis, conduisent à une carrière déterminée et que le nombre des étudiants est assez considérable, il y a intérêt à séparer l'enseignement qui prépare à cet examen; cela facilite aux étudiants l'acquisition des connaissances exigées; on leur évite les tâtonnements, les pertes de temps, les études inutiles à l'obtention du diplôme. Le diplôme est le but : les chaires sont faites uniquement en vue d'y préparer des élèves.

Si la botanique n'était enseignée que dans un seul Établissement on y verrait nécessairement se rendre les étudiants en médecine, les étudiants en pharmacie, les élèves qui se préparent à la licence ou au doctorat ès-sciences naturelles; il faudrait trois écoles de botanique ou au moins deux. On devrait sans doute adjoindre les cours de botanique qui sont faits chez nous dans une école spécialement consacrée à l'horticulture, il faudrait alors une école avec les types des plantes d'ornement : on juxtaposerait ainsi des cours qui n'ont guère d'autres rapports entre eux que le nom et des professeurs d'aptitudes très-différentes.

En France, il y a un nombre de diplômes assez grand et les programmes étant très-variés, il faut une préparation spéciale dans chaque cas : le diplôme indique la nature des études faites par l'étudiant.

L'organisation de l'enseignement est d'ailleurs, en France, très différente de ce qu'elle est en Allemagne. On assimile à tort nos Facultés des sciences aux Universités Allemandes ; il y a une foule de jeunes gens qui n'ont jamais à utiliser l'enseignement de la Faculté des sciences.

Les jeunes gens peuvent suivre des carrières très différentes, acquérir une instruction très solide, très profonde, sans jamais avoir paru à la Faculté. Les écoles du gouvernement retiennent chaque année une grande partie de l'élite des jeunes gens de notre pays. Ceux-ci se sont préparés aux difficiles examens d'entrée, soit dans les Lycées de l'État, soit dans des pensions; ils entrent à l'École normale, à l'École polytechnique, à l'École centrale, à l'École forestière, à l'École d'enseignement spécial, etc., etc. Ils achèvent leurs études et sortent désormais affranchis d'examen, avec le diplôme qu'ils ont conquis. Ils n'ont plus rien à demander aux Facultés.

Dans ces écoles constituées en vue d'obtenir un résultat déterminé, on écarte tout ce qui est inutile : on se trouve ainsi dans la nécessité de séparer les divers enseignements relatifs à la botanique. A Paris, par exemple, il y a une chaire de botanique médicale à la Faculté de médecine, avec son jardin réservé aux étudiants en médecine ; à l'École supérieure de pharmacie, un autre cours distinct fait au point de vue restreint des drogues, avec un jardin réservé aux élèves en pharmacie; l'École normale qui forme des professeurs a ses divers cours avec son jardin.

**M. Baillon.** — Il y en a partout.

**M. Cornu.** — Le Museum, au contraire, où la botanique s'enseigne dans le sens le plus large, a cinq chaires très-générales et au Jardin botanique très étendu, des collections variées de plantes vivantes. Les établissements spéciaux, autrefois réservés en un seul, seront successivement séparés pour pouvoir satisfaire à des besoins précis et nécessités par leur rôle; c'est un bien pour l'enseignement.

**M. Baillon.** — Je me résume; il y a deux manières d'organiser l'enseignement, soit en le groupant par rapport aux différentes espèces de sciences enseignées, soit en vue du diplôme à obtenir : chez nous c'est cette dernière méthode qui a prévalu.

Pour le moment et pour notre pays il semble difficile de rien changer à cette ligne de conduite.

Je ne veux pas éterniser un débat de cette nature. Il exigerait un examen très approfondi de la question. Toutefois je citerai deux ou trois faits topiques à l'appui de mon opinion.

Je ne conteste pas le tassement de nos élèves. Est-ce que, dans un établissement tel que l'Institut botanique, il ne peut pas y avoir des types divers? Est-ce que la variété ne peut pas exister dans l'unité? Est-ce qu'il n'y a pas des avantages de toutes sortes à concentrer les forces et à diminuer les dépenses?

Je vais vous citer un exemple des inconvénients que présente le morcellement. Il y a des années où l'on n'enseigne pas à Paris la botanique phanérogamique, ou la physiologie, la cryptogamie, etc. J'ai besoin de ces parties de la science pour devenir botaniste, médecin, pharmacien, etc. L'enseignement supérieur compte à Paris six cours de botanique. Eh bien ! il y a des années — je défie qu'on conteste le fait — où telle partie de la botanique, la plus importante, comme celle de la physiologie végétale, ne sera pas enseignée dans tout Paris. Le cas se présente. Pourquoi? Parce que ces forces immenses, représentées par une demi-douzaine de professeurs, sans lien, sans entente, ne sont ni réglées ni équilibrées. Si les maîtres étaient réunis dans le même centre, ils pourraient s'entendre, avoir un programme commun, de façon qu'un tel traitât la physiologie végétale pendant un ou deux ans, tandis que tel autre s'occuperait d'autre chose. Les cours spéciaux existeraient toujours. Quel avantage ne trouverait-on pas à disposer de beaux et riches jardins, qui profiteraient à tout le monde, aux étudiants en pharmacie, en médecine, comme aux autres, au lieu de n'avoir que ces pauvres et misérables jardins multiples, mal tenus, qui existent dans certaines Facultés de province.

M. Planchon a dit que les élèves de Montpellier trouvent tout bénéfice à se promener à côté des jardins en attendant l'heure des classes. A ce compte, si on donnait le cours là où est le jardin, l'enseignement s'en trouverait encore mieux. C'est un idéal. Je soutiens qu'il n'y a rien de meilleur que les Instituts botaniques tels qu'ils existent en Allemagne et en d'autres pays, au double point de vue de l'économie dans les dépenses et du développement dans la science.

Si on pouvait avoir des doutes à ce sujet, ce qui vient d'être dit de l'Institut botanique de Liége suffirait certainement pour les lever.

**M. Planchon.** — Là on a taillé en plein drap, on a fondé de toutes pièces. Certes, il peut y avoir avantage à suivre ce système là où il n'y a qu'un professeur, mais dans beaucoup de villes universitaires existent des établissements considérables qu'on ne peut pas déplacer, qu'on ne peut pas fondre ensemble parce qu'on ne les transporte pas à la main et que des enseignements spéciaux y sont attachés. Il faut bien reconnaître la spécialité de l'enseignement. Les Facultés des sciences et les Lycées ne peuvent avoir le même enseignement que la médecine et la pharmacie.

En France, cette division des moyens matériels d'étude s'imposera longtemps encore. Créer une Université modèle, puis grouper tous les enseignements dans des palais spéciaux, c'est une œuvre que Paris pourrait réaliser. Mais je ne crois pas qu'il soit avantageux de faire vivre sous le même toit des professeurs d'enseignements différents. Il est bon, non pas d'isoler les élèves les uns des autres, mais d'améliorer les divers moyens d'instruction que possède une Université. Ainsi nos élèves en pharmacie vont dans le jardin commun aux Facultés de médecine et des sciences, mais dans ce jardin, une part est réservée à la botanique médicale; réciproquement les élèves en médecine peuvent aller au jardin de l'Ecole de pharmacie.

Il sera difficile, pour longtemps encore en France, de créer un Institut idéal comme celui que rève M. Baillon. Somme toute, la réunion des cours de botanique dans un même local n'est pas près de se faire : la question est à étudier peut-être, mais en se gardant de sacrifier la spécialité des divers enseignements.

**M. Cornu.** — M. Baillon vient de dire qu'il y a eu des années à Paris où la physiologie n'était pas enseignée. Il a ajouté que si les professeurs étaient groupés en un Institut, ils pourraient s'entendre pour prévenir un cas semblable(1). L'argument de M. Baillon, bien qu'il paraisse très-

---

(1) Il est bon de dire que l'époque dont parle M. Baillon est déjà ancienne. Sous l'Empire, on avait supprimé deux (sur quatre) des chaires consacrées à la botanique pure. Le professeur de la Faculté des sciences a toujours traité la physiologie une année sur deux; au Muséum elle a toujours été enseignée au moins partiellement; aujourd'hui nous avons cinq professeurs qui peuvent, chacun à leur point de vue, traiter la physiologie végétale suivant le titre et les ressources de leur chaire.

puissant, ne me semble pourtant que spécieux. En effet, pour qu'un cours puisse en compléter un autre, il faut qu'il fasse partie du même ensemble de cours, ainsi que cela a lieu dans des établissements où l'enseignement est donné en vue du même objet, ainsi que cela existe actuellement chez nous.

Il faut pour qu'un cours en complète un autre, que les différentes parties soient bien équivalentes et bien adaptées; or cela n'a pas lieu lorsque l'un des professeurs prépare les élèves en vue d'un examen, et un autre professeur en vue d'un autre examen.

Le professeur qui s'adresse aux futurs médecins puise dans le fond scientifique commun d'autres préceptes que celui qui s'adresse aux élèves agronomes. Il serait déraisonnable de prendre moitié du cours chez l'un, moitié du cours chez l'autre, à ces deux enseignements ne se correspondant pas : ils sont distincts; l'un des cours ne peut suppléer à l'autre.

Ajoutons en outre que plus l'enseignement est élevé, plus les questions sont approfondies et plus le nombre des leçons est considérable, la durée du cours, s'allonge : il faut plusieurs années pour traiter un sujet; celui qui désire le connaître à fond doit s'attacher au professeur et suivre la série entière de ses leçons, le développement intégral de son programme; dans ce cas, bien moins encore que dans le cas précédent, ce professeur ne pourra être remplacé par un autre.

De même que nous rencontrons, en histoire naturelle, la spécialisation des organes chez les êtres organisés, qui donne des résultats plus précis que dans l'industrie, la spécialisation des parties conduit à des améliorations incontestables; de même dans la science nous trouvons la spécialisation des enseignements qui permet de réunir d'une façon plus claire, plus exacte, de professer d'une manière plus abrégée, d'acquérir plus rapidement les connaissances exigées pour un but nettement défini sans perte de temps, sans tâtonnements.

Un groupement des chaires différent (plus économique peut-être) qui constituerait sans doute un progrès réel pour des centres moins importants qu'une capitale, serait probablement pour nous, à Paris, un pas en arrière.

**M. le Président.** — Cette question est si intéressante, si vaste, que je crains que nous ne finissions jamais de la discuter. On voit que beaucoup de chemins mènent à Rome. Il ne sera pas possible d'organiser partout l'enseignement de la botanique de la même manière. Mais je crois que nous serons unanimes à nous rallier au vœu émis par M. Magnus, savoir : que chaque Jardin botanique soit pourvu d'un laboratoire de recherches. (*Adhésion*).

Ce vœu est donc adopté.

**M. Ch. De Bosschere.** — Je crois que M. le Président oublie un des vœux proposés. M. Cornu demande qu'on dise en premier lieu qu'il y aura deux espèces de laboratoires; les uns de recherches et les autres d'enseignement.

$2^{me}$ vœu : « le laboratoire de recherches a le besoin le plus impérieux d'être établi au Jardin botanique. » M. Magnus propose de dire que chaque Jardin botanique sera pourvu d'un laboratoire de recherches.

**M. Baillon.** — Je vous prierai d'ajouter mon vœu personnel, qui est que chaque laboratoire soit accompagné, autant que possible, d'un Jardin ou d'une portion de Jardin. Il n'est pas certain que ce vœu se réalisera, bien qu'il soit désirable, selon moi, qu'on le mette à exécution.

**M. Planchon.** — Nous ne sommes pas opposés à ce vœu

**M. Baillon.** — Pourquoi y seriez-vous opposés? Quel inconvénient peut-il vous présenter ?

**M. Planchon.** — Au contraire. Formulé de cette façon le vœu a une autre apparence que celui par lequel on réclame les groupements dans un institut unique.

**M. Ch. De Bosschere.** — Est-ce que M. Baillon insiste pour que le Congrès émette le vœu qu'il y ait des Instituts botaniques dans les différents pays?

**M. Baillon.** — J'ai dit que, suivant moi, la multiplication de ces Instituts était désirable.

**M. E. Laurent.** — Est-ce qu'il existe réellement quelque part des laboratoires en dehors des Jardins botaniques?

**M. Lefèvre.** — Certainement.

**M. Baillon.** — A la Faculté des sciences de Paris il y a un laboratoire mais pas de Jardin.

**M. E. Laurent.** — Il est inutile d'adopter la rédaction de M. Baillon. Les laboratoires hors des Jardins botaniques constituent l'exception. Il est à souhaiter que l'on ne fasse jamais de laboratoire loin des Jardins botaniques. Ce sont les laboratoires qui complètent les Jardins botaniques et non ceux-ci qui complètent les laboratoires.

**M. Baillon.** — Nous sommes d'accord. Puisqu'on dit qu'il y a des laboratoires qui n'ont pas de Jardin botanique, il est naturel que nous demandions qu'il y ait des Jardins botaniques près des laboratoires.

**M. Magnus.** — Je veux que chaque Jardin botanique ait son laboratoire. Ce que je désire surtout c'est que chaque Jardin botanique ait son Institut où l'on puisse faire les recherches nécessaires à l'étude. Il est malheureux que dans certaines capitales, comme à Berlin, on ne puisse avoir un Jardin botanique pourvu d'un laboratoire, même d'enseignement,

**M. Laurent.** — Je soumets à la section la rédaction suivante :

Le Congrès émet le vœu :

« 1° Qu'il soit créé un laboratoire de recherches dans chaque Jardin
« botanique ;

« 2° Qu'il soit établi un laboratoire d'enseignement dans chaque
« Établissement où l'on enseigne la botanique, Universités, Écoles de
« médecine vétérinaire, d'agriculture et d'horticulture.

**M. Ch. De Bosschere.** — Il faut absolument que nous puissions nous
mettre d'accord. M. Laurent vient de nous donner lecture de sa proposition. Trois vœux nous sont ainsi soumis. Le 1er est celui de M. Cornu :
il faudrait deux espèces de laboratoires ; les uns de recherches et les
autres d'enseignement.

**M. Cornu.** — Le Congrès s'associe-t-il à cette distinction qui me paraît
fondamentale ? (*Adhésion*).

**M. Ch. De Bosschere.** — Ce vœu est donc adopté. Le Congrès souhaite
que chaque Jardin botanique soit pourvu d'un laboratoire de recherches.
C'est la rédaction de M. Magnus qui a été adoptée et qui est en somme la
même que celle que nous propose M. Laurent.

3e vœu : « le laboratoire de recherches a le besoin le plus impérieux
d'être établi au Jardin botanique. »

**M. Cornu.** — C'est le même vœu.

**M. Ch. De Bosschere.** — M. Baillon désire que chaque laboratoire
soit pourvu d'un jardin.

**M. Cornu.** Les laboratoires de quelque nature qu'ils soient.

**M. le Président.** — Nous pouvons adhérer à ce vœu.

**M. Laurent.** — On pourrait l'émettre à titre de remarque.

**M. Cornu.** — Il peut très bien être présenté de la sorte.

**M. Ch. De Bosschere.** — Vient enfin la proposition de M. Laurent.

**M. A. Gravis.** — Aux trois vœux qui viennent d'être formulés,
l'assemblée jugera peut-être convenable d'en ajouter un quatrième qui me
semble être le complément des précédents. En voici l'énoncé : « Lorsque
les circonstances le permettront, les laboratoires de recherches, les laboratoires de démonstration et le Jardin botanique, seront groupés en un
seul Institut. »

**M. Cornu.** — Je crois que dans certaines circonstances les Instituts sont
la meilleure forme de groupement des établissements de botanique. Mais
il y a des cas où ce groupement serait une gêne pour l'enseignement.

**M. Gravis.** — C'est pourquoi je dis : « Lorsque les circonstances le permettront..... »

**M. le Président.** — L'assemblée adopte-t-elle le vœu de M. Gravis ? (*Adhésion*).

**M. Cornu.** — Je demande à dire un dernier mot pour essayer de démontrer que, dans certains cas, le groupement de tout ce qui se rapporte à la botanique, par exemple, dans un seul Institut constituerait un recul sur ce qui existe. Je prendrai comme exemple la ville de Montpellier. Il y a dans cette ville une Faculté de sciences qui donne l'enseignement supérieur, un Lycée qui donne l'enseignement secondaire, je passe l'enseignement primaire, la Faculté de médecine qui donne un enseignement appliqué aux futurs médecins, l'École de pharmacie qui donne l'enseignement de la botanique approprié à la pharmacie, l'École d'agriculture qui fait également de la botanique et enfin, une Station agronomique.

Voilà six établissements dans lesquels la botanique se trouve représentée à des degrés divers et avec des buts différents. Il est impossible que les mêmes professeurs se chargent de tous ces cours. L'enseignement est distinct, il doit être donné à des endroits différents pour des élèves différents, aucun cours ne peut en remplacer un autre. Les élèves de 5° et de 6° ne reçoivent pas le même enseignement que les élèves de l'École d'agriculture malgré la similitude des programmes. Dans chacun de ces établissements il y a plusieurs cours. Si ces cours sont séparés, c'est qu'il y a utilité de les maintenir séparés ; en réalité ils le sont comme fond, ils le sont comme forme ; il le sont et doivent l'être comme conclusion, comme application, comme portée scientifique. Ce serait une lourde faute de grouper toutes ces personnes dans un même établissement. Ils n'auraient pour bien unique que cette chose virtuelle : le nom abstrait de la botanique. En réalité ils sont distincts sous tous les rapports ; ils sont différents comme but, comme aspirations, comme méthode d'enseignement, comme tendance. Ils se sont groupés de la façon la plus naturelle suivant l'intérêt précis des élèves, suivant l'ensemble des connaissances dont ils ont besoin. En réunissant tous ces cours dans un seul Institut botanique on grouperait des enseignements qui n'ont entr'eux qu'un lien absolument théorique. On sacrifierait une unité réelle en faveur d'une abstraction.

**M. Lefèvre.** — Je propose de mettre aux voix les propositions et les contre-propositions. On verra si le Congrès les adopte ou les rejette.

**M. le Président.** — La section les a déjà adoptées.

**M. Lefèvre.** — Elle ne s'est pas encore prononcée sur le 4° vœu qui émane de M. Gravis.

**M. Ch. De Bosschere.** — Il est bon de rappeler le texte de ce vœu « quand les circonstances le permettront, les laboratoires de recherches, les laboratoires de démonstration et les Jardins botaniques seront groupés dans un seul Institut. »

**M. Lefévre.** — Sous cette rédaction, nous adoptons le vœu.

**M. le Président.** — A propos de cette appellation d'Institut botanique, permettez-moi une observation. Ce terme peut donner lieu ici à des erreurs. En Allemagne, on entend par « Institut botanique » un Institut de l'Université où l'on apprend la botanique pure, non appliquée. Il y a d'autres installations pour l'enseignement technique ou appliqué. Dans le plus grand nombre de cas, ces Instituts botaniques ne sont même que des établissements où l'on enseigne l'anatomie, la physiologie et la morphologie. Il y en a d'autres qui enseignent la systématique. A Berlin, par exemple, il y a deux Instituts botaniques et une troisième installation où est enseignée la botanique systématique. Tout n'est pas accumulé dans un seul et même établissement.

La section se rallie-t-elle au vœu exprimé par M. Gravis? (*Adhésion*).

**M. Ch. De Bosschere.** — Il est entendu que cette après-midi les sections de botanique et d'horticulture se réuniront pour discuter les questions d'intérêt commun. Cette assemblée générale commencera à 3 heures. Elle aura lieu dans la salle du rez-de-chaussée, parce que M. le Dr Van Heurck a besoin de notre salle l'après-midi pour préparer la séance de micrographie de ce soir.

**M. Planchon.** Je demande qu'on soumette à l'assemblée générale la question des étiquettes. Il n'y a pas seulement ici une question matérielle en jeu. Je voudrais parler de l'étiquetage des plantes au point de vue de la valeur des noms (*Adhésion*).

— La séance est levée à 12 ¹/₂ heures.

# SECTIONS RÉUNIES.

## Séance du 4 août 1885.

Présidence de M. A. Fischer de Waldheim, professeur à l'Université impériale de Varsovie.

M. Ch. De Bosschere, secrétaire-général, remplit les fonctions de secrétaire.

**Sommaire :** *XII^me question du programme :* Quel est le meilleur système d'étiquetage pour jardins botaniques, pour parcs publics, pour jardins privés et pour serres ? par MM. Wittmack, Ponce, Wesmael, Palacky, Planchon, Niepraschk, Fischer de Waldheim, Krelage, E. Laurent, Cornu. *XIX^me question du programme :* De l'opportunité de la création dans les centres horticoles de Sociétés de prévoyance mutuelle et d'épargne en faveur des jardiniers et de leurs familles, par MM. Bernard, D. Laurent, Baltet. *XV^e question :* La culture des champignons utiles est-elle susceptible de s'étendre ? On demande un aperçu des espèces comestibles les plus communes et des espèces vénéneuses qui leur ressemblent le plus, par MM. J. E. Planchon, Baillon, Cornu, Magnus, Wittmack, Planchon fils, Ponce, Niepraschk, Wesmael, Fischer de Waldheim.

**M. le Secrétaire-général.** — Je crois être l'interprète de vos sentiments, Messieurs, en priant M. Fischer de Waldheim, de Varsovie, de bien vouloir prendre la présidence de la séance.

**M. Fischer de Waldheim.** — Avant d'accepter la présidence de la séance, je remercie bien sincèrement M. De Bosschere ainsi que les membres du Congrès. (*M. Fischer prend place au fauteuil présidentiel.*)

Messieurs, nous avons à décider laquelle des questions de notre programme sera portée à l'ordre du jour de la présente séance. Nous avons une réunion des deux sections de botanique et d'horticulture. Si je ne me trompe, nous étions d'accord hier pour entamer aujourd'hui la question des étiquettes et de décider : « *Quel est le meilleur système d'étiquetage pour jardins botaniques, pour parcs publics, pour jardins privés et pour serres.* » Nous étions également d'accord, je pense, pour aborder la discussion de la culture des Champignons, question énoncée comme suit au n° 15 des travaux de la section d'horticulture :

XV. La culture des champignons utiles est-elle susceptible de s'étendre? On demande un aperçu des espèces comestibles les plus communes et des espèces vénéneuses qui leur ressemblent le plus.

Si aucun des membres du Congrès n'a de modifications à proposer à ce programme, j'ouvrirai la discussion sur la question des étiquettes.

**Un membre.** — Je ferai remarquer que c'est M. Planchon qui a demandé que cette question fut portée à l'ordre du jour et qu'il n'a pu être présent au début de cette séance. Je proposerai donc de retarder cette discussion.

**M. le Président.** — Dans ce cas il ne nous reste qu'à aborder la seconde question. Mais je vois que M. Cornu, qui a bien voulu nous faire des communications importantes au sujet de la culture des champignons est également absent.

**M. Ponce.** — La section d'horticulture a traité cette question et dressé un aperçu des espèces comestibles les plus communes. Elle a trouvé que cette discussion appartenait plutôt à la section de botanique. Nous avons entendu dans cette séance des communications très intéressantes sur la culture des champignons en France.

**Un membre.** — Je crois qu'il vaudra mieux prendre d'abord la questions des étiquettes.

**M. le Président.** — Quelqu'un demande-t-il la parole sur cette question?

**M. Wittmack.** — Messieurs, j'ai publié un petit rapport sur cette question[1]. J'ai lu dans le premier fascicule un travail, par M. Hansen, sur la même question, ce qui m'a permis de constater que nous sommes tous les deux d'accord. Nous arrivons à peu près aux mêmes conclusions, c'est à dire, que les étiquettes en porcelaine sont les meilleures, les plus lisibles et les plus élégantes. Je me suis permis d'ajouter à cette conclusion l'avis qu'en cas de crainte d'une trop grande fragilité des étiquettes en porcelaine, c'est le fer émaillé qui devait être recommandé. J'ai fait

---

[1] Voir aux « *Rapports préliminaires* » les notices de MM. CARL HANSEN, p. 110-111, et du DR. L. WITTMACK, p. 361-363.

remarquer dans mon rapport qu'on serait peut être étonné que je n'aie pas fait mention des célèbres étiquettes de M. Crépin, au jardin botanique de Bruxelles, qui indiquent outre le nom, la patrie de la plante sur un planisphère. Mais elles sont en fer, peintes à l'huile, et cette couche de couleur est très peu résistante, c'est à dire qu'en 5 ou 6 ans elle tombe complètement et doit être renouvelée avec l'inscription. A part cet inconvénient, je n'ai rien à reprocher à ces étiquettes que je trouverais magnifiques si l'on pouvait arriver à les faire en porcelaine, puisqu'elles réuniraient ainsi le double avantage de l'élégance et de l'indication parfaite de la distribution des plantes sur le globe. Il est vrai qu'en l'absence d'un planisphère on pourrait avec fruit se servir des signes conventionnels de M. Eichler, tels qu'il les a réunis dans son syllabus. Un astérisque placé au dessus d'une petite ligne horizontale, par exemple, signifierait « hémisphère boréal », tandis que l'inverse signifierait « hémisphère austral »; placé à la gauche d'une *verticale*, l'astérisque renseignerait la plante comme appartenant au Nouveau Monde et réciproquement. C'est une indication qui se ferait d'une manière plus simple que sur un planisphère. Il est vrai que la patrie de la plante n'est pas indiquée avec toute l'exactitude voulue, mais on s'en fait une idée suffisante.

Je me suis peu étendu sur les étiquettes pour horticulteurs, parce que ceux-ci en ont de très convenables, en zinc, plusieurs maisons les fabriquent et on en est très satisfait.

Reste à examiner le mode d'attache des étiquettes. Qu'elles soient en porcelaine, en fer émaillé ou en zinc, il faut absolument condamner le fil de fer ou toute autre attache en fer, parce que la rouille détruit les étiquettes, même lorsqu'elles sont en porcelaine. C'est une faute qu'on ne commet que trop souvent. On prend des étiquettes très élégantes et l'on croit que tout est dit lorsqu'on les a fixées au moyen d'une vis ou d'un clou en fer. Je recommanderai pour les étiquettes en porcelaine une vis, un clou ou fil en zinc ou un en fer zingué. On objectera que des fils ou des vis en zinc n'existent pas, mais elles ont existé, si pas à Anvers, du moins ailleurs, on pourrait donc encore les fabriquer. Remarquons que le fer zingué ne suffit pas toujours, parce que, par l'usage, le fer perd cette couche protectrice.

Les tiges des étiquettes pourraient être en bois, mais sont alors insuffisamment durables. Il vaut mieux employer ici du fer zingué.

Voilà, Messieurs, les observations que m'ont été suggérées par la question à l'ordre du jour.

**M. le Président.** — Je remercie l'honorable M. Wittmack des intéressants développements dans lesquels il a bien voulu entrer.

**M. Ponce.** — A Paris j'emploie, avec la majorité de mes collègues, le zinc, et j'ajouterai que jusqu'à présent nous n'avons rien trouvé de meilleur : c'est-ce qu'il y a de plus convenable et de moins cher. La surface de ce métal reçoit très facilement les inscriptions nécessaires, elle permet même de les effacer et de les remplacer sans peine. On nous a offert des étiquettes émaillées, des étiquettes en caoutchouc même, et d'autres encore, mais elles coûtaient bien cher, c'est à dire que leur prix s'élevait à 3, 4, 5 1/2 francs, ce qui fait réfléchir. Le zinc est tellement bon marché que nous l'avons aujourd'hui adopté de préférence à toute autre matière.

**M. Wittmack.** — Je crois avoir dit aussi que les horticulteurs ont de bonnes étiquettes en zinc.

**M. Ponce.** — Oui. Et puis elles ne sont pas lourdes. Il suffit de les attacher avec un simple fil.

**M. Wittmack.** — Je dois faire remarquer à l'honorable préopinant, que la question à résoudre ne se borne pas à préconiser une étiquette pour horticulteurs, mais aussi pour Jardins botaniques, pour jardins publics et privés, et pour serres. Dans les établissements d'horticulture et les pépinières on est, ainsi que je l'ai constaté, habitué à des systèmes très-simples, la matière première étant le bois, le plomb ou le zinc. Mais quant à ce dernier je dois faire observer que les inscriptions qu'il reçoit si facilement, deviennent aussi promptement illisibles.

**M. Ponce.** — On les reécrit alors.

**M. Wittmack.** — C'est un inconvénient. Ainsi dans les serres à Orchidées les meilleures étiquettes en zinc ne sont plus lisibles après une année.

**M. Ponce.** — J'ai tenu à constater quelles étaient en général nos préférences en fait de système d'étiquettes. Or, nous admettons que celles en zinc sont les meilleures et le meilleur marché.

**M. Wesmael.** — L'honorable M. Wittmack a recommandé comme étant les meilleures, les étiquettes en porcelaine. Je dirai que j'ai été très grand partisan de ces étiquettes, mais que je les ai condamnées depuis l'hiver si rigoureux de l'année 1879-80, qui a tué et nos plantes et nos étiquettes en porcelaine. Je les avais employées pour l'étiquetage de mes arbres fruitiers. J'y avais peint les noms de mes variétés de pommes, de poires, je les avais passées au four; bref, elles paraissaient irréprochables. Mais par des températures de -19°,-20°,-21°, ces étiquettes se sont crevassées, fendillées, et ont même éclaté! Je les déclare excellentes, mais à la condition que nous n'éprouvions plus un hiver aussi rigoureux.

Les étiquettes sur faïence sont moins bonnes encore. J'en ai fait faire à Nimy. Par des températures de -7°,-8° elles se sont, comme les précédentes, fendillées et ont éclaté. Je crois donc qu'on peut recommander les étiquettes en porcelaine sans trop se fier à leur indestructibilité.

D'autre part, l'honorable préopinant a aussi loué les étiquettes de notre honorable ami M. Crépin. Ce sont, vraiment, des étiquettes modèles et elles ne sont pas aussi altérables qu'on pourrait le croire. Si tous les ans on les enduit d'une couche légère de vernis copal, elles résistent pendant 15 à 20 ans, et il faut avouer que c'est une bien petite besogne, qui peut être faite par les ouvriers au début de la saison printanière.

Autre chose. Vous avez condamné avec beaucoup de raison, l'emploi de clous en fer. Je vous dirai cependant que nous avons près de Mons une usine qui se charge de recouvrir d'une couche de zinc, la tôle, le fil de fer et les clous. Dans mon jardin j'ai des étiquettes fixées à des troncs d'arbres à l'aide de vis trempés dans un bain de zinc, constituant à peine une galvanisation et cependant, depuis 10 ans qu'elles sont placées, elles sont restées intactes. Ces clous coûtent bien meilleur marché que ceux qu'on pourrait fabriquer en zinc. Cette même usine produit également un fil de fer galvanisé à l'aide duquel nous dressons nos contre-espaliers. Ce fil, encore une fois, est bien meilleur marché que le fil de zinc. Le fil de fer convenablement galvanisé, est à l'abri des intempéries. Jamais je n'ai constaté une tache de rouille sur ce métal.

Je me résume, Messieurs, et je déclare encore que les étiquettes en porcelaine et en faïence ont de sérieux avantages, mais qu'elles ne résistent pas à une température exceptionnelle, que nous ne devons pas exclure de nos prévisions.

**M. le Président.** — Messieurs, la question qui nous est soumise est complexe. Nous n'avons pas qu'à traiter les étiquettes en général, mais bien dans leur application aux Jardins botaniques, parcs, jardins privés et serres. Ne serait-il pas utile de scinder ainsi la question ?

**M. Palacky.** — Je vous ferai remarquer, Messieurs, qu'il sera très difficile d'indiquer la distribution de la flore sur le globe, même à l'aide d'une étiquette planisphère qui n'a pas une certaine étendue. Ne vaudrait-il pas mieux accepter la distribution admise en zoologie et procéder par initiales conventionnelles. Il serait presqu'impossible de trouver des noms nouveaux; mais en réalité il n'y a pas de distribution nouvelle. On pourrait parfaitement réunir en un groupe d'initiales ces diverses indications: « Cosmopolite, tropical, arctique, antarctique, néarctique (?) palearctique (?), etc. Il ne faudrait qu'une nomenclature acceptée, qui serait très facile, deux initiales pouvant rendre facilement les deux syllabes principales du mot, comme N. A. pour nearctique (?) P. A. pour palearctique (?) et ainsi de suite. Ce serait plus intelligible que l'astérisque, et l'on ne s'exposerait pas à renseigner comme appartenant à *tout* un hémisphère, une plante qui ne croît que sur une partie de celui-ci. Une étiquette planisphère serait très belle.

Nous n'avons pas même un atlas qui indique complètement et en détail la distribution de la flore sur le globe. Mais en admettant qu'il existât, combien faudrait-il de soin pour figurer sur un planisphère une distribution quelconque ? Figurez-vous une serre avec 10,000 étiquettes. Il faudrait pour le travail des étiquettes des hommes spéciaux. Bref, l'étiquette planisphère est très belle en théorie, mais elle n'est pas pratique. L'indication par initiales, au contraire, est d'une grande simplicité : *Robinia* N. A. par exemple, serait une indication plus simple et aussi claire qu'une marque faite sur un planisphère.

**M. Planchon**. — Je veux rester dans le sujet mais en l'élargissant un peu. Je suppose qu'il me sera permis de parler, non pas de l'étiquetage au point de vue matériel, mais de faire quelques remarques sur la manière dont nos plantes sont nommées dans nos Jardins botaniques et dans les catalogues de graines qui répandent au loin les plantes de ces Jardins. Je ne fais de reproche à personne et j'en fais personnellement mon *mea culpa*; mais, sauf des exceptions, nos Jardins botaniques sont déplorablement étiquetés, et ce pour une raison bien simple. Pour les plantes vivaces, le professeur peut rectifier, mais pour les plantes annuelles la chose est plus difficile. Il nous arrive notamment des centaines de plantes, qui ne répondent pas exactement aux noms annoncés dans les catalogues. J'ai cherché, par exemple, il y a quatre ans, à me créer à Montpellier une collection de Rhubarbes. J'ai à cet effet, demandé des spécimens de graines à tous les Jardins botaniques du pays et j'ai reçu sous les noms les plus différents les mêmes espèces.

Il y aurait peut-être un moyen d'éviter ces erreurs. Elles proviennent des jardiniers qui récoltent les graines. Le professeur ne peut pas vérifier tous les ans les centaines d'espèces de graines récoltées. Ce même jardinier reçoit dans son jardin des centaines de plantes fausses qu'il met en place et que l'étudiant prend comme plantes exactes. Ce qu'il importerait donc de faire avant tout, c'est une révision complète de la nomenclature des plantes de nos jardins, ensuite de commencer par supprimer dans les catalogues une foule de vulgarités partout existantes sous des noms faux. Mais il y a plus. Dans les grands genres, les genres difficiles, on peut être sûr que la confusion règne partout. Je crois donc que chaque directeur de Jardin devrait s'attacher à faire récolter avec un soin particulier les graines intéressantes et spécialement les graines de sa région. Quand on aurait ensuite, en consultant le catalogue, demandé à chaque région les plantes qui y sont bien nommées, au bout d'un certain nombre d'années les étiquettes de nos Jardins botaniques seraient bien plus exactes. Je le répète encore, je ne fais de reproches à personne. Je m'en fais à moi-même et je me suis mis à l'œuvre. La première année je n'ai pu faire grand' chose, naturellement. J'ai conservé autant que possible les plantes dont je suis sûr et j'ai commencé par en rayer quelques autres de mon catalogue. C'est un début; je continuerai ainsi que je l'ai dit. Je crois que si nous prenons l'habitude de ne pas tenir comme graines, la plupart des vulgarités des Jardins botaniques, portant souvent des dénominations fausses, si nous cultivons, au contraire, les plantes propres à la région, dont nous sommes absolument sûrs, et que nous en demandions autant aux autres régions, nous rendrons un véritable service à la science.

**M. Wittmack**. — Je reviendrai un moment sur la partie matérielle de la question. Il est bien vrai que les étiquettes en porcelaine sont fragiles, mais j'ai recommandé aussi les étiquettes en fer émaillé.

Si les étiquettes en porcelaine ont éclaté pendant l'hiver de 1879-1880, comme le disait l'honorable M. Wesmael, ne serait-ce pas parce que les tiges en fer sur lesquelles elles étaient fixées se sont contractées? M. Hansen, dans son rapport, a recommandé de mettre une plaque de caoutchouc entre l'étiquette et le tuteur. C'est un bon remède pour égaliser les tensions; mais je crains qu'une plaque de caoutchouc serait aussi détruite par un hiver aussi rigoureux que celui qui nous occupe.

Quand au fil de fer zingué, je trouve que lorsqu'on l'emploie, la pellicule de zinc se détache. Pour cette raison il vaut mieux employer le fil de zinc pur.

**M. Wesmael**. — Pour les vis j'ai parlé d'expérience. Quand au fil, si par la torsion la couche de zinc tombe, c'est que l'opération de la galvanisation a été mal faite. Avec le fil de fer, galvanisé par l'usine que j'ai citée, cet inconvénient n'est pas à craindre et le fil peut être soumis sans danger à toutes les torsions. Quand à la destruction des étiquettes en porcelaine par le froid, elle n'est pas le résultat d'une contraction de la tige. C'est un véritable clivage qui s'est produit, et il est évident que le froid avait agi directement sur la porcelaine.

**M. Cornu**. — Cette question des étiquettes est très importante. Nous avons au Jardin des plantes de Paris un atelier spécial qui a eu jusqu'à trois hommes occupés toute l'année à la confection des étiquettes. Dans l'École de botanique et ses annexes, il n'y en a pas moins de 10,000 à surveiller. Les étiquettes en porcelaine ont ce grave défaut que lorsque les plantes annuelles ont disparu ou bien qu'un certain nombre de plantes vivaces perdent leurs feuilles, elles restent inutilisées devant une place vide, elles constituent un poids mort considérable et un volume très grand quand on est obligé de les remiser. Elles sont très lourdes. Par tas de 500 à 600 on les met les unes contre les autres, il en tombe un certain nombre et elles se brisent. Rien n'est plus fragile, même pendant la saison ordinaire. De là, la nécessité d'avoir en réserve un stock d'étiquettes pour remplacer celles qui sont détruites, ou bien de laisser les étiquettes à des places vides. Deux alternatives assez fâcheuses.

Une étiquette sans plante irrite le visiteur. D'autre part, s'il faut trop renouveler les étiquettes, la dépense devient exagérée. A Paris, au Muséum, il y a des étiquettes en fer, rivées sur une tige oblique. La plaque est peinte au minium puis à la peinture verte. A la surface on marque à la peinture noire les noms latins et la patrie de la plante. Ces étiquettes ainsi faites peuvent durer de 6 à 7 ans. On pourrait remplacer la plaque de fer par une plaque de zinc, le zinc étant enduit de peinture comme le fer et il y aurait une certaine économie d'exécution parce que le zinc se taille plus facilement que le fer. Avec une bonne paire de cisailles on coupe une plaque de zinc assez épaisse.

Ce système si commode n'a pas pu être maintenu parce que la couche de peinture se soulève en certains points. Il se produit une oxydation qui gagne de proche en proche sous la couche de peinture. Au bout d'un certain temps celle-ci se détache entièrement. Les couleurs différentes de la plaque indiquent les espèces médicinales, vénéneuses, industrielles, etc. Somme toute, tandis qu'avec les étiquettes en fer la peinture va en se noircissant de plus en plus, le zinc conserve peu sa couche de peinture.

A Paris de grands destructeurs de nos étiquettes ce sont les moineaux, qui sont très nombreux ; ils déposent sur leur surface un acide qui brûle la peinture et fait disparaître les caractères tracés.

En résumé, nous avons après divers essais, dû conserver l'ancien système employé depuis de très longues années.

Il y a une remarque à faire. Un grand avantage des étiquettes en fer c'est que lorsqu'elles sont vieilles et qu'on veut les remplacer, il suffit d'en râcler la surface ou de les passer au feu, pour obtenir une surface nette.

Il a été essayé, il y a quelques années, un étiquetage différent pour les plantes de serre, et principalement pour les plantes aquatiques. Les plantes de l'aquarium de notre serre chaude sont étiquetées d'une manière spéciale. La partie plane est souvent exposée à différents principes d'altération, beaucoup plus graves dans une serre chaude, qu'au dehors. M. Brongniart fait essayer une étiquette qui paraît être bonne. Elle consiste en une plaque de verre, à la partie postérieure de laquelle on a écrit avec de l'émail, le nom de la plante. Une couche d'émail coloré recouvre le tout. Ces étiquettes sont relativement voyantes, elles ne sont d'ailleurs pas soumises à des chocs, elles se trouvent suspendues au dessus de l'eau. Le nom se détache en transparence, de sorte que le visiteur lit avec une grande facilité.

Les étiquettes placées horizontalement sont moins visibles.

Ces étiquettes réunissent, je crois un certain nombre d'avantages, mais il n'en est pas de même lorsqu'elles sont employées pour des plantes de serre placées à une distance moins grande de l'observateur. Pour ces dernières il y a chez nous, des étiquettes métalliques, peintes, attachées aux branches. Inutile d'ajouter qu'avec ce système il faut éviter que le fil métallique ne comprime et n'étrangle la tige ou la branche qui tient l'étiquette.

Pour les arbres de pépinière, on doit avoir des étiquettes qui se lisent rapidement. Un constructeur de Clermont Ferrand, M. Girard-Col, a imaginé un système qui semble pratique et peu coûteux. C'est une étiquette en zinc mince. Ce constructeur, dis-je, fournit des étiquettes d'un bon marché extrême, en zinc très mince, mais que l'action d'une presse a renforcées en les dotant d'une petite gouttière qui les rend rigides. Elles se conservent très bien et durent trois ans. Elles noircissent, il est vrai, mais le nom se détache très bien sur le fond. Il suffit d'écrire au crayon. La surface a été rendue mate par un acide et le crayon agit parfaitement. S'il est d'une dureté convenable, les étiquettes sont infiniment plus solides que les étiquettes ordinaires, en bois, qui sont altérées en 6 mois.

Tout le monde connaît le système très commode de ces étiquettes en plomb sur lesquelles on imprime un numéro, et qu'on enroule autour d'une branche. Mais cet étiquetage ne peut être qu'un *numérotage*, il renvoie toujours à un catalogue. C'est un système excellent dans un jardin où l'on ne veut pas que le personnel puisse à loisir mélanger les plantes.

Mais il y a un autre système d'étiquettes dû à M. Forney, professeur d'arboriculture à Paris. Celles-ci consistent en de petites plaquettes de terre cuite. Elles sont solides, percées d'un trou, destiné au fil de fer à l'aide duquel on les accroche à la branche. On y inscrit le nom à l'aide d'un crayon à base de noir de fumée, analogue à nos crayons Conté. Ce système est presque aussi commode que le précédent et plus complet. Lorsque la poussière et le noir de fumée l'ont noircie, il suffit de la brosser. Le reproche que l'on fait à cette étiquette, c'est qu'elle se brise. Elle a des défauts et des avantages. Elle est aussi un peu lourde, dit-on, et peut, attachée à des sujets faibles, déterminer une certaine courbure; mais rien n'empêche d'employer pour des sujets faibles des étiquettes moins lourdes.

Quant à nous, pour les pépinières, nous employons les étiquettes de Girard-Col, en zinc, et pour l'École de botanique nous nous servons des étiquettes à tiges de fer, portant le nom sur une plaque de tôle.

**M. Niepraschk.** — J'ai également essayé plusieurs systèmes d'étiquettes, en porcelaine, zinc, fer et autres matières, mais j'ai toujours trouvé que les étiquettes en porcelaine sont assez fragiles.

Il y a plusieurs systèmes d'étiquettes excellents, mais la grande difficulté est souvent l'attachage à la plante et surtout aux arbres. Pour les grands arbres, je n'ai trouvé qu'un moyen, le plus expéditif, c'est d'y clouer la plaque. Pour les autres, j'emploie les étiquettes percées de deux trous, un en haut et un en bas, par lesquels je passe le fil de fer; parce qu'avec un seul fil le vent fait balloter la plaque et que, non pas l'étiquette mais le fil de fer finit par s'user. Il est très-désagréable que dans un bon jardin fruitier une étiquette manque et la présence de celle-ci est du reste parfois d'une grande importance. Il faut donc s'y servir d'étiquettes d'une légèreté assez grande pour qu'elle ne puisse plus agir sur le fil d'attache. Celles de M. Girard-Col à Clermont-Ferrand répondent très bien à ce desideratum.

Mais il y a une autre étiquette excellente au même titre, elle est inventée par MM. Radig et Kröhler, à Schweidnitz, et faite de carton pierre trempé dans une certaine huile. Cette étiquette est d'une légèreté extrême. L'inscription ainsi que la plaque sont très durables : enduites d'un vernis elles reçoivent l'écriture, puis une seconde couche. Le bord est en outre renforcé de zinc ou de fer blanc. Je viens de contrôler de ces étiquettes placées depuis deux ans en plein air, et l'écriture n'avait pas souffert.

Pour revenir un moment encore sur l'attachage, on a recommandé pour ce dernier le fil en caoutchouc; ce système est bon surtout pour les étiquettes légères.

**M. Planchon**. — J'ai très peu à ajouter à ce qui vient d'être dit, mais comme j'ignore ce qui s'est passé au commencement de la séance, je voulais poser quelques questions au sujet d'étiquettes dont j'ai fait l'expérience et au sujet d'autres qu'il y aurait intérêt à expérimenter. Je voudrais savoir si l'on a fait l'expérience des étiquettes sur zinc avec le chlorure de platine. C'est une encre qui se détache nettement et qui est d'un emploi très commode ; mais soit qu'on ait mal fait l'opération récemment au Jardin des plantes de Montpellier, soit défaut inhérent à l'encre, au bout de très peu de temps le zinc a produit de l'oxyde et l'écriture a faibli. De sorte qu'on n'a pas été satisfait. Je voulais donc demander si quelqu'un a observé les étiquettes sur zinc au chlorure de platine.

**M. Baillon**. — Je me suis servi de ces étiquettes. Le procédé auquel vous faites allusion est déplorable. Au bout de très peu de temps les étiquettes ainsi traitées sont altérées de façons très diverses.

**M. Wittmack**. — J'ai, dans mon rapport, cité les étiquettes de M. Girard-Col et de M. Brandes, à Hanovre. L'encre la plus résistante est le chlorure de platine, qui coûte cher du reste et j'ai fait remarquer aussi dans mon rapport que M. de Sʳ Paul Hilaire, à Fischbach, en Silésie, qui est grand amateur d'Orchidées, a employé le chlorure de platine, mais qu'il a enduit l'étiquette d'une couche de vernis copal.

**Un membre.** — Pour l'intérieur, oui.

**M. Planchon.** — Pour ce qui est des étiquettes dont on renouvelle à l'encre grasse l'inscription, dans les climats méridionaux, surtout, elles s'effacent très vite et doivent donc être refaites souvent. C'est un inconvénient d'autant plus grave que ce travail est souvent fait par des jardiniers, et que l'ouvrier même le plus intelligent commet facilement des erreurs. Or, vous savez que la moindre faute d'orthographe blesse non seulement les yeux mais la conscience du professeur.

Pour ma part, j'ai pensé pouvoir accepter des étiquettes de M. Girard-Col, de Clermont-Ferrand, qui sont sur plaque de zinc et imprimées en creux. M. Girard-Col fait mordre le zinc par un acide et, après l'impression en creux, il y passe du noir. Ces étiquettes sont très lisibles et durent très longtemps. La dépense est moins grande que pour les étiquettes en fer et elles ont l'avantage de ne pas nécessiter les renouvellements constants de l'écriture.

Il faut distinguer aussi entre les étiquettes de plantes vivaces et celles de plantes annuelles. Par suite de l'inexactitude de noms plus fréquente pour ces dernières, si l'étiquette est à écriture fixe, elle fera souvent sotte figure. Je me suis décidé, soit à mettre les plantes annuelles en observation avant de leur donner place dans la partie publique du jardin, soit à employer pour cette dernière catégorie des étiquettes mobiles sur lesquelles on écrit à l'encre grasse ou au crayon.

Une des causes pour lesquelles les étiquettes en bois sont inacceptables, même pour des plantes que l'on met temporairement dans un dépôt, se sont les escargots ou les guêpes qui en raclent souvent la surface écrite.

Je parlerai encore d'un essai qui, s'il était fait avec plus de connaissance de la technique, pourrait peut-être donner de bons résultats. C'est celui de l'étiquette sur verre avec un papier imprimé, que l'on applique sur le verso du verre en l'y collant à la gomme, après quoi l'on protège le tout par une couche de vernis copal. Ces étiquettes se renferment dans un petit cadre. Elles durent quelques années et sont magnifiques. — L'eau s'y est cependant introduite et elles ont été plus ou moins altérées, mais ce mal n'est pas grand. Ce qu'elles redoutent bien plus, c'est la gaminerie de certains élèves, qui les brisent souvent à coup de canne.

En somme, c'est un système auquel j'ai renoncé pour prendre les étiquettes gravées sur zinc de M. Girard-Col.

**M. Baillon.** — Voici ce que l'expérience m'a appris sur la question qui nous occupe, et je ne parlerai ici que des étiquettes appliquées aux Jardins botaniques. Je puis dire que j'ai essayé toutes les étiquettes possibles et souvent dépensé de l'argent en pure perte. On peut être satisfait pendant quelque temps des étiquettes en zinc, notamment de celles que fabrique la maison Girard-Col. Mais on rencontre des difficultés dans l'emploi des encres au chlorure de platine appliquées sur zinc. Il est difficile d'obtenir deux fois de suite des résultats identiques. Le succès paraît dépendre de l'épaisseur de l'encre ou de la quantité que la plume en dépose sur l'étiquette. Le sel n'est-il pas toujours également pur, également bien préparé? Je l'ignore. Mais placées en plein air, mes étiquettes se sont conservées un temps très inégal. Très souvent j'ai vu la surface écrite se soulever, s'épaissir, présentèr des efflorescences salines. Les lettres noires peuvent devenir grises, puis blanchâtres, disparaître ou devenir illisibles.

Je me suis bien mieux trouvé des étiquettes mises au commerce par la maison Girard-Col, mais qui sont d'un prix plus élevé. Elles sont imprimées en creux, comme il a été dit, et les dépressions de la plaque se remplissent d'une couleur noire, rouge ou autre. Au Muséum de Paris, ces étiquettes se sont mieux conservées lorsqu'aucun arbre ne les surplombait que quand elles ont été placées sous des feuillages. Ainsi, pendant quelques années, les Fougères de l'École de botanique étaient étiquetées avec ces modèles. L'année dernière, il a fallu les supprimer : aucune d'elles n'était demeurée lisible. J'attribue surtout ce mauvais résultat aux pluies qui tombaient d'arbres voisins (les Fougères sont plantées à l'ombre) et qui encroûtant la plaque, rendaient les mots tout à fait illisibles.

Je crois très bon le procédé, en apparence rudimentaire, employé à Kew et dans quelques jardins allemands. Un piquet de bois, fendu suivant son axe longitudinal, est enfoncé en terre. Sur la surface plane un peu blanchie et lissée, on écrit avec un simple crayon. Ces étiquettes se détruisent vite, sans doute; elles ne sont pas coûteuses; il est facile de les remplacer; chacun peut les refaire à la main. En général l'écriture au crayon bien noir est préférable à celle qu'on pratique avec des encres diverses.

J'avais essayé d'un procédé qui se rapproche de celui dont vient de parler M. Planchon. Peu importe qu'on fasse une dépense un peu élevée, si le système doit durer longtemps, il y a souvent encore économie. J'aurais voulu un cadre vitré et parfaitement étanche dans lequel on eût pu introduire un carré de carte ou de papier, chargé d'inscriptions en aussi grand nombre que possible. Mon idée était d'y placer, non un simple nom, mais une demi-page de détails, d'y introduire, par exemple, un feuillet de livre que l'étudiant lirait tout en ayant la plante sous les yeux. J'avais donc songé à enclore l'étiquette dans un cadre métallique, analogue, quoique moins luxueux, à ceux dans lesquels on place les photographies. J'ai fait fabriquer les cadres en zinc, avec un fond, de zinc également, qui se glissait à coulisse dans des rainures du cadre, avec l'étiquette appliquée sur la face antérieure. Eh bien! se conservant assez bien à l'abri d'un mur ou encore dans les serres où l'on ne bassine pas trop les plantes, de semblables étiquettes n'ont pu jusqu'ici demeurer étanches en plein air et sous l'action de pluies répétées. Ce n'est pas l'eau qui tombe et qui s'insinue dans le bord inférieur de l'étiquette, entre le métal et le verre, qui est le plus à craindre : c'est celle qui remonte par capillarité entre le verre et le bord supérieur du cadre métallique et qui finit par détremper et déliter complètement le papier écrit ou imprimé. Ce système sera bon quand on aura trouvé le moyen de fabriquer un cadre vitré complètement étanche.

Aujourd'hui, je suis arrivé à ce que je crois de meilleur: des étiquettes en métal fondu, belles, un peu chères, analogues à celles que M. Fischer de Waldheim a apportées ici. La preuve qu'elles sont très-bonnes, c'est que j'en connais qui servent depuis vingt ans et qui, si on les lave de temps en temps, tout en repeignant le fond (les lettres saillantes sont limées et brillantes), sont encore aussi bonnes que le premier jour. Un grand nombre de ces étiquettes sont employées pour l'indication du nom des rues, pour les plaques de voitures; on les rejeterait pour ces usages si elles ne duraient pas, si elles n'étaient pas économiques. La première mise de fond est seule un peu élevée ; on la regagne certainement. Je dois toutefois faire une restriction : ces étiquettes ne résistent pas aux chocs, aux coups secs frappés par les visiteurs des jardins, ni même, en hiver, aux brusques variations de température, si elles ne sont pas coulées en un alliage convenable. Il faut qu'elles soient fabriquées par un vendeur consciencieux car il y a des alliages, en général à plus bas prix, qui les rendent trop fragiles. Il faut choisir un alliage résistant; sinon l'étiquette se brise au niveau de la ligne qui joint les points d'attache de la plaque sur la tige-support. Il faut essayer les alliages; il ne faut pas chercher à réaliser des économies insignifiantes et mal comprises; il faut que les viroles d'attache soient soigneusement rivées.

**M. le Président.** — Je remercie les divers orateurs qui ont bien voulu nous éclairer et je me permettrai de présenter à mon tour à l'assemblée une très belle étiquette en métal coulé, celle que j'ai montrée à l'honorable M. Baillon. Ces étiquettes sont employées dans le jardin botanique de Varsovie, pour des plantes qui durent longtemps et dans une partie du jardin qui est visitée par des milliers de personnes. Outre les inscriptions de la famille, du genre, de l'espèce, de l'auteur et de la patrie, en latin, elles portent le nom des plantes en russe et en polonais. Ces étiquettes sont très durables, elle ne coûtent pas trop cher, deux francs chacune. Un coup de bâton, peut, il est vrai, les casser comme d'autres auxquelles il a été fait allusion; mais l'attachage obviera beaucoup à cet inconvient. L'inscription est en relief, de sorte que la peinture de celle-ci peut être facilement renouvelée. Ces étiquettes sont vraiment très pratiques pour des plantes durables, telles qu'arbres et arbustes.

**M. Witmack.** — J'ai recommandé aussi les étiquettes en fer émaillé, mais les étiquettes en porcelaine sont plus élégantes.

**M. Niepraschk.** — M. Bouché, inspecteur du Jardin botanique de Bonn, me prie de dire un mot des étiquettes en bois de saule. Depuis quatre ans qu'elles sont fichées en terre, elles se tiennent très bien, elles paraissent donc recommandables. Cette étiquette est peinte en blanc et ensuite la pointe est trempée dans du bitume, c'est ce qui lui donne la durabilité. On en est très satisfait.

**M. Krélage.** — Messieurs, comme je n'ai pas assisté au commencement de la séance, je dois faire appel à votre indulgence pour le cas où je répéterais l'une des considérations que l'assemblée a déjà fait valoir. Je traiterai la question des étiquettes non seulement au point de vue botanique mais aussi au point de vue horticole. Je désire aussi dire un mot de l'étiquette pratique telle que nous l'employons.

Mais d'abord permettez-moi quelques considérations générales. Pour les plantes de pleine terre la première règle de conduite devra toujours être : l'étiquette, l'accessoire; le registre, le principal. Et celui-ci doit être tenu de telle sorte que toutes les étiquettes fussent-elles perdues par malheur, un homme intelligent puisse, sans connaître les plantes, les désigner absolument toutes, par leurs noms, au printemps suivant, d'après les emplacements qu'elles occupent.

Il faudrait admettre comme règle d'administration l'existence d'un plan du jardin, tellement précis, qu'il ne puisse pas y avoir d'erreur lors d'un remplacement éventuel d'étiquettes. Ceci posé la question des étiquettes de pleine terre sera beaucoup simplifiée. On pourra enlever pendant la période d'hiver et emmagasiner toutes les étiquettes des plantes vivaces. C'est une précaution nécessaire dans les climats plus septentrionaux, comme celui de la Hollande, par exemple, où nous avons des pluies abondantes, un terrain partout extrêmement humide et de fortes gelées. On trouve aussi le temps de repeindre ces étiquettes, de les remettre à neuf s'il le faut, afin qu'elles soient prêtes au printemps suivant.

Pour les arbres nous employons des étiquettes en zinc. Je reviens sur ce sujet, parce que je me rappelle que dans ma jeunesse déjà, nous les employions pour les plantes de serres; nous avions un système très primitif alors, mais il est le meilleur; il n'est pas élégant, mais il procure des étiquettes très durables. Nous prenions une simple plaque de zinc, nous en raclions la partie supérieure pour la rendre rugueuse et

sur une couche de peinture blanche, fraîche, nous écrivions le nom de
la plante au crayon. Nous laissions bien sécher, puis nous recouvrions
le tout d'une couche de vernis. Fichées en terre, ces étiquettes duraient
énormément, il suffisait de les laver de temps à autre, et de les
enduire d'une nouvelle couche de vernis.

J'ai fait des milliers de ces étiquettes pour les plantes spécimens
ou plantes mères de nos collections. Aujourd'hui on ne fait plus
de collections aussi étendues, mais à cette époque là, pour ne pas
faire d'erreurs de vente, chaque plante dont des multiplications étaient
prises, était munie d'une étiquette en zinc. C'est un système très recommandable. Ces étiquettes peuvent se faire d'avance, pendant l'hiver.
Je rappellerai qu'on ne pouvait pas toujours les mettre dans les pots,
mais on les attachait alors, soit à la branche, soit au tuteur de la plante
et elles avaient alors une forme ovale avec un trou au sommet. L'attachage est une chose difficile à trouver. Le fil de zinc se coupe, le cuivre
n'est pas très convenable non plus, le fer galvanisé est meilleur je crois.

Dans le Jardin botanique d'Amsterdam on a introduit il y a quarante
ans des étiquettes en porcelaine portant l'empreinte des noms des plantes.
Ces étiquettes étaient très bonnes, on les appliquait sur une plaque de
bois. La difficulté était de les attacher et je ne me rappelle pas exactement quel était le système suivi. Toujours est-il que l'attache ne doit
pas être trop serrée, de sorte qu'il y ait toujours un peu de jeu.

Enfin, je veux citer encore une étiquette sur papier ou vélin employée
dans le temps au Jardin botanique de Leide. C'est une étiquette
enfermée dans un tube de verre hermétiquement clos. Quoique fragile,
cette étiquette est recommandable pour les plantes de serre, la rupture
du tube de verre n'entraînant pas la destruction de l'étiquette.

**M. Niepraschk.** — Ce système est excellent. Quant aux observations
de l'honorable M. Krélage sur la nécessité de dresser un plan exact
du jardin, elles sont très fondées. Je possède, quant à moi un plan de
notre parc qui renseigne même jusqu'aux arbrisseaux plantés isolément sur les pelouses, de sorte qu'à l'aide de ce plan chacun pourrait
retrouver les noms, occasionnellement perdus, des plantes et des arbres.
En ce qui concerne le mode d'attache des étiquettes, je fais comme
l'honorable M. Krélage vient de le recommander : j'ai fait élargir un
peu les trous des vis, de sorte que celles-ci ne sont plus si serrées.

**M. le Président.** — Quelqu'un demande-t-il encore la parole sur ce
sujet?

**M. E. Laurent.** — Je crois que les étiquettes en zinc, qui sont plus
simples, ont encore un avantage sur les étiquettes plus compliquées.
Quand on perd les plantes, les dernières étiquettes pourraient ne plus

servir. On pourrait parfois rester plusieurs années, sans retrouver certaines espèces et les étiquettes en zinc, au contraire, durent aussi très longtemps ; la plante étant perdue on peut enlever l'inscription et en faire une nouvelle étiquette. Le zinc est très bon marché avec cela, de sorte qu'en définitive les étiquettes en zinc sont les meilleures comme prix et comme longue durée.

**M. le Président.** — Il faut encore considérer plus ou moins l'étiquetage sous un autre point de vue. Pour des plantes vivaces, par exemple, qui peuvent durer très-longtemps, on tient à avoir, surtout dans les jardins publics, des étiquettes qui, en même temps qu'elles soient très durables, laissent une impression agréable au public et attire même son attention. C'est là le but à atteindre. Il faut que le public s'arrête avec plaisir et lise le nom de la plante.

**M. Laurent.** — A Vilvorde on a fait il y a 20 ans des étiquettes en zinc, très lisibles aujourd'hui. On arrive à de très-beaux résultats avec les étiquettes en relief.

**M. le Président.** — Je crois que nous pouvons considérer cette question comme épuisée et faire un résumé. Il est impossible de formuler des conclusions précises, séance tenante, en vue des différents vœux émis ; mais nous pouvons recommander quelques systèmes d'étiquettes dans l'ordre des mérites qui paraissent leur avoir été reconnus. Ce sont, me semble t-il, en premier lieu les étiquettes en zinc, puis celles en fer émaillé et celles en porcelaine, pour plantes de serre, par exemple, à condition que l'on emploie un système d'attache convenable, surtout pour les écoles de botanique. Enfin, pour les serres chaudes et les bassins des serres chaudes on peut recommander les plaques en verre décrites par M. Cornu.

On a recommandé le fer zingué. Il me paraît que le fil de fer galvanisé est celui auquel il faut donner la préférence. Voilà en quelques mots le résumé de ce que nous avons entendu.

**M. Cornu.** — N'est-il pas possible de joindre au résumé les recommandations si justes et excellentes de M. Krelage : que le système d'étiquetage doit être doublé dans tous les Jardins botaniques, pour la sécurité du professeur et dans l'intérêt de la tenue du jardin, d'un registre avec des indications topographiques, ou la collection de ce dernier soit notée place par place. J'ai fait la triste expérience de l'embarras qui peut susciter l'absence ou la privation de documents de ce genre. (*Adhésion.*)

**M. le Président.** — Messieurs, nos sections réunies sont encore appelées à traiter la question n° 19.

XIX. De l'opportunité de la création, dans les centres horticoles, de sociétés de prévoyance mutuelle et d'épargne en faveur des jardiniers et de leurs familles.

**M. le Secrétaire-général.** — Messieurs, il y a d'autres questions encore. Il y a une partie de la 3ᵉ question que la section de botanique a réservée à l'assemblée générale et que voici :

III. Quels sont, depuis le Congrès de Paris en 1878, les progrès réalisés en botanique dans les principaux pays du monde? Installations botaniques, musées, laboratoires, etc.

Ensuite la tarification des envois horticoles par chemin de fer.

La question relative à la culture des champignons.

XV. La culture des champignons utiles est-elle susceptible de s'étendre? On demande un aperçu des espèces comestibles les plus communes et des espèces vénéneuses qui leur ressemblent le plus.

Enfin la 19ᵉ question, relative aux sociétés de prévoyance mutuelle, devait être traitée dans les rapports préliminaires par un délégué du Gouvernement belge, M. Bernard. Comme l'honorable M. Bernard est présent à cette séance, je demanderai à l'assemblée s'il ne convient pas de l'écouter sur cette question, traitée parfaitement dans la section ce matin. (*Adhésion.*)

**M. Bernard.** — Je suis à la disposition de l'honorable assemblée. Mes devoirs m'ayant retenu ce matin, j'ai regretté de ne pouvoir assister à votre séance.

En traversant les galeries de l'Industrie de cette admirable Exposition universelle d'Anvers, j'ai été frappé par une sentence d'un économiste célèbre, M. Jules Simon. Dans son livre remarquable sur l'ouvrier, il nous disait : « Personne ne peut sauver l'ouvrier du paupérisme, si ce n'est l'ouvrier lui-même. » Cette vérité économique dont nous voyons les applications et les effets salutaires se multiplier autour de nous, doit nous engager, nous horticulteurs et amateurs d'horticulture, à l'appliquer à l'avenir de la population ouvrière qui s'occupe de notre science de prédilection. Si dans certains pays de l'Europe, les ouvriers jardiniers se sont associés contre les chances défavorables de maladies, d'accidents, il n'en a pas été de même en Belgique. Je regrette de ne pas voir à cette séance les délégués gantois; je les aurais engagés à porter leurs efforts vers la création de ces utiles associations qui viennent si efficacement en aide à l'ouvrier.

Vous connaissez le principe de la coopération. L'ouvrier épargne pendant les bons jours pour se créer un sort meilleur pendant l'adversité. La pensée est éminemment chrétienne, c'est la prévoyance fraternelle appliquée aux besoins ultérieurs de la vie.

Que de combinaisons heureuses nous voyons naître en France dans les opérations de ces associations, qui suivent chez nos voisins une marche ascendante. Elles accordent des indemnités en cas de maladie, indemnités parfois très élevées, — des médicaments à toute la famille selon les besoins, — une pension viagère à l'époque de la vieillesse à chacun des affiliés, — des funérailles dignes d'un travailleur.

En Allemagne aussi, ces associations appliquées aux besoins de l'ouvrier agricole, fonctionnent sous diverses formes. Vous connaissez tous ces belles institutions. En Belgique même, elles existent sur tous les points du territoire; mais il est regrettable qu'elles n'y aient pas été appliquées aux besoins de l'ouvrier agricole. C'est comme si ce dernier redoutait cette forme d'association, parfaitement légale cependant et protégée par la loi. Le gouvernement belge a accordé la personnification civile à une société qui, au moyen de cotisations de deux francs par trimestre et par tête de bétail assurait chacun des affiliés contre les risques de maladie et de mort du bétail. En Belgique la loi permet aux Sociétés de s'administrer librement. Le gouvernement n'est pas renseigné sur les Sociétés de cultivateurs établies dans le royaume.

Une cotisation minime de fr. 1,50 par mois, mise en commun, produit les résultats les plus fructueux. Pourquoi nos compagnons resteraient ils plus longtemps exclus des bienfaits de l'association que les autres catégories d'ouvriers ? D'après le rapport de la Commission permanente de secours mutuels, qui aide avec bienveillance les associations dans certaines circonstances et qui modifie au besoin leurs statuts, qui écarte enfin les obstacles contre lesquels, à l'origine, les Sociétés vont se buter, dans le rapport de cette Commission, dis-je, je vois qu'en 1882 il existait en Belgique 52693 mutuellistes, la moyenne était de 9,32 obligations par mille habitants. Le nombre des Sociétés libres, qui transmettaient leurs comptes au gouvernement était de 176, il en existait assurément un chiffre beaucoup plus considérable.

Je viens de vous dire qu'en Belgique la moyenne d'obligations par 1000 habitants était de 9,32 ; en Angleterre, cette moyenne est bien plus considérable : par groupe de 1000 habitants on trouve 156 mutuellistes. En France, cette proportion est de 22,97.

Dans ces divers pays, le capital réuni a atteint des chiffres considérables. Dès maintenant, en Belgique, les Sociétés mutuelles possèdent *in globo* un capital de 1,800,000 francs, ce qui fait pour chaque sociétaire, en moyenne, un capital de réserve de 45 francs. En France, cette moyenne est plus élevée encore ; elle est de 54 francs par mutuelliste.

Or, que fait, en présence de ces résultats lentement et sûrement acquis, un petit sacrifice de fr. 1,50 par mois ? Je vois ici M. Ponce, qui connaît le mécanisme de ces associations : il ne me contredira pas quand j'affirmerai que bien des fois cette obole a sauvé de la misère des familles ouvrières.

C'est donc avec la plus intime conviction de faire œuvre utile, que j'engage les membres du Congrès à agir de tout leur pouvoir, à exercer toute leur influence dans leurs centres respectifs pour amener les ouvriers de la branche agricole à profiter des bienfaits de l'association mutuelle, et pour leur faire comprendre qu'au moyen de l'épargne de quelques sous par semaine, ils peuvent s'en assurer tous les avantages. Le Congrès qui a bien voulu introduire cette question, rendra un nouveau service à la science, puisque pour avoir des ouvriers habiles nous devons les prémunir contre les chances défavorables résultant de maladie et d'accidents. Le Congrès aura fait œuvre humanitaire, puisqu'il aura fait entrevoir à l'ouvrier de la branche spéciale qui nous occupe, la possibilité de soulager sa vieillesse et ses infirmités.

**M. Laurent.** — Je crois devoir rendre hommage à la pensée si éloquemment développée par l'honorable M. Bernard ; j'ajouterai que l'Association des anciens élèves de l'école de Vilvorde a compris l'avantage de la mutualité. Notre Société n'existe que depuis un an seulement, mais confiants dans l'avenir, nous donnerons à notre œuvre toute l'extension possible.

**M. Baltet.** — Ce matin, dans la section d'horticulture où cette question a été traitée, nous avons appris que l'honorable M. Bernard devait la présenter ici ; je suis heureux de constater que ces deux délibérations se corroborent et se complètent mutuellement. Les orateurs, dans la séance de ce matin ont surtout insisté sur la modicité de la cotisation, les jardiniers n'étant pas exposés à des accidents aussi fréquents que les ouvriers des usines. Par cette modique cotisation on peut arriver à assurer des secours médicaux aux familles affiliées, des pensions de retraite aux titulaires. On a cité des associations de cultivateurs, telles que les « Jardiniers de la Seine », et autres, organisées dans se sens. Le vœu que nous venons d'émettre confirme celui que nous avons émis ce matin.

**M. le Président.** — J'ouvre maintenant la discussion sur la question des Champignons. — *On demande un aperçu des espèces comestibles les plus communes et des espèces vénéneuses qui leur ressemblent le plus* (1).

**M. Planchon.** — Cette question a été traitée avec beaucoup de soin dans l'un des rapports. Pour la région de Montpellier je pourrais faire un aperçu très-restreint ; je n'ai guère de renseignements à ajouter à l'exposé si complet de M. Muller. J'ajouterai cependant une recomman-

---

(1) Voir aux « Rapports préliminaires » le mémoire de M. C. ROUMEGUÈRE, p. 1-8.

dation. Je crois qu'une des choses les plus importantes relativement à ce travail d'énumération de champignons vénéneux, serait de faire dans tous les pays, dans chaque région restreinte une topographie très-exacte, de la distribution des champignons comestibles et des champignons vénéneux. C'est un point capital. Mon fils a fait un premier travail d'ébauche de ce genre. Il reprendra le même travail pour la région de Montpellier, parce que cela a une importance pratique.

Dans les Cévennes, par exemple, l'Oronge vraie (Agaricus aurantiacus) ne monte pas dans la région du Hêtre, tandis que l'Oronge fausse se tient généralement dans cette dernière région, tout en descendant parfois dans la zône de Châtaignier. Il faudrait que, dans un département, chaque canton eût sa carte de distribution des champignons bien établie et que cette carte, accompagnée de bonnes figures des champignons comestibles et vénéneux, fut affichée dans les écoles, les mairies, de manière à rendre familière, même aux enfants, la connaissance de ces espèces. C'est là un des côtés par lesquels la Cryptogamie pratique pourrait entrer utilement dans l'enseignement primaire et dans l'instruction générale du grand public.

**M. Baillon.** — Je désire que tout ce que je vais avoir l'honneur de vous dire, soit porté à l'actif de M. Boudier, zélé et savant mycologue de Montmorency, de qui je tiens la plupart des faits que j'aurai à jeter dans le débat. J'avais avec tant d'autres, déploré le vague qui règne généralement dans les ouvrages les plus sérieux, alors qu'il s'agit de la différenciation des champignons dangereux et des espèces non vénéneuses. Je voulais, dans un traité de Cryptogamie médicale pratique, faire connaître d'une façon spéciale, et non théoriquement ou d'une façon trop générale, les espèces utiles et les espèces nuisibles. Il m'était nécessaire de m'adresser à des spécialistes et, ainsi que je l'ai dit, M. Boudier a bien voulu m'aider des conseils de sa grande expérience. Grâce à lui, embarrassé que j'étais d'arriver à un mode de groupement pratique, j'ai compris qu'on pouvait s'arrêter aux données suivantes.

Parmi les espèces si nombreuses de champignons qui nous entourent, il y en a quelques-unes qui sont excellentes comme comestibles et auxquelles aucun reproche ne saurait être adressé par personne : c'est là une première catégorie.

Il y a aussi une catégorie de champignons qui, par contre, sont, aux yeux de tous, des espèces incontestablement vénéneuses, c'est à dire nuisibles. Leur nombre, dans notre flore, s'élève à une douzaine environ.

Dans une troisième catégorie, peuvent se ranger des champignons, en nombre vraiment considérable, qui sont souvent signalés par les divers auteurs comme suspects. On pourrait qualifier la plupart d'entre eux d'indifférents. Sans doute, ils ne sont pas vénéneux et leur ingestion n'est pas suivi de véritables symptômes d'empoisonnement. Leur usage, et surtout leur abus peut produire et produit souvent de véritables accidents d'indigestion; ils sont simplement indigestes, surtout quand on les consomme en trop grande quantité.

On peut, en même temps, établir que la catégorie dont nous avons ici parlé en deuxième lieu, celle des champignons véritablement vénéneux, est de beaucoup la moins nombreuse. Il est donc plus facile de faire connaître cette catégorie au public que tout autre série d'espèces utiles ou vénéneuses.

Partant de cette idée, M. Boudier a bien voulu figurer exactement, dans des aquarelles exécutées avec beaucoup de conscience et de talent, les espèces véritablement vénéneuses de nos environs. Il a pensé qu'on irait au plus pressé en faisant connaître, par des figures exactes, ces espèces dont on doit d'abord se garder. Mais la difficulté, d'une nature très-sérieuse, qui se produit alors, est la suivante. Il faut que ces aquarelles soient reproduites avec une absolue fidélité, afin que la reproduction puisse être à l'infini distribuée au public et mise à la portée de tous; exposée, par exemple, dans les écoles, les lieux publics des campagnes, etc. Des gravures en noir, telles que celles qu'on intercale dans tous les livres, sont absolument insuffisantes, parce que la couleur est indispensable à la distinction des bonnes et des mauvaises espèces. Si l'on se borne à donner dans le texte l'indication des couleurs, des teintes des diverses portions d'un champignon, mille hésitations arrêtent l'observateur dans la pratiqne. D'ailleurs, les couleurs employées généralement dans l'industrie et les arts, sont loin d'être inaltérables; elles changent et s'effacent par le temps. On ne peut guère remédier à cet inconvénient qui fait que le plus habile est exposé à hésiter entre deux espèces voisines, l'une bonne et l'autre pernicieuse. Il est, en effet, certain qu'en dehors de la nuance exacte, la plupart des autres caractères sont souvent identiques dans deux espèces douées de qualités absolument opposées. L'observation de tous les ouvrages coloriés publiés depuis un siècle démontre assez que les teintes appliquées par les ouvriers coloristes, sont défectueuses ou le deviennent après une certaine période.

Il n'y a donc qu'une chose à faire : essayer de faire représenter par la chromolithographie toutes les espèces vénéneuses de champignons, avec toute l'exactitude désirable et en se mettant autant que possible à l'abri des changements de teinte que produit l'altération des couleurs employées. Si l'on pouvait arriver à réunir, dans des tableaux populaires, à bas prix, et qui s'afficheraient partout, dans les villes et les campagnes, les chromolithographies des espèces vénéneuses auxquelles il vient d'être fait allusion, je crois qu'on aurait rendu un grand service à l'éducation populaire et je ne vois pas d'autre moyen, de sortir à peu de frais de la difficulté sur laquelle est appelée notre attention.

**M. Cornu.** Le nombre des champignous réellement vénéneux est relativement restreint. M. le D^r Quélet, d'Hérimoncourt, près Montbéliard (Doubs), l'un des hommes les plus versés dans la connaissance des champignons hymenomycètes en a fait la révision ; il en réduit la liste à une trentaine si j'ai bonne mémoire.

Dans ce nombre, on ne doit pas compter les variétés lourdes, indigestes, et surtout les spécimens trop vieux des, espèces comestibles : les accidents produits par cette dernière catégorie de champignons ne rentrent pas dans ce qu'on appelle rigoureusement des empoisonnements.

Il est remarquable que les accidents graves, suivis de mort, sont presque toujours dûs, au moins dans nos régions, à un petit nombre d'espèces ; ces espèces sont confondues avec d'autres espèces comestibles. Suivant les points de la France, c'est tantôt l'une, tantôt l'autre. M. le D^r Em. Planchon a spécialement étudié ce sujet dans sa thèse de doctorat, il peut en parler avec autorité. Cette question a déjà été traitée et le sera spécialement dans les actes du Congrès.

Ainsi, dans le climat moyen, on croit reconnaître le champignon de couches (*Agaricus [Psalliota] campestris*) dans les Oronges vénéneuses [*Ag.* (*Amanita*) *phalloides*, Oronge ciguë ; *Ag.* (*Amanita*) *mappa*] qui ont de même un anneau et des lames plus au moins semblables mais blanches.

Dans le midi de la France on confond la même espèce avec l'*Ag.* (*Volvaria*) *glaucocephala* qui n'a pas d'anneau, mais qui à des lames *roses*.

On peut confondre la fausse Oronge *Ag.* (*Amanila*) *muscarius*, avec la vraie (*Ag.* (*Amanita*) *caesareus*) qui a des lames *jaunes* et non blanches.

Une pareille erreur surprend ceux qui ont la moindre habitude de l'observation ; mais il est constant que certaines personnes apportent la plus extrême légèreté dans la récolte des champignons. En voici un exemple :

Un empoisonnement se produisit à la suite d'un repas de champignons, il y a quelques années, dans le département du Doubs, sur la frontière Suisse ; des Italiens qui travaillaient à l'établissement d'une route en qualité de terrassiers, moururent au nombre de sept à huit : ils avaient ramassé dans les bois des champignons ; ils les avaient fait cuire, prétendant les reconnaître facilement comme identiques à ceux qu'ils avaient l'habitude de manger dans leur pays ; interrogés ensuite sur les caractères qui leur avaient permis de reconnaître ces champignons, ils répondaient au médecin qu'ils avaient vu des champignons *rouges* et qu'ils les avaient reconnus *à leur couleur*. On sait qu'elle correspond à nombre d'espèces de cette couleur, des comestibles et des vénéneuses.

Très souvent, on voit des promeneurs, attirés par la belle forme, l'abondance, le coloris des champignons, les ramasser : on les rapporte à la maison, on essaie de voir s'ils sont bons ou mauvais. Une cuiller d'argent, une pièce de monnaie, noircissent dit la croyance populaire, quand on les laisse séjourner dans la casserole qui sert à la cuisson de champignons vénéneux ; si la cuiller ne noircit pas on peut, dit-on, les consommer sans danger. *C'est cette erreur qui est la cause des accidents* si fréquents chaque année, erreur qu'on ne parvient pas à déraciner.

Cependant, dans beaucoup de cas, il serait possible d'éviter de fatales méprises en appliquant aux champignons les ressources que nous donnent nos sens ; un goût styptique, une odeur vireuse, désagréable nauséeuse, se rencontrent dans un très grand nombre d'espèces vénéneuses; mais, qui songe à employer ce moyen si simple de vérification ?

Il est à remarquer que les animaux qui paissent dans les prés, et quelquefois dans les bois, ne s'empoisonnent jamais avec des champignons, quoiqu'ils en mangent assez souvent : les vaches notamment font usage de l'odorat et du goût; les caractères puisés à cette source permettraient d'éviter bien des confusions. M. le D<sup>r</sup> Quélet en a fait un très large usage et on en tire, même au point de vue de la classification, des résultats excellents ; il est absolument nécessaire de *goûter* les espèces du genre *Russula* pour pouvoir les reconnaître à coup sûr. — Il suffit de très faibles quantités pour se rendre compte du goût; dans tous les cas il faut se garder d'avaler les doses, même très faibles, de la substance soumise à la mastication.

Une bonne et franche odeur, agréable, sont d'un bon augure pour l'espèce qui la présente [1] et on pourrait presque tenter d'en manger.

## II. — Utilisation des champignons développés dans la nature.

Il se produit tous les ans, à l'époque de la saison des pluies, un nombre considérable de champignons; beaucoup d'entre eux seraient utilisables

---

(1) Au cours de riches excursions mycologiques dans les hautes forêts du Jura, nous avons fait plusieurs tentives de ce genre, mon ami M. le D<sup>r</sup> Quélet et moi, soit sur des espèces indiquées comme comestibles (*Polyporus ovinus*) soit sur d'autres moins connues (*Craterellus clavatus*); c'est par cette méthode que j'ai reconnu de même emploi le *Boletus granulatus* et le *B. luteus* dont le premier est mentionné comme excellent.

M. le D<sup>r</sup> Quélet a fait un grand nombre de ces essais *qui n'ont pas été tous couronnés de succès*, comme il le raconte lui-même dans la flore du Jura et des Voges. Cette méthode d'expérimentation ne doit être conseillée à personne. (*Note ajoutée pendant l'impression*).

dans l'alimentation, notamment des classes pauvres qui sont le plus souvent privées de viande. L'utilisation de cette matière nutritive et douée parfois d'une saveur délicate, est très désirable; malheureusement la multiplicité des formes qui apparaissent alors et la confusion facile avec des espèces dangereuses, rendent cette utilisation très difficile.

Dans la région méditerranéenne en France, la sécheresse du sol et la chaleur rendent assez rares les herbes potagères sauvages; les paysans se jettent avec avidité sur des champignons qu'on néglige absolument dans le nord. Le *Lactarius deliciosus*, l'*Ag. (Amanita) vuginatus*; ils se rabattent même sur des espèces très médiocres l'*Ag. (Armillaria) melleus* et ses variétés. Ces diverses espèces se vendent couramment sur les marchés.

Aux environs de Paris et dans le Nord de la France, on ne poursuit guère la cueillette des champignons que d'une manière locale; en dehors des communes, le choix des espèces est très variable. Sur les bords de la Loire on recherche *l'oreille* (*Ag.* [*Pleurotus*] *Eryngii*); près de Fontainebleau, *le charbonnier* (*Russula cyanoxantha*); près de Montmorency, *le champignon Polonais* (*Lactarius deliciosus*); près de Nantes *la langue de carpe* (*Ag. prunulus*); l'Oronge n'existe qu'à l'état d'extrême rareté; le Cèpe (*Boletus edulis*) n'est pas connu ou n'est pas recherché.

Auprès de Bordeaux au contraire, l'Oronge et le Cèpe sont très activement surveillés et recueillis dans les bois, et ils y ont une juste célébrité.

Pour engager les paysans à profiter de cette matière nutritive, largement produite par la nature et si malheureusement perdue sans aucun profit pour les classes pauvres, que faudrait-il faire ?

Il faudrait leur faire connaître certaines variétés véritablement utilisables et saines, et parfaitement faciles à distinguer.

Il y en a d'abord quelques unes connues partout et presque partout recueillies au moins çà et là. Ce sont les Chanterelles (*Cantharellus cibarius*), l'Hydre sinué ou pied de veau (*Hydnum repandum*); ces espèces se vendent à Paris, depuis quelques années, à raison de 30 à 40 centimes le kilogramme; chez les épiciers et les marchands de comestibles on en voit de grandes quantités.

Mais il y en a d'autres beaucoup plus abondantes et que personne ne recueille malgré leurs qualités précieuses. Ce sont notamment deux Bolets qui viennent en grande abondance dans le voisinage des pins *Boletus luteus* (*B. annularius* Bull.) et le Bolet granulé (*Boletus granulatus* Rostk.).

On peut y joindre le Lactaire délicieux (*Lactarius deliciosus*) à lait rouge devenant vert; et l'*Ag. (Pleurotus) ostreatus*.

Il faut, pour cela, être guidé dans la récolte par une personne *parfaite-*

*ment au courant* des espèces qu'elle indique et procéder successivement avec prudence; goûter avec elle l'espèce indiquée, préparée isolément, sans mélange avec une autre. Un seul champignon douteux ou vénéneux peut faire sentir son influence sur un ensemble considérable d'autres parfaitement inoffensifs.

On peut, pour les premiers essais, employer des animaux, sur lesquels on jugera des effets produits.

Il ne faudra jamais faire cuire les champignons sans les examiner *tous* individuellement, éliminer les douteux, rejeter ceux qui sont trop âgés.

Il est prudent, en général, de ne recueillir qu'une seule espèce à la fois afin d'éviter les confusions.

Il est indispensable de ne mettre dans le panier de la récolte que les spécimens choisis par celui qui connaît véritablement l'espèce dont il s'agit.

Il est bon d'éviter d'admettre dans l'opération de la cueillette des enfants trop jeunes ou des personnes trop peu expérimentées.

Tout cela paraît sans doute un surcroît trop grand de précautions, mais on n'en saurait trop prendre.

Le persil, si généralement employé dans nos campagnes dans tous les aliments, n'est pas utilisé sans un examen très minutieux, dans la crainte de le voir confondu avec la ciguë (*Conium maculatum*) qui cependant cause de temps en temps encore des acccidents.

### III. — Culture des champignons.

L'extension de la culture des champignons appliquée uniquement au champignon de couche (*Ag. (Psalliota) campestris*) est un sujet qui a été souvent proposé aux études des botanistes.

On pourrait peut-être faire quelques pas de plus dans cette voie. En Chine et au Japon, la culture de certaines espèces sur des troncs d'arbres se fait régulièrement, paraît-il. Chez nous on observe souvent des poussées successives de l'*Ag. (Pleurotus ostreatus)* sur les vieux troncs d'arbres, j'en ai observé des exemples; la grande valeur du bois, chez nous, est un obstacle au développement de cette culture; mais il est possible de trouver un substratum moins cher (je l'ai vu vivre sur des amas de copeaux et de sciure de bois) ou une espèce poussant sur une substance moins coûteuse.

La Morelle comestible se vend, à Paris, un prix élevé, sur le pied de 12 francs le kilogramme, elle est rare et très estimée. Or, on l'a, en plusieurs endroits, recueillie sur des débris de tubercules de Topinambours; M. E. Roze, un de mes amis, a fait une enquête spécialement dirigée sur cette question et on en trouvera les résultats consignés dans la Revue Mycologique de M. Roumeguère, à la date de trois ou quatre années.

Des essais directs pourraient être faits : je sais qu'il y en a d'entrepris depuis plusieurs années.

Malgré tout, le champignon de couche possède des qualités très précieuses. Le mycélium se transporte aisément; il demande un temps très court pour arriver à produire des fructifications. Dans la nature certaines espèces, sinon toutes, demandent sûrement plusieurs années.

Il est d'ailleurs l'un des meilleurs que l'on connaisse : l'un des plus fins comme goût et des plus parfumés. Il n'exige, en outre, qu'un substratum très facile à obtenir, le fumier de cheval qui est commun dans les grandes villes.

C'est la question du substratum qui est la plus grave ; pour pouvoir cultiver avec succès une espèce déterminée, il faudrait savoir ce qu'elle exige et, dans bien des cas, la complexité des éléments sur lesquels le mycélium rampe, fait qu'on est dans l'incertitude des conditions réellement nécessaires.

Le champignon de couche a encore une autre qualité précieuse, c'est de fructifier régulièrement et *en toute saison* : c'est une espèce *remontante*. L'Oronge, le Cèpe, le Mousseron vrai, la Morille, n'ont qu'une saison, l'automne pour les uns le printemps pour les autres, époques en dehors desquelles on les chercherait vainement. L'*Ag. campestris* se développe toute l'année, quand l'eau et la chaleur lui sont départies avec la mesure convenable; la succession des fructifications est régulière et constante pendant plusieurs mois.

La culture sur des substratum artificiels, très différents de ceux que les champignons rencontrent dans la nature, a été essayée par divers botanistes notamment par M. le prof. de Bary et M. le prof. Brefeld; on peut en particulier citer le développement de l'*Agaricus melleus* obtenu par ce dernier, non plus sur le tronc des arbres vivants, à demi morts ou morts, mais sur du jus de pruneau. Des résultats de cette nature montrent le chemin qu'on pourrait faire dans cette voie, de la recherche des substratum artificiels pour la question spéciale qui nous occupe.

**M. Magnus.** — La statistique nous apprend que la plupart des empoisonnements sont produits par des champignons qu'on récolte comme appartenant aux espèces comestibles les plus communes. En Allemagne, c'est l'*Helvella esculenta* qui produit le plus grand nombre d'accidents. Deux professeurs de pathologie, M. E. Bostroem, d'Erlangen, et M. Ronfich, de Breslau, ont, après de patientes recherches, découvert la nature du principe vénéneux des *Helvella* frais, et indiqué un moyen simple de les rendre inoffensifs. Le principe vénéneux est extrait de ces plantes par la décoction, et en donnant à boire, par exemple, à des grenouilles, l'eau provenant de cette décoction, elles meurent avec tous les signes d'un empoisonnement. On a fait aussi cette expérience sur des chiens et d'autres animaux. Dans tous les cas cette décoction préalable pour des champignons dont on n'est pas sûr est absolument nécessaire. Dans l'espèce Helvella, comme je viens de vous le dire, elle débarrasse la plante de ses principes nuisibles et la rend parfaitement comestible. Par contre, il faut ajouter que des familles entières qui récoltent ces espèces dans les bois de Bohême, pour en prendre tous les jours à leur dîner, ont payé de la vie un manque de précautions en les préparant.

M. Bostroem et M. Ronfich, ont démontré que l'empoisonnement par les *Helvelles* peut être reconnu aux troubles qu'il provoque dans l'organisation du sang. Leur poison produit notamment un effet spécial sur les globules rouges du sang.

J'ai dit que la décoction annihile le principe vénéneux. J'ajouterai qu'à l'état sec de la plante, ce principe n'existe pas non plus. Il est évaporé ou décomposé.

Un autre champignon qui produit parfois des empoisonnements dans notre pays, mais qui semble n'agir que sur certaines constitutions c'est la *truffe superficielle* (?) (Scleroderma). Il est défendu, à Berlin, de vendre ces champignons, et il existe même une prescription de police très sévère à cet égard. Dans les pays, du reste, où les champignons sont un article de consommation importante, les règlements de police y relatifs doivent être très sérieux. A Rome, par exemple, j'ai appris à connaître, il y a une dizaine d'années, une institution de surveillance de ce genre, très remarquable : la police chargeait notamment M. le docteur Lanzi d'examiner toutes les espèces de champignons apportées sur le marché, pour confisquer les espèces nuisibles. A Genève cela se pratique aussi.

**M. Wittmack.** — Les *Helvelles*, dont parle l'honorable M. Magnus sont des *Morilles*, si je ne me trompe.

Quant à moi, je m'étais proposé d'appeler l'attention de Messieurs les horticulteurs et les botanistes, sur la culture artificielle de ces champignons, qu'aujourd'hui nous cherchons dans les vallées et les champs. C'est une culture très-importante, que nous sommes très loin d'avoir pratiquement résolue. Depuis 50 ans on m'a dit qu'elle était possible mais, chose curieuse, les essais sérieux qui ont été tentés sont bien rares. Il me semble que pour arriver à un résultat il faudrait la coopération des horticulteurs et des botanistes, et je m'adresse spécialement, à ceux de nos collègues qui s'occupent des cryptogames, pour les engager à chercher un mode de culture qui soit praticable en grand. N'est-il pas regrettable qu'un grand nombre de champignons pour lesquels nous sommes tributaires de la prodigalité plus ou moins grande de la nature, ne soient pas cultivés? A Dresde, on a fait des essais dans ce sens, il y a quelques années. On y a cultivé des champignons par semis des spores et on a obtenu certains résultats. A Hambourg, cette culture a été recommandée également; mais, faute de résultats suffisants, on l'a abandonnée. D'autres industriels ont obtenu des résultats sérieux par la culture en grand ce sont : MM. Pelin et les frères Burchard. Ces derniers ont loué à cet effet les grandes halles de l'ancien abattoir, qui convenait très bien pour l'exécution de leur projet. Ils disposent ainsi de 2500 m. carrés de couches. Trois fois par an ils font le tour de cette couche, chaque semis devant avoir quatre mois pour se développer. Ces couches rapportent 3 kilos par mètre carré.

**M. Planchon fils.** — Le champignon de couche se cultive spécialement sur de petites planches.

Parmi les champignons très-vénéneux, je dois citer l'*Agaricus pantherinus,* qui contient, d'après ce que j'ai pu observer sur des animaux, un poison plus violent que la fausse Oronge elle-même. Je tiens beaucoup à signaler cette espèce dangereuse. L'empoisonnement qu'elle occasionne présente les mêmes symptômes que celui que produit la fausse Oronge, et les deux champignons doivent contenir le même alcaloïde. L'Agaricus pantherinus le contient, je crois, en plus forte proportion et c'est celui qu'on doit surtout éviter car il ressemble assez à certaines bonnes espèces (*Ag. vaginatus* p. ex.).

On vient de citer aussi les *Volvaria* comme étant vénéneux et je ne le contesterai pas absolument, mais j'en doute. Je citerai l'exemple d'une personne très recommandable, membre de la société d'horticulture de Montpellier, qui mange parfaitement et ordinairement, l'*Agaricus glojocephalus.* Il m'en a montré un plat tout préparé. Ceci n'empêche que ce champignon passe pour un des plus toxiques. Les expériences que j'ai faites personnellement ont eu un effet négatif. Dans certains cas, il peut toutefois avoir occasionné des accidents.

Je citerai deux autres champignons comestibles, très répandus et qui pourraient être plus utilisés. L'un qui a un goût délicat est l'*Amanita vaginata.* Il est appelé *grisette* à cause de sa couleur grise.

Un autre qui est moins délicat, mais important à cause de sa fécondité, c'est l'*Agaricus ovoideus.* Lorsqu'il sort, il en pousse en général plusieurs à la fois. J'en ai trouvé des touffes de 12 à 15. Ils sont parfaitement sains et comestibles et une simple touffe suffit pour nourrir une famille.

Le *Lactaire délicieux* qui vient d'être signalé est excellent. Il était peu consommé il y quelques années; c'est un champignon qui, en général, n'attire pas les clients. Le *Boletus granulatus* est bon aussi; comme on l'a constaté il est laissé de côté par bien des consommateurs. Il ne mérite pas ce dédain.

Je voudrais répondre quelques mots à ce qui à été dit relativement au goût des champignons. L'honorable M. Cornu a défendu cette thèse que le goût est le meilleur caractère, la pierre de touche la plus sûre des champignons. Il faut s'en méfier cependant comme de tous les autres caractères. Le goût de l'*Amanita bulbosa*, par exemple, n'est pas assez accentué et certaines gens ne se laisseraient pas arrêter par lui. On a parlé tantôt du champignon couleur de miel qui n'est mangé que lorsqu'on a rejeté la première et la deuxième eau. Le goût, avant cette opération, n'était donc pas un caractère péremptoire pour le faire rejeter. Je rappellerai aussi que dans certains pays on mange des Lactaires *Lactarius piperatus* d'un goût poivré ; le goût n'empêche pas que le cryptogame soit comestible. J'en conclus qu'il faut rejeter tout caractère superficiel de goût ou de couleur.

**M. Baillon.** — Ce que je vais dire montre combien on aurait tort de tenir absolument compte, en fait des champignons vénéneux, de ce que l'on appelle « la tradition ».

La Grisette, dont il vient d'être question, a une mauvaise, parfois même une très mauvaise réputation, qu'elle doit sans doute à sa couleur. C'est cependant une espèce comestible.

L'*Agaricus piperatus*, dont il a aussi été parlé, a, quand il est cru, une détestable saveur, qui le fait rejeter par bien des personnes. Et cependant il y a des contrées où on le recherche comme aliment. Il faut ajouter qu'on le mange généralement bien cuit et qu'alors il perd la plupart des caractères organoleptiques qui font que bien des gens ne consentiraient pas à le manger.

Il faut donc toujours tenir compte du mode de préparation auquel les champignons sont soumis.

J'ai entendu citer par M. Chatin, qui s'occupe beaucoup de champignons, l'histoire suivante, relative à la fausse Oronge, l'une des espèces que l'on considère comme très-dangereuse dans presque tout le pays. Il se trouvait en herborisation dans le Sud-Est, il vit une personne instruite, un juge de paix, qui récoltait ce champignon. Il s'informa si l'on mangeait ce champignon et crut devoir prévenir qu'on le considérait partout comme vénéneux. Non, répondit son interlocuteur ; nous le mangeons d'ordinaire et sans danger ; nous le faisons cuire d'une façon convenable.

M. de Lanessan a vu une marchande de la halle de Paris, vendre la fausse Oronge. Son étal en était chargé. Il crut devoir la prévenir que ce champignon était vénéneux. « Non, dit elle, l'inspecteur l'a vu et n'en a pas interdit la vente ; le reste ne me regarde pas. » Je m'attendais, en raison de « la tradition », à voir dans les journaux de la semaine le récit de quelque horrible empoisonnement dû à l'usage de ces fausses Oronges ; je n'ai rien pu trouver de pareil dans les gazettes.

Le *Boletus luridus* est une des espèces que la « tradition » indique comme les plus vénéneuses. Il est en général complètement rejeté en France. Cependant, nos collègues allemands savent que notre ami Ascherson a vu ce champignon consommé en quantité dans certaines localités de la province de Brandebourg, et cela, à ce qu'il paraît, sans inconvénient.

**M. J. E. Planchon.** — La fausse Oronge est mangée dans beaucoup de régions.

L'honorable M. Fischer pourrait-il nous dire ce qu'il y a de vrai ou de faux dans ce fait que les Russes mangent ce champignon vénéneux ? Les paysans, dans les Cévennes, le font macérer dans l'eau salée et jettent celle-ci, après quoi ils mangent le champignon. Cela se fait ainsi en particulier, autour du mont Lozère et dans certaines localités montagneuses de l'Ardèche (Forêt de Mazan, par exemple).

**M. le Président.** — Ce champignon se mange, en effet, en Russie et au Kamschatka et paraît ne contenir aucun principe nuisible pour les habitants des régions septentrionales. D'autres champignons plus ou moins vénéneux y sont aussi mangés sans inconvénient.

**Un membre.** — Tout dépend de la préparation.

**M. Ponce.** — On a mis en doute tantôt l'efficacité de l'épreuve des champignons par la décoloration qu'elle produit sur les pièces d'argenterie. Je crois pouvoir affirmer que le moyen est absolument sûr et des plus simples. Mettez une cuillère en argent dans le vase dans lequel vous opérez la cuisson. Si la cuillère se noircit, jetez hardiment vos champignons !

**M. Niepraschk.** — On sait bien où pousse le champignon comestible à l'état sauvage; c'est surtout dans les pâturages. Cependant on le trouve quelquefois aussi, dans des endroits tout à fait extraordinaires, comme c'est, par exemple, le cas chez moi : il pousse là où je fais enterrer les poissons morts de notre aquarium.

**M. Wesmael.** — Bien qu'ayant pris la parole ce matin dans la séance de la section horticole, sur la culture des champignons, je me permettrai d'ajouter ici quelques paroles à ce qui vient d'être dit.

Depuis quelques mois on fait usage à Mons, pour cette culture, de la tourbe. Celle-ci nous est expédiée de Hollande, fortement comprimée par l'action d'une presse hydraulique et à l'état sec. Cette tourbe est répandue à la surface du sol dans nos écuries et retirée lorsqu'elle est suffisamment imbibée d'urine et de crottin. Le produit a alors quelque chose de très analogue à la vieille tannée. A l'aide de cette tourbe, un de mes amis a construit une couche de champignons qui a donné ce résultat favorable que, dès le jour où la couche a été lardée, le laps de temps qui s'était écoulé pour l'apparition des premiers champignons était de moitié moindre que le temps nécessité pour une même couche faite avec du fumier ordinaire.

Ce fumier est mis en tas, il développe une température douce qui se maintient aussi après la récolte des champignons. Ce fumier est très convenable pour la culture des petites plantes de parterres mosaïques. Une couche de 5 centimètres d'épaisseur provoque une végétation luxuriante de toutes les petites plantes d'ornement.

L'emploi de ce fumier de tourbe prendra certainement un très grand développement en Belgique, vu la facilité avec laquelle on peut l'obtenir. Il constitue un substratum excellent pour toutes les cultures de plein air.

**M. Magnus.** — La culture qui promet le plus, c'est celle des truffes et M. le Ministre de l'Agriculture de Prusse a ordonné des études sur la nature et le développement de celles-ci en vue du développement de cette culture. On les cultive beaucoup dans le sud de la France.

J'apprendrai encore à l'assemblée que M. Frank, de Berlin, chargé de ces recherches, vient de démontrer que les jeunes racines de beaucoup d'espèces d'arbres sont envahies et enveloppées par un mycelium souterrain, qui appartient vraisemblablement aux truffes et autres champignons hypogés, comme les Elaphomyces, dont la nature parasitaire sur les racines des sapins a été démontrée. Il est donc très probable, que les truffes croissent sur les racines des arbres vivants. On les a trouvées sur les racines des chênes et d'autres arbres.

Il importe beaucoup de connaître le mode de développement et partant d'apprendre à connaître la meilleure méthode de culture de cette plante. M. Franck s'en est occupé activement.

**M. le Président.** — Messieurs, la discussion de cette question me semble épuisée et nous pourrions conclure. Je vous propose de dresser, séance tenante, une liste des champignons que l'assemblée admet comme étant réellement vénéneux. Procédons par une liste préparatoire, dont je prendrai les noms. M. Cornu, par exemple, veut-il m'aider dans cette tâche ?

**M. Cornu.** — Le Congrès peut dresser une liste pareille, mais je crois qu'il serait plus pratique de nommer à cet effet une commission choisie parmi les membres des sections réunies. Cette commission pourrait parfaitement, en une seule séance, indiquer les espèces sur les qualités desquelles tout le monde est d'accord. Si en ce moment nous procédons précipitamment, nous risquons de commettre des erreurs.

**M. le Président.** — Le Congrès adoptera sans aucun doute cette proposition de l'honorable M. Cornu et peut passer immédiatement à la constitution de cette commission. MM. Cornu, Planchon père et fils, Magnus, Wittmack, par exemple, pourraient en faire partie. Le Congrès désignera d'ailleurs d'autres membres, s'il le juge convenable.

**M. le Secrétaire-général**. — Messieurs, j'appelle votre attention sur la séance de la section de botanique de demain, à l'ordre du jour de laquelle se trouvent plusieurs questions importantes, entre-autres celle qui concerne l'enseignement de la cryptogamie. Il reste en outre pour la section d'horticulture la seconde partie de la 3<sup>me</sup> question.

Plusieurs membres m'ayant prié d'examiner s'il ne serait pas possible de clôturer les travaux du Congrès demain à midi, afin de leur permettre de visiter l'Exposition d'horticulture, je pense, Messieurs, que nous pourrions, à l'issue des deux séances de section, nous réunir en assemblée générale et clôturer les travaux avant une heure. Le désir exprimé par nos honorables confrères me semble trop légitime pour ne pas y accéder. (*Adhésion*).

**M. le Président**. — La séance est levée à 5 h. 40 m..

# SECTION DE BOTANIQUE.

## Séance du 5 août 1885.

Présidence de M. le Dr S. PETROVITCH, délégué de la Serbie.

M. E. MARCHAL, secrétaire du Congrès, remplit les fonctions de
secrétaire.

**Sommaire** : *II[me] question du programme* : Quelles sont les meilleures
méthodes à employer pour traiter les monographies de genres à espèces nombreuses? par J. E. PLANCHON. — *IV[me] question du programme :* Quel est le développement à donner à l'enseignement de la cryptogamie aux différents degrés
d'instruction? par MM. J. E. PLANCHON, BAILLON, CORNU, MAGNUS, CH. DE
BOSSCHERE, LEFÈVRE, FISCHER DE WALDHEIM. — *VII[me] question du programme :*
Quel est le développement à donner au cours de pathologie végétale dans les écoles
d'horticulture et d'agriculture? par MM. MAGNUS, PLANCHON, E. LAURENT,
CORNU, CH. DE BOSSCHERE, KRELAGE, FISCHER DE WALDHEIM, PLANCHON.
— Communication de M. le professeur RADLKOFER : L'application de la méthode
anatomique aux Myrsinées et les moyens d'appliquer cette méthode. Discussion :
MM. WITTMACK, PLANCHON, KRELAGE, BAILLON, RADLKOFER. Communication de
M. J. TRIANA : Publication des dessins de botanique de Mutis. Discussion :
MM. PLANCHON, CH. DE BOSSCHERE.

**M. le Secrétaire-général**. — Messieurs, nous devons procéder à la
nomination d'un Président pour la séance de ce matin. Je vous propose
d'acclamer en cette qualité M. le Dr Petrovitch, délégué du gouvernement de la Serbie. (*Adhésion unanime*).

J'ai différentes communications à faire à la section de botanique.

M. le Dr Kanitz, directeur du Jardin botanique, à Koloszvar, Autriche-
Hongrie, s'excuse de ne pouvoir participer aux travaux du Congrès.

M. le Dʳ Planchon fait hommage au Congrès de plusieurs de ses travaux.

M. le Dʳ Henriques, directeur du Jardin botanique de Coïmbre, Portugal, nous a envoyé un fascicule du bulletin de la « Sociedade Broteriana. »

J'ai reçu de M. le Président de la section une note sur les progrès réalisés en botanique dans le royaume de Serbie. Nous insérerons cette note comme toutes les autres communications dans les « Actes du Congrès. »

Je tiens ici un superbe album de Fougères de la Nouvelle-Zélande que M. Lefèvre met à votre disposition, si vous voulez bien l'examiner après la séance.

**M. le Président.** Nous avons encore à traiter les questions suivantes.

Nᵒ II. *Quelles sont les meilleures méthodes à employer pour traiter les monographies de genres à espèces nombreuses?*

Nᵒ IV. *Quel est le développement à donner à l'enseignement de la cryptogamie aux différents degrés de l'instruction?*

Nᵒ VII. *Quel est le développement à donner au cours de pathologie végétale dans les écoles d'horticulture et d'agriculture?*

Par laquelle de ces trois questions préférez-vous, Messieurs, ouvrir vos débats?

**M. Planchon.** — M. De Candolle a traité la question nᵒ 2 si magistralement que pour ma part je n'ai plus rien à dire. (*Vive approbation*) (1).

**M. le Président.** — La section veut-elle alors passer à l'étude, de l'enseignement de la cryptogamie qui fait l'objet de la question nᵒ IV? (*Adhésion*)(2).

**M. Planchon.** — La cryptogamie occupe légitimement une large place dans la Botanique actuelle. En France on lui donne une part dans le programme de la licence de sciences naturelles, mais c'est surtout par le côté anatomique et physiologique qu'on l'y considère. La connaissance pratique des cryptogames, notamment des champignons, n'est guère représentée que par la chaire de cryptogamie de l'École supérieure de Pharmacie de Paris. On laisse aux cryptogamistes, savants et amateurs, l'initiative de l'étude des espèces. Et pourtant, c'est au Muséum que serait naturellement placé le centre de ces études, soit pour l'enseignement oral, soit pour la création d'un grand herbier cryptogamique dont

---

(1) Voir aux « Rapports préliminaires » le rapport de M. De Candolle, p. 50-55.

(2) Voir aux « *Rapports préliminaires* » les mémoires de MM. Ardissone, p. 30-34, Dr. M. Staub, p. 56-59, C. H. Delogne, p. 71-74, et Dr. L. Marchand, p. 83-107.

les éléments y sont déjà, mais attendent un arrangement définitif. M. Cornu n'a pu que mettre en train une œuvre aussi immense, qui réclamerait une chaire spéciale et des aides particuliers pour être menée à bonne fin.

**M. Baillon.** — Puisque les cryptogamistes émérites qui assistent à cette séance, ne veulent pas prendre la parole sur cette question, je me résigne à l'examiner à un tout autre point de vue. Je déclare cependant être, sur le fond même de la question, de l'avis des honorables préopinants. L'abandon dans lequel se trouve l'enseignement élémentaire de la cryptogamie, est une affaire d'habitude, de routine. Jusqu'à présent, nous avons été presque complètement privés de l'enseignement, à tous les degrés, de cette partie de la botanique. La cryptogamie est placée non seulement à un rang secondaire, mais surtout à un rang inférieur. On a supposé que, lorsque les élèves de tous les genres et degrés d'école seraient suffisamment familiarisés avec l'étude de toutes les autres branches de la botanique, alors seulement il serait bon de les initier à l'enseignement de la cryptogamie. C'est une manière de voir analogue à celle qui veut que, dans beaucoup d'écoles, on commence l'étude des sciences naturelles par la zoologie, puis qu'on continue par la botanique, et que la géologie ne vienne qu'en dernier lieu. Bien des enseignements ont déjà réagi contre cette coutume. Mais on a beaucoup moins renoncé à faire précéder l'étude de la cryptogamie par celle de la phanérogamie. On peut cependant dire que c'est le système contraire qui devrait être suivi, si l'on considère comme logique d'aller, dans les études botaniques, du simple au composé.

Quand il s'agit de l'enfance, par exemple, il est plus simple de commencer par l'étude des cryptogames, à la condition qu'il sera fait un choix judicieux des objets à étudier. Or, le choix est d'autant plus facile que les matériaux d'étude sont plus multipliés. On a même l'avantage de les posséder dans presque toutes les saisons, et surtout à des époques de l'année où les matériaux phanérogames font généralement défaut. L'emploi du microscope est évidemment une des difficultés qui ont fait remettre à une époque avancée des études, l'examen des cryptogames. Mais il y a un grand nombre de ces végétaux qui n'ont pas besoin, pour être étudiés d'une façon sommaire, des grossissements considérables auxquels on suppose qu'il faudrait constamment avoir recours.

On pourrait en dire autant de l'étude de la cryptogamie dans l'enseignement secondaire ou moyen. Si l'on donnait aux élèves de nos lycées l'habitude et quelque peu le goût de la cryptogamie élémentaire, ils pourraient, dans leurs nombreuses promenades aux environs des villes, observer et récolter un certain nombre d'échantillons des plantes les plus communes. Il m'a paru toujours déplorable que des jeunes gens ne sachent point distinguer une Mousse, un Lichen, une Conferve. Ces végétations vertes, qui se montrent à la surface des eaux douces, ne passent que trop souvent pour des mousses d'eau. Les Lichens sont souvent considérés comme des mousses croîssant à la surface des arbres, des pierres. Ne serait-il pas facile de récolter ces exemplaires vulgaires de prétendues mousses et le professeur ne devrait-il pas avoir des notions suffisantes de cryptogamie systématique pour donner à ses élèves quelques déterminations générales, leur indiquant pourquoi telle plante est ou n'est pas une mousse, un lichen, une algue d'eau douce, etc.?

Quant à l'enseignement supérieur, ce qui vient d'être dit est strictement exact. La cryptogamie est demeurée plus théorique que pratique dans cet enseignement. On fait des cours entiers de cryptogamie à l'amphithéâtre. Mais lorsqu'il s'agit de la pratique, les étudiants n'ont souvent d'autre ressource que leur bonne volonté individuelle. Comment en serait-il autrement, alors que les botanistes de profession se trouvent dans la presque impossibilité de travailler fructueusement. Peut-on, par exemple, imaginer rien de plus défectueux que l'organisation nouvelle de notre plus grand herbier, celui du Muséum de Paris? On a séparé complètement l'herbier des cryptogames de celui des phanérogames : ils sont placés dans des rues différentes. Il semble que les cryptogames ne soient plus des plantes, puisqu'on ne peut les voir dans l'herbier classique de l'établissement. Il faut faire, pour les trouver, je ne sais quel trajet auquel presque tout le monde se refuse. Par une singulière contradiction, les Fougères qui, je le sais, sont pour certains botanistes, moins des cryptogames que les autres, sont restées avec l'herbier des phanérogames. Les autres cryptogames, celles qu'on a le plus besoin de consulter pour les déterminations, parce qu'elles sont difficiles à reconnaître dans les livres, se trouvent dans des conditions à peu près inaccessibles. Tous les botanistes qui travaillent et qui font passer l'observation et la pratique avant la théorie, feront donc des vœux pour que tout l'herbier du Muséum de Paris et des établissements analogues, soit rassemblé dans un même local. Je ne vois pas d'inconvénient à ce qu'on sépare dans deux compartiments contigus la cryptogamie et la phanérogamie. Cette division est même toute naturelle. Mais je voudrais que le tout fut rapproché dans un même local. Il ne faudrait pas de barrière infranchissable entre les cryptogames et les phanérogames; ces barrières n'existent pas dans la nature.

Ce que nous disons de l'enseignement supérieur, concerne aussi les enseignements spéciaux et appliqués comme celui, par exemple, de la botanique médicale. Jusqu'à ces dernières années, dans nos Facultés de médecine, l'enseignement de la cryptogamie était peu en honneur. Il semblait si difficile à aborder, qu'on s'abstenait généralement de l'introduire à l'amphitéâtre. On se bornait le plus souvent à quelques généralités théoriques qui n'apprenaient rien et qui servaient tout au plus pour les examens. Or, on sait généralement ce que valent ces examens et l'on peut dire que, même dans les Facultés des sciences, ces épreuves ne prouvent pas grand' chose. On est aujourd'hui très disposé à faire des séries de licenciés-ès-sciences naturelles qui se fabriquent à peu de frais et l'on peut dire que bien peu d'entre eux ont des droits au titre de naturaliste. On se borne à leur enseigner des choses trop générales et trop théoriques. J'ai tellement été frappé de cette insuffisance au point de vue pratique, que j'ai tenté de remédier au mal. S'il est permis de se citer soi-même en pareille occurrence, j'ai voulu que l'enseignement de la cryptogamie médicale fût surtout pratique. J'ai voulu montrer des faits, des objets, présenter des figures exactes là où les objets eux-mêmes pouvaient faire défaut. Avec cette façon de procéder, j'ai vu disparaître l'indifférence habituelle de nos étudiants. Ils ont suivi les leçons avec intérêt; ils ont surtout mordu à toutes les notions pratiques qui leur étaient offertes; on aurait pu les mener très loin, et sans peine, dans cette voie.

Pour ces raisons, et en attendant qu'on fasse mieux et davantage pour l'enseignement de la botanique à tous les degrés, je demande qu'on réserve une plus grande place à la cryptogamie et surtout à la cryptogamie pratique. Il ne faut pas sacrifier les cryptogames aux phanérogames et l'on doit se demander s'il n'est pas préférable de débuter par la cryptogamie dans l'étude de la botanique systématique, j'entends la systématique élémentaire. De là l'utilité d'un vœu qui pourrait être formulé, s'il est jugé convenable par le Congrès.

**M. Cornu.** — Je ne prends la parole que sur une invitation directe de M. le Dr Baillon. Comme j'ai été mêlé directement à ce qui s'est passé au Muséum d'histoire naturelle de Paris, on comprendra la réserve qui m'est imposée, surtout aujourd'hui.

Quant à l'enseignement de la cryptogamie par le laboratoire c'est, à mon sens, une chose particulièrement utile tant au point de vue de cet enseignement même qu'à celui de l'application des méthodes expérimentales. Je crois que c'est par la cryptogamie que les méthodes expérimentales de culture s'introduisent le plus aisément. Il est certain que les grands progrès réalisés dans la botanique depuis 25 ou 30 ans sont dûs à des méthodes de culture. Ainsi beaucoup de grandes découvertes relatives à la fécondation, relatives à l'hybridation et à une foule de faits de biologie sont dues à ce qu'on a abandonné l'étude sur les plantes sèches pour s'attacher à l'étude des végétaux vivants et continuant à vivre. Des progrès énormes ont été accomplis en biologie avec les expériences de culture. C'est la cryptogamie qui permet de les réaliser le plus facilement. D'abord les cultures sont très simples; elles n'exigent que quelques millimètres carrés de surface. Quoiqu'elles soient si réduites, elles ne permettent pas moins d'en déduire des conséquences physiologiques du plus haut intérêt. Qu'on s'occupe des cryptogames qui produisent les maladies de l'homme et des animaux, qu'on étudie les cryptogames qui engendrent les maladies des plantes, il en résulte des faits physiologiques d'une haute importance.

La question de l'ensemencement des germes et de la dissémination des spores est résolue par des expériences de cette nature. L'enseignement des laboratoires devrait attirer l'attention sur ce point parce qu'il en découle des conséquences graves pour l'hygiène populaire et la santé générale de l'homme et des animaux.

A ce point de vue le laboratoire de la cryptogamie a donc sa raison d'être dans l'enseignement général et même dans l'enseignement trèsélémentaire. Ainsi, il serait très bon d'insister, dans les écoles d'horticulture, dans les écoles d'enseignement primaire ou secondaire, sur l'action déterminée par tous ces germes qui sont charriés de toutes parts et contaminent nos aliments, nos fruits, nos légumes, nos plantes cultivées etc. : C'est par l'observation continuée pendant plusieurs jours dans un laboratoire que ces faits peuvent être vérifiés, frapper l'esprit, être admis enfin partout d'une façon complète et faire partie de l'éducation individuelle. Sous ce rapport, la cryptogamie doit exercer une influence profonde sur l'enseignement populaire. En voici quelques exemples très simples :

Les fruits, ainsi que l'a démontré M. Brefeld, le premier — et cela est d'une importance considérable dans la vie ordinaire — les fruits qui se gâtent dans l'endroit où on les conserve, dans les fruitiers, montrent généralement comme point de départ de l'altération, une solution de continuité dans l'épiderme. Suivant le genre de cryptogame qui se développe autour de cette blessure, l'altération se produit dans un sens ou dans un autre.

Mille autres cas pourraient être cités : ainsi les horticulteurs verraient qu'en arrosant leurs cultures avec des liquides chargés de certains germes, elles peuvent être mises à mort. Par les eaux pénètrent un grand nombre de maladies des racines, les anguillules, champignons divers ; en arrosant les semis de fougères avec des eaux qui contiennent des spores de *Vaucheria*, on constate que ces semis sont rapidement entravés par le développement d'un byssus vert ; les prothalles ne se forment pas, ou du moins ils ont à soutenir une lutte dans laquelle ils succombent souvent. Si d'autre part, on apporte dans les arrosages des germes de certaines moisissures, il se produit à la surface du semis un réseau de filaments fatal au développement des plantes. Une des maladies les plus redoutables pour les boutures herbacées dans les serres se nomme « *la toile* ». Elle a causé dans les environs de Paris et à Paris même des dégâts considérables. Elle est constituée par le développement d'un réseau très délicat de Mycélium qui frappe de mort toutes ces jeunes boutures, au niveau du sol. Ce champignon n'est pas unique; il y a, à mon sens, d'après quelques observations, plusieurs champignons qui produisent les mêmes effets. Ces effets sont si désastreux qu'on a vu chez nous des horticulteurs obligés de céder la place, de fuir devant cet ennemi, et d'abandonner le siège de leur exploitation.

Si les horticulteurs savaient combien certains parasites invisibles à l'œil nu sont dangereux et comment les germes en arrivent dans leurs cultures, ou bien s'ils avaient des indications qui leur permettraient d'en concevoir l'importance, ils pourraient retirer de cette connaissance le plus grand profit et probablement ils arriveraient à arrêter la marche de plus d'une maladie qu'on ne sait pas encore enrayer.

Je cite ces exemples pratiques pour montrer que des choses très simples peuvent avoir des conséquences considérables. Une chaire de cryptogamie n'exige qu'une installation très restreinte, en dehors des livres et des collections qui lui sont nécessaires. On peut, avec un certain nombre de cloches et de bocaux, dans une petite salle, avec une serre étroite, poursuivre des recherches pendant des années et se trouver dans des conditions très favorables. On a, d'une part, le grand attrait des études; d'autre part, la modicité des installations. Pas n'est besoin de coûteux appareils, de grands espaces, de sujets d'études dispendieux, difficiles à entretenir. Pour les cultures, les germes de ces cryptogames se trouvent dans la campagne. On les y récolte aisément. Les échanges entre botanistes sont faciles; dans un millimètre cube, il peut y avoir des millions de ces germes. On se trouve donc dans des conditions véritablement peu dispendieuses pour entreprendre des études de cet ordre': elles ont en outre un intérêt considérable. On sait le nombre de questions actuelles qui rentrent dans l'examen des végétaux inférieurs; depuis des siècles, il n'y a pas eu de sujets plus intéressants que ceux qui sont à l'ordre du jour et qui rentrent dans les études de la cryptogamie. Les végétaux inférieurs se rattachent à tout ce qui nous entoure et interviennent sans cesse autour de nous; aussi la cryptogamie doit-elle entrer pour une part notable dans l'enseignement primaire, moyen, supérieur et particulièrement dans l'enseignement agricole et horticole.

**M. Magnus.** — Je ne m'occuperai que des développements à donner à l'enseignement de la cryptogamie dans les universités.

J'ai également donné des leçons de cryptogamie. Mon expérience me porte à croire qu'on doit surtout réserver pour l'université les démonstrations et les méthodes d'investigation, comme M. Cornu vient de le dire. Il est dangereux de s'attarder aux singularités nombreuses que l'étudiant apprendra à mieux connaître dans les livres spéciaux quand il sera à même de les comprendre. Les démonstrations et les méthodes doivent surtout occuper les étudiants dans les universités.

**M. le Président.** — Nous devons tirer une conclusion de ce débat. Je crois que tous les orateurs désirent que l'enseignement de la cryptogamie soit plus développé qu'il ne l'est actuellement et qu'on l'introduise même dans les écoles d'horticulture, comme dans les écoles primaires et secondaires où il ne figure pas encore. (*Adhésion*).

**M. Planchon.** — Nous sommes tous d'accord là-dessus. J'avais exprimé un vœu spécial. Comme je vois qu'il n'est pas appuyé par M. le professeur du Muséum de Paris, je n'insiste pas. Je n'ai pas méconnu l'importance des méthodes de culture, non plus que l'importance de la partie biologique des champignons. Je reconnais que ce sont des questions d'ordre général, des questions d'hygiène qui dominent tout. Seulement je croyais qu'on pouvait se placer au point de vue pratique, de la pratique courante, surtout pour les champignons et que l'on avait intérêt à posséder un enseignement systématique sur ces organismes. Tout le monde est d'accord que l'enseignement systématique de la cryptogamie a son importance, ne fût-ce que pour démêler les états divers de ces êtres polymorphes. Avec des connaissances générales d'évolution on y arrive bien vite. Je n'insiste pas, dis-je, parce qu'il me semblait que je devais être surtout appuyé par le professeur de culture.

**M. Cornu.** — Il me semble, M. le Président, qu'on pourrait formuler le vœu du Congrès en résumant ce qui a été dit par les différents orateurs. Ce vœu comprendrait deux parties : la première constaterait les bons effets de l'enseignement et de la méthode tirés des végétaux inférieurs à tous les degrés; la deuxième consisterait à émettre le désir que l'enseignement de la cryptogamie fût particulièrement fondé sur des exemples. Je crois qu'on pourrait adopter la rédaction suivante :

« La cryptogamie, qui a une importance très grande, doit être introduite dans l'enseignement primaire et secondaire. Pour l'enseignement supérieur il serait désirable d'établir des chaires spéciales. Cet enseignement de la cryptogamie, à tous les degrés, doit être basé sur des démonstrations faites avec des plantes vivantes et des cultures. »

**M. Baillon.** — Il me semble que nous n'avons pas à insister sur les moyens d'application. Si nous demandons que l'enseignement de la cryptogamie soit favorisé à tous les degrés, cette rédaction me paraît suffisante. Quant aux moyens d'exécution, qui sont des points de détail, je ne crois pas aisé de les formuler dans un vœu.

**M. Cornu.** — Il serait désirable de voir introduire ce vœu.

**M. Baillon.** — On pourrait le faire au point de vue pratique. « Quel « est le développement à donner à l'enseignement de la cryptogamie aux « différents degrés de l'instruction ? » Après avoir formulé ce vœu on pourrait ajouter : « en insistant sur les moyens pratiques. »

**M. Ch. De Bosschere**. — Je désire savoir ce qu'on entend par les développements à donner à l'enseignement de la cryptogamie, par exemple, à l'école primaire. Quelle partie de la cryptogamie conviendrait-il d'y enseigner ?

**M. Planchon**. — Vous ne pouvez, dans l'instruction primaire, songer à parler beaucoup de détails anatomiques. L'esprit de l'enfant n'est pas apte à recevoir ces notions. Mais avec quelques règles très simples, on parvient aisément à montrer la différence qui existe entre une mousse, un lichen et une algue. Il faut s'en tenir aux généralités pour être pratique, surtout dans l'école primaire.

**M. Cornu**. — Il serait très désirable de faire entrer à l'école primaire certaines notions indispensables et de faire connaître aux commençants des groupes qui constituent autour de nous la moitié peut-être du règne végétal (algues, champignons, mousses). J'ai en vue aussi les phénomènes les plus importants de la fermentation et de la décomposition, par exemple, des aliments, la fermentation du pain, du fromage, etc. Une foule d'opérations diverses sont fondées sur le développement des végétaux inférieurs ; toute l'hygiène repose là-dessus. C'est une question fondamentale et rien qu'à ce titre la cryptogamie mériterait d'obtenir une part considérable dans l'enseignement. Beaucoup de gens du peuple s'imaginent que les soins de propreté du corps sont des choses uniquement réservées aux riches. Cette erreur est fondamentale. Toutes les classes de la société sont directement et réciproquement intéressées aux questions d'hygiène et solidaires entre elles. Quand les habitations d'une ville ou d'un village. sont mal soignées, quand des foyers d'infection y existent ou s'y déclarent, toute la population en souffre. Rien qu'au point de vue de l'hygiène, la cryptogamie mériterait d'être enseignée. De même pour les aliments ; il est bon d'étudier leurs modifications et leurs altérations par l'influence de certains organismes ; il est nécessaire de faire connaître dans l'enseignement primaire des végétaux qui, comme je le disais tout à l'heure, forment la moitié du règne végétal. Un sol stérile est couvert d'un nombre énorme de végétaux inférieurs ; une terre où l'on ne voit pas un brin d'herbe est entièrement occupée par des cryptogames. On voit ces populations végétales se renouveler sur des espaces énormes, sur des kilomètres carrés de superficie. Il est regrettable que dans l'enseignement élémentaire on ne dise pas un mot de ces végétaux. On ne parle jamais des phénomènes employés couramment dans la vie usuelle, dans l'industrie (fermentation, etc.) et qui sont dûs aux végétaux inférieurs. Cependant on pourrait· apprendre aux enfants, comme l'a dit M. Baillon, par des explications fort simples, à distinguer les mousses, les lichens et les algues. N'est-il pas regrettable que, non seulement les gens illettrés, mais même des gens du monde, ignorent ce que sont ces plantes répandues en si grandes quantités sur toute la surface du globe.

**M. Ch. De Bosschere**. — J'appelle votre attention sur le rapport de M. Marchand qui traite de l'enseignement de la cryptogamie aux différents degrés ; il examine l'enseignement primaire, secondaire et supérieur. L'exposé que vient de faire M. Cornu complètera ce que M. Marchand a dit dans son rapport.

**M. Baillon**. — Voici les conclusions du rapport de M. Ardissone. Le texte de la quatrième question est très-net. En remplaçant les mots « écoles de pharmacie, » par ceux-ci « écoles à tous les degrés » et en substituant au mot « micrologie » celui de « cryptogamie », on aurait une solution très satisfaisante de la question. Le vœu serait, dès lors, ainsi formulé :

« Que dans les écoles à tous les degrés et dans les écoles d'application
« des ingénieurs, l'enseignement de la botanique soit organisé de telle
« façon que la cryptogamie y ait la part qui lui revient au point de vue
« de son importance pratique. »

**M. Cornu**. — J'insiste pour que l'enseignement de la cryptogamie soit basé principalement sur des démonstrations pratiques et des méthodes de culture.

**M. Lefèvre**. — J'ai été fort heureux d'entendre MM. les professeurs des Facultés de médecine et M. le professeur du Muséum de Paris. S'ils consentaient à rédiger un petit programme élémentaire, comprenant une ou deux pages, sur cette question de l'enseignement de la cryptogamie, je leur offrirais une publicité très grande : celle de nombreux journaux et publications et celle du bulletin de la Ligue française de l'enseignement, c'est à dire, une réclame tirée à plus de cent mille exemplaires. Je suis sûr à l'avance que la question traitée à un point de vue pratique ferait ainsi un très grand pas.

**M. le Président**. — L'idée est très bonne. Pour la réaliser je propose de nommer un petit comité dont feraient partie MM. Baillon, Cornu et Planchon. Ils rédigeraient le programme sommaire demandé par M. Lefèvre (*Adhésion*).

**M. Ch. De Bosschere**. Ne vaudrait-il pas mieux s'adresser à un plus grand nombre de spécialistes afin que l'idée pût s'étendre à plus d'un pays?

**M. Planchon**. — Quand on est trop nombreux et de pays différents on ne s'entend pas.

**M. Baillon.** — Le principe a été admis; on s'adressera, pour les points de détail, aux gens compétents de chaque pays.

**M. Lefèvre.** — On pourrait également extraire les points les plus saillants du remarquable travail de M. Marchand. Les subdivisions de son travail sont admirablement faites.

**M. le Président.** — Nous laisserons le comité, qui vient d'être nommé, libre d'agir comme il le jugera convenable. (*Adhésion*).

**M. De Bosschere.** — Je prie M. Baillon de bien vouloir formuler nettement le vœu qu'il soumet au Congrès.

**M. Baillon.** — Je propose de dire : « Le Congrès exprime le vœu que, « dans les écoles à tous les degrés — j'y comprends les écoles d'horticul- « ture, — l'enseignement de la botanique soit organisé de telle façon que « la cryptogamie y ait la part qui lui revient au point de vue de son « importance. »

**M. Cornu.** — Nous pourrions ajouter : « il importe que cet enseigne- « ment soit fondé principalement sur des démonstrations pratiques et « des expériences de culture. »

Je ne crois pas qu'on puisse appeler autrement qu'une culture la fermentation du vin, la modification si spéciale du moût de raisin et de bière. Il en est de même de la fermentation butyrique qui se fait sur une large échelle, dans des conditions différentes, quand on laisse pourrir des végétaux ou que l'on fabrique du fromage. On pourrait citer une foule d'expériences de tous les genres. D'autre part, il est facile de donner un exemple d'une démonstration pratique : blessez un fruit et déposez-y le germe de la décomposition. C'est une culture. Le nom parait pompeux mais la chose est simple.

**M. Magnus.** — Je voudrais bien préciser, comme M. Baillon, que dans les écoles supérieures, dans les universités, on doit prendre en premier lieu des méthodes de culture, de recherche et de démonstra- tion. Comme je l'ai déjà dit, il importe que les étudiants ne s'arrêtent pas aux singularités dont l'explication se trouve dans les livres spéciaux.

**M. Cornu.** — Il me semble que M. Magnus insiste sur ce fait: l'on devrait dans les universités, enseigner les méthodes de recherche d'une façon générale plutôt que de développer des cas particuliers.

**M. Fischer de Waldheim.** — Je donne aux étudiants-naturalistes, à l'université de Varsovie, un cours de cryptogamie spécial de deux ans. Pendant ce temps les étudiants sont obligés de s'initier aux parties de la science dont je fais la démonstration dans le laboratoire ; je leur montre également les méthodes de culture. Ce mode d'enseignement donne de bons résultats. Donc j'approuve complètement ce que vient de dire M. Magnus.

**M. Planchon.** — Il faudrait restreindre le vœu aux termes posés par MM. Baillon et Cornu. Le reste est une affaire de détail. Du reste, les observations de M. Magnus seront consignées au procès-verbal.

**M. Ch. De Bosschere.** — Il est fort difficile de formuler ces vœux d'une manière exacte séance tenante. Tout ce qui a été dit dans les différentes séances du Congrès vous sera transmis. Vous serez invités à revoir vos discours et à corriger les erreurs que la sténographie pourrait y glisser. De cette façon tout le monde aura pleine et entière satisfaction.

**M. Magnus.** — Encore un mot sur cette question de la cryptogamie. En Allemagne on considère comme une chose très importante de donner, dans les écoles d'agriculture et d'horticulture, des notions générales sur la nature des champignons parasites, qui produisent les maladies des plantes cultivées et il faut s'y resteindre. Cette méthode a produit les meilleurs résultats [1].

**M. Planchon.** — Nous sommes d'accord sur l'importance capitale de l'étude des maladies parasitaires des plantes. Il n'y a donc plus qu'à appuyer le vœu que dans les écoles d'agriculture et d'horticulture, on s'occupe de la cryptogamie, surtout de l'étude des champignons.

On pourrait y joindre les galles et autres excroissances produites par les insectes.

**M. É. Laurent.** — Comme conclusion de ce débat, j'ai l'honneur de proposer au Congrès la rédaction suivante :

Le Congrès émet les vœux :

« 1º qu'il soit créé un cours de pathologie végétale dans les diverses « écoles d'horticulture et d'agriculture et que ce cours ait un but essen- « tiellement pratique ;

« 2º que ce cours soit appuyé par des expériences de culture. »

**M. Planchon.** — Ce que propose M. Laurent se pratique à Montpellier et donne de bons résultats.

**M. Cornu.** — Je proposerai de restreindre l'énoncé du vœu de M. le professeur Laurent pour lui donner plus de généralité. Au lieu de demander que des recherches personnelles soient faites, je demanderai que des expériences soient faites.

Il y a une chose qui a été contestée pendant longtemps, qui l'est encore quelquefois dans certains pays, par exemple en Angleterre : le transport de la rouille de l'épine-vinette sur le blé ; l'effet nuisible du

---

(1) Voir aux « *Rapports préliminaires* » les notices de MM. Aug. Lameere, p. 42-45, et É. Laurent, p. 234-236.

Berberis sur les céréales. On fait à cet égard des expériences très simples et qui réussissent aisément. On laisse en contact pendant quelques jours un poirier avec un genévrier sabine atteint par le *Podisoma juniperi sabinae*. Le poirier est bientôt contaminé.

Ces expériences éclaireraient les praticiens et permettraient aux agriculteurs et aux horticulteurs de se débarasser de certaines causes de maladies.

J'appuie donc de toutes mes forces le vœu de M. Laurent en restreignant son énoncé.

**M. Laurent.** — Je me rallie à l'opinion de M. Cornu.

**M. Ch. De Bosschere.** — Dans le rapport de M. Lameere sur la même question, je trouve à la page 4 un passage sur lequel je désire consulter l'assemblée. Il est ainsi conçu :

« Mais il ne faudrait négliger aucun soin pour leur donner (aux jardiniers) une connaissance complète des quelques parasites qui se rencontrent le plus fréquemment et dont les autres pourraient être rapprochés par une similitude dans la manière de vivre, les dégâts commis et les remèdes à employer contre eux. Et il ne serait point nécessaire à cet effet de beaucoup charger les programmes actuels : les détails relatifs aux parasites végétaux prendraient naturellement place dans le cours de botanique, et une dizaine de leçons d'entomologie suffiraient pour expliquer ce que c'est que l'insecte, comment il vit et se transforme, quels sont les ravages causés par les plus redoutables, et quels moyens l'on a de s'en préserver.

« Si je ne craignais de sortir du cadre tracé, j'insisterais encore sur la nécessité de ne pas limiter cet enseignement aux écoles d'horticulture et d'agriculture : *il devrait s'infiltrer peu-à-peu dans le peuple par l'école primaire, où l'histoire des principaux parasites figurerait sur des tableaux pendus aux murs de la classe.* Le campagnard apprendrait ainsi à faire connaissance avec les ennemis qui lui rongent ses récoltes, et sa vigilance serait éveillée : il faut bien reconnaître en effet que les cultivateurs éprouvent journellement des dommages à leur insu et qu'il est malheureusement trop tard souvent quand ils s'aperçoivent de l'existence du fléau. Je ne serais pas étonné que le même fait se produisit pour le Phylloxera inconnu de presque tout le monde, et trop bien organisé pour que ses ravages ne s'étendent pas jusque chez nous : l'on signalera probablement sa présence lorsqu'il aura, depuis longtemps, pris possession du pays.

« Trop de millions sont annuellement employés à couvrir d'écailles les aîles des papillons ou à polir la cuirasse des coléoptères pour que nous ne fassions pas les efforts nécessaires à les détourner de cette destination : puisse le vœu que le Congrès émettra sans doute en ce sens, ouvrir les yeux à ceux qui ont entre les mains les destinées de l'agriculture et de l'industrie horticole ».

Un troisième vœu serait donc conçu comme suit :

« 3° (Le Congrès émet le vœu) que des notions sur les parasites des végétaux de grande culture soient répandues dans les campagnes par l'intermédiaire de l'enseignement primaire et de conférences populaires. »

**M. Baillon.** — C'est extrêmement sensé.

**M. De Bosschere.** — Nous pourrions accepter cette proposition comme 3ᵐᵉ vœu.

**M. Cornu.** — Elle rentre dans le vœu de la 4ᵐᵉ section.

**M. É. Laurent.** — Il y a encore un moyen de répandre en Belgique la connaissance des parasites des végétaux. L'enseignement horticole belge comprend non seulement des écoles d'horticulture mais aussi des conférences populaires. On n'y parle jamais de pathologie végétale. On pourrait résumer le vœu de M. Lameere et le mien dans cette rédaction unique : « il serait à désirer qu'on répandît dans les campagnes, par le moyen des écoles primaires et des cours populaires, la connaissance des parasites des végétaux. »

**M. Krelage.** — Le dernier vœu exprimé sur cette question me paraît si important que je propose de l'élargir encore et d'y comprendre les Sociétés d'horticulture. La Société d'horticulture de Haarlem dite : *Algemeene vereeniging voor bloembollen-cultuur* (Société générale pour la culture des plantes bulbeuses et tuberculeuses), a consacré, durant les trois dernières années, une partie de ses fonds à des recherches sur les maladies des plantes bulbeuses.

Les maladies des Jacinthes principalement ont donné lieu à ces études. Ces travaux sont terminés et ont été formulés dans deux rapports des plus intéressants. Les autres recherches n'ont pas encore eu une solution si positive. Aussi les continue-t-on dans la mesure du possible. Par les soins de notre Société, une monographie sur les Narcisses a été publiée également.

Au début, les cultivateurs ne se sont pas montrés très favorables à nos recherches parce que le but ne leur en était pas connu. Mais plus tard, lorsque mon ami, M. le professeur Hugo de Vriès, d'Amsterdam, eût expliqué dans une assemblée de tous les membres de la Société, la grande importance des recherches sur les maladies des plantes bulbeuses, nous avons obtenu qu'on mît un crédit illimité à la disposition de la direction pour des recherches spéciales. Je crois que ce que nous avons fait en cette circonstance pourrait être imité ailleurs. Quand des maladies éclatent parmi certaines plantes, il serait à désirer que les Sociétés qui ont des fonds chargeassent un homme compétent, un botaniste, de se livrer à des investigations sérieuses. Je me réfère finalement à une note que j'ai offerte au Congrès en réponse de la question III paragr. IV et qui a été accompagnée des divers travaux de notre Société. Ces brochures sont à la disposition de l'assemblée.

**M. Cornu.** — J'appuie de toutes mes forces ce que vient de dire M. Krélage. Je demande la permission de citer un fait semblable qui s'est produit à Paris.

Un groupe de onze maraîchers, dont M. Curé, conseiller municipal à Paris est le président, a proposé un prix de 10,000 francs pour celui qui trouverait le moyen de débarrasser les laitues d'une maladie qui les décimait. Il serait bon d'offrir des prix aux personnes qui s'occuperaient de monographies spéciales sur les maladies des végétaux.

**M. Krélage.** — De semblables recherches sont organisées en ce moment en Hollande par des sociétés particulières. Ainsi, la fabrique d'alcool, à Delft, qui est une grande association industrielle, a engagé le docteur M. W. Beyerinck, qui était à l'Institut agricole de l'État à Wageningen ; elle lui a construit un laboratoire spécial. M. Beyerinck a fait un voyage pour étudier de pareils laboratoires afin de pouvoir faire construire celui de Delft d'après ses idées. Tout en travaillant pour cette association industrielle, il ne lui est pas interdit de publier d'autres travaux scientifiques. A mon avis, la méthode la plus sûre est, non pas d'offrir des prix considérables, mais d'inviter les personnes compétentes à s'occuper exclusivement des questions sur lesquelles on désire être éclairé. Offrir un prix est quelque chose de vague. On se livre à des tentatives et on n'obtient pas le prix. Un temps précieux est ainsi perdu. Quand des personnes compétentes se livrent à de semblables recherches, elles obtiennent toujours des résultats utiles, lors même qu'elles n'arrivent pas au but qu'on leur assigne.

**M. Fischer de Waldheim.** — Il y a quelques années, nos grandes plantations de choux en Russie ont beaucoup souffert d'une maladie qui n'était pas bien connue. Une Société horticole russe a offert un prix de 1000 roubles à celui qui ferait des recherches sur cette maladie et fournirait le moyen de s'en débarrasser. Ce prix a attiré l'attention des botanistes. Grâce aux recherches de M. Woronin nous savons maintenant que cette maladie des choux (maladie digitoire ou hernie) est produite par un organisme des plus simples — le Plasmodiophora brassicae. En même temps on a pu proposer des moyens pour combattre la maladie. Il est évident que de pareilles mesures, sortant du sein des Sociétés horticoles, doivent donner d'excellents résultats.

**M. Planchon.** — On pourrait peut-être ajouter au vœu un paragraphe portant que les Sociétés d'horticulture ou autres, intéressées dans ces questions, sont invitées à proposer des prix pour l'étude des maladies parasitaires des végétaux. (*Adhésion.*)

**M. L. Radlkofer.** — *Sur l'application de la méthode anatomique aux Myrsinées et sur les moyens d'appliquer cette méthode.*

Messieurs, après avoir établi dans mes études sur les Sapindacées la méthode anatomique et après avoir obtenu des résultats bien favorables dans ma monographie des Serjania, j'ai conçu le projet d'appliquer cette méthode à d'autres familles et de lui donner une application plus générale. C'est ce que j'ai développé dans un discours intitulé : « *Uber die Methoden in der botanischen Systematik, inbesondere die anatomische Methode* », publié par l'Académie des sciences de Munich en 1883. Je le dépose sur le bureau de M. le Président du Congrès.

En dehors de mes travaux, j'ai engagé mes élèves de l'Université de Munich, les uns à étudier certaines familles au point de vue anatomique, les autres à rechercher dans les différentes familles, la constance de certains caractères anatomiques, pour en déterminer la valeur systématique. Un de ces travaux fait par deux de mes élèves, MM. Bokorny et Blenk, concerne les ponctuations transparentes communes aux feuilles de diverses plantes et qui constituent un moyen facile de distinguer certains groupes. Tel est le cas de la famille des Myrsinées et particulièrement du genre Myrsine dont les ponctuations sont dues à des sortes de glandes internes, ou, pour dire plus exactement, à des lacunes remplies de résine. Il était étonnant de voir quelques espèces paraître dépourvues de ces glandes; c'était particulièrement le cas de trois plantes de l'herbier de Munich, étiquetées sous les noms de *Myrsine mitis* Spring., *Myrsine marginata* Hook. et *Cybianthus fuscus* Mart.

L'étude du bois de ces mêmes plantes, faite par un autre de mes élèves, M. Solereder à l'occasion d'une recherche sur la valeur systématique des tissus ligneux, a fait soupçonner, pour deux de ces plantes, que ce n'étaient pas des Myrsinées. C'était le *M. mitis* et le *M. marginata*. Pour le Cybianthus, cette observation n'était pas applicable et un examen plus approfondi m'a montré que l'indication de M. Bokorny sur l'absence des glandes était simplement une erreur. Elles existent, mais sont plus difficiles à observer que dans les autres Myrsinées.

Voici ce qu'une investigation plus exacte m'a démontré pour les deux Myrsine : 1° le *M. marginata* étudié en même temps sur un petit fragment de la plante originale reçu de M. le D\` Olivier, m'a montré le caractère des Sapotacées et doit être nommé *Chrysophyllum marginatum*; 2° le *M. mitis* montrait les caractères d'une Ilicinée. C'est la plante décrite par M. Sonder sous le nom d'*Ilex capensis* avec le synonyme de *Sideroxylon mite* Jacq. M. Sonder n'a pas précisé si cette plante est identique au *Sideroxylon mite* L., ou si la plante de Linné est la même que le *Sideroxylon melanophlœum* L. Cette question avait un intérêt spécial, car dans le premier cas la plante aurait dû s'appeler *Ilex mitis* d'après les lois de la nomenclature botanique de M. Alph. De Candolle.

Il y a quelques mois, j'ai demandé des renseignements sur les spécimens de ces mêmes plantes renfermés dans l'herbier de Linné; je n'ai pu me renseigner suffisamment malgré l'obligeance de M. Jackson. Dans l'herbier de Linné se trouvent deux exemplaires (bien incomplets) sous le nom de *S. melanophlœum*, mais aucune plante ne porte le nom de *S. mite*. Cela résulte de ce que Linné n'a pas distingué suffisamment ces deux plantes auxquelles il a attribué comme synonyme la même phrase de Commelyn.

Je me suis persuadé, par les communications de M. Jackson, qu'il serait trop long d'exposer ici, que l'un de ces deux spécimens n'est pas véritablement un Myrsine, mais plutôt identique à l'*Ilex capensis* Sonder. Comme je me rends sous peu en Angleterre, j'espère par l'examen anatomique, pouvoir démontrer l'exactitude de cette conclusion.

Il serait difficile à un botaniste, qui n'est pas familiarisé avec la méthode anatomique, d'arriver au résultat indiqué avec des matériaux incomplets. Je tiens à attirer spécialement sur ce point l'attention des membres du Congrès.

Les exemples de difficultés telles que celles que je viens de citer sont fréquents. Aussi serait-il nécessaire de voir disparaître les nombreux obstacles qui s'opposent au perfectionnement de la botanique systématique. C'est ce que j'ai indiqué dans mon discours dont je viens de vous parler. Il peut se résumer en deux mots : *Organisation du travail et distribution des matériaux en rapport avec cette organisation.*

Il existe en Europe une douzaine de centres botaniques importants, entre lesquels il conviendrait de répartir le travail d'une étude complète définitive des espèces végétales. Chaque centre recevrait un groupe déterminé pour lequel il disposerait de tous les matériaux dispersés dans les diverses collections. Je prends un exemple. Supposons que Bruxelles soit destiné à s'occuper des Thalamiflores. Tout ce que les grands herbiers de l'Europe possèdent sur ce groupe serait confié à la direction du Jardin Botanique de Bruxelles, qui s'engagerait à accomplir le travail de revision. Les spécimens-types seraient conservés indéfiniment à Bruxelles, sans toutefois aliéner la propriété qui resterait celle des herbiers ayant fait le prêt. Quant aux doubles ils seraient restitués.

Par cette combinaison, on pourrait faire une étude complète des Thalamiflores tant au point de vue de la morphologie externe que de l'anatomie.

Je n'espère pas que cette idée soit réalisée d'ici à bref délai, mais je la soumets au Congrès dans l'espoir qu'elle fera son chemin et que lors d'une prochaine réunion de botanistes, elle puisse être discutée. Je souhaite que dans le cas où cette hypothèse se réalise, une commission internationale, formée des directeurs des jardins botaniques intéressés, soit chargée de prendre les mesures nécessaires pour la mettre en pratique(1).

**M. Wittmack**. — Nous devons être fort obligés à M. Radlkofer de nous avoir présenté ce travail. Tous les botanistes, tous les spécialistes savent combien il est difficile de réunir des matériaux semblables. Espérons que ce vœu se réalisera plus tard s'il ne doit pas recevoir une application immédiate. Malheureusement le grand album de Kew ne communique pas ses plantes. Tant que ces communications ne seront pas la règle, nous ne parviendrons pas à notre but. Toutefois le Congrès ferait chose sage de se rallier au vœu de M. Radlkofer.

**M. Planchon**. — Je crois qu'il faudra, dans la proposition de M. Radlkofer, prendre ce qu'elle a de pratique. Nous trouvons son vœu réalisé à peu près dans la mesure du possible, grâce à l'habitude que M. de Candolle a prise, en vue de son grand travail pour la continuation de l'œuvre de son père, de faire réunir entre les mains des monographes, les matériaux dispersés dans les différents herbiers. Je dis « des monographes » d'une famille quelquefois vaste, quelquefois étroite. Mais supposer que cette concentration pourra se faire pour des groupes plus étendus, c'est rêver l'impossible. Je ne crois pas que les grands herbiers albums d'Europe se privent, même pour un temps court, de tout un ensemble de plantes.

De plus, il ne me paraît pas possible de demander aux herbiers de l'Europe le sacrifice de ce qu'on appelle les types. Ce qu'on peut espérer, c'est qu'on distribuera libéralement, de plus en plus, dans de grands centres, les duplicata de ces types. Les grands herbiers le font. Celui de Kew lui-même a suivi cet exemple. Il peut y avoir ainsi des erreurs, il y en aura certainement mais on arrivera de la sorte à avoir des types à peu près partout.

Certes, il y a une idée généreuse dans ce projet de concentration de matériaux dans des centres déterminés, mais je crois qu'il faut se borner, pour arriver à un résultat pratique, à des monographies. Pour ma part, je ne crois pas pouvoir appuyer l'idée que des groupes immenses de

---

(1) Revenu d'Angleterre, je peux maintenant ajouter que ma supposition sur l'idendité du *Sideroxylon mite* L. avec l'*Ilex capensis* Sonder s'est bien vérifiée, mais doit être modifiée. Les deux exemplaires du *Sideroxylon melanophloeum*, que j'ai vus à Londres, représentent en effet une même plante, le *Myrsine melanophlaea* R. Brown ; mais à côté d'eux se trouve aussi le type du *Sideroxylon mite L.*, de l'étiquette duquel le mot « mite » a été découpé par hasard. Cette plante est tout-à-fait la même que le *Myrsine mitis* Spreng et l'*Ilex capensis* Sonder. Comme je l'ai indiqué ci-dessus et comme je l'ai exposé au « Meeting of the British Association for the Advencement of Science at Aberdeen », le 14 septembre 1885, elle doit donc s'appeler *Ilex mitis*.

Munich le 23 novembre 1885.                                    L. Radlkofer.

*(Note ajoutée pendant l'impression).*

plantes soient centralisés sur un seul point, au risque d'en priver ailleurs les travailleurs pendant tout un temps. On pourrait seulement émettre le vœu que les échanges de plantes entre les divers herbiers s'étendent de plus en plus, de manière à favoriser les recherches des monographes. Dans ces limites-là, j'appuierai le vœu ; pour le surplus on vise un idéal qu'on n'a pas d'espoir sérieux de réaliser.

**M. Krélage.** — Sans vouloir entrer dans la question qui me paraît élucidée, je voudrais attirer votre attention sur un autre point. Nous autres horticulteurs, nous avons un grand respect pour les Jardins botaniques. Nous tâchons d'en tirer profit, mais ces jardins pourraient être encore d'une utilité plus importante pour l'horticulture. En général, ces jardins possèdent des collections de plantes de différents genres. Ne serait-il pas possible d'établir dans chaque Jardin botanique, à côté de ces collections générales, une collection spéciale d'une certaine famille ou d'un certain genre, dont on garderait toujours une collection aussi complète que possible ? Toutes les cultures qui font l'objet de nos études pourraient se trouver ainsi réunies dans les divers Jardins botaniques. Les horticulteurs éprouvent de grandes difficultés à garder toujours dans leurs collections toutes les plantes possibles.

Ils ont aussi à tenir compte de la mode qui se jette tantôt sur un végétal et tantôt sur un autre. Si on pouvait parvenir à conserver tous les types du règne végétal dans les divers Jardins botaniques qui s'appliqueraient à cultiver chacun une certaine famille restreinte, on rendrait service, non seulement à l'horticulture, mais aussi à la science, qui se procurerait aisément tous les individus nécessaires aux études. Cette question est des plus importantes parce que dans les lieux natals, par diverses raisons, les plantes indigènes deviennent souvent rares et risquent de se perdre. On pourrait de cette façon tâcher de les garder en état vivant dans les cultures.

Les Jardins botaniques qui ont de grandes ressources à leur disposition s'occuperaient des familles plus importantes et dont l'entretien est coûteux. Les autres pourraient s'occuper d'une famille ou d'un genre de plantes vivaces dont l'entretien est relativement peu coûteux. Il n'y a pas un seul Jardin botanique, même avec les ressources les plus restreintes, qui ne pourrait pas donner son apport à cette œuvre utile. (*Applaudissements.*)

**M. Baillon.** — La question que vient de soulever M. Krélage est particulière aux plantes cultivées. Quant à ce qui concerne les collections d'herbiers, je ne crois pas qu'aucun Congrès puisse réaliser la généreuse conception de mon ami M. Radlkofer. Les règlements d'une foule de grands albums s'opposent absolument à la distribution des plantes. Si vous insistiez pour qu'ils fussent violés, on vous enverrait promener, permettez-moi cette expression vulgaire. Nous pouvons émettre un vœu, c'est que les grands herbiers communiquent les types d'une même famille à celui qui s'occupe d'une monographie, même qu'on lui en donne les doubles. Le Congrès pourrait adresser une circulaire dans ce sens à tous les directeurs d'albums pour les engager à se départir, dans l'intérêt général, de la règle qu'ils se sont imposée ou qu'ils ont acceptée. Nous ne pouvons exercer ici qu'une influence morale.

**M. Radlkofer.** — Toutes les objections que l'on élève contre mon idée ne sont pas si graves que les inconvénients subis par la science avec la pratique existante. Je n'ai voulu qu'émettre mon idée. J'espère qu'elle fera son chemin.

**M. le Président.** — Je pense que la proposition de M. Radlkofer et celle de M. Krélage seront appuyées par la section. (*Adhésion*).

**M. Triana.** — *Publication des dessins de botanique de Mutis.* Messieurs, en parcourant la belle exposition d'horticulture organisée par les soins de la Société royale d'agriculture et d'horticulture d'Anvers, qui vient d'être inaugurée, je me suis cru transporté soudainement dans une forêt tropicale. Je dirai mieux, dans une forêt de la Colombie, car malgré que cela puisse étonner plusieurs personnes, une grande partie des plantes qui donnent tant d'éclat à l'exposition sont originaires de mon pays.

J'ai donc éprouvé une véritable satisfaction en voyant autour de moi, dans l'exposition, ce choix remarquable de végétaux que j'avais jadis contemplés avec enthousiasme au début de ma carrière. Comme d'anciennes connaissances qu'on retrouve au bout de longues années, je les ai saluées de mon regard attentif, ravi de les revoir jeunes et luxuriantes, pleines de fraîcheur et plutôt rehaussées d'une beauté nouvelle que leur ont donné les soins d'une culture intelligente, loin de leur pays natal. Inutile d'insister sur l'impression que j'ai éprouvée à la vue de cet ensemble de plantes artistiquement groupées, remarquables à différents titres, surtout quand c'est moi-même, j'ose le dire sans vouloir me flatter, qui ai fait connaître le premier ici, dans ce pays, plusieurs de ces belles conquêtes de l'horticulture ornementale. Doux souvenir de jeunesse qui me rattache involontairement à la Belgique. Je les ai vues sous la voûte verdoyante, tiède et embaumée des hautes forêts vierges, grimpant et escaladant les arbres séculaires, ces *Odontoglossum*, ces *Oncidium*, ces *Epidendrum*, ces *Cattleya*, ces *Anguloa*, ces *Masdevallia*, ces *Stanhopea*, ces *Gongora*, etc. etc. qui entrelacent leurs guirlandes ou confondent leurs fleurs singulières et capricieuses. Sur les troncs robustes des arbres ou cachées dans l'inextricable confusion de verdure, je les ai trouvées ces magnifiques Aroïdées, Broméliacées, Marantacées, etc. qui font l'admiration du visiteur, tels que ces *Anthurium, Caladium,*

*Dieffenbachia, Philodendron, Spathiphyllum,* ces Maranta à feuillage panaché, ces *Pitcairnia, Billbergia, Guzmania, Vriesea,* etc. Là-bas, les fougères en arbre coudoient les palmiers et leur disputent l'élégance générale de leurs formes. Plus à la lumière se tiennent ces *Oreopanax* et d'autres arbustes qui sont devenus aujourd'hui un besoin dans l'ornementation.

Dans les lieux humides se tiennent plus modestement les *Eucharis,* les *Crinum,* les *Amaryllis* et bien d'autres plantes à feuillage panaché.

Je n'en finirais pas si je voulais faire l'énumération de tant d'autres plantes que la Colombie a fournies à l'horticulture en Europe en général et particulièrement à la Belgique, ce pays qui a tant contribué à répandre, à entretenir et à épurer le goût des plantes exotiques dans l'ornementation. Mais ne croyez pas, Messieurs, que ce jardin privilégié, que cette pépinière de si belles découvertes horticoles ait pu être épuisé. De nouvelles surprises attendent toujours les explorateurs, à preuve ces *Anthurium Andreanum* et *A. Gustavi* qui étonnent les amateurs.

Ce ne sont pas seulement les plantes ornementales qui abondent en Colombie. On y trouve aussi des végétaux remarquables utilisées en thérapeutique, en industrie, dans les arts, etc.

Vous tous, Messieurs, qui aimez les plantes, vous devez d'après ce que je viens d'énumérer, vous intéresser naturellement à cette Flore de la Colombie qui vous procure tant de richesses à différents points de vue; et c'est à ce titre que je vous demande un moment de bienveillante attention.

A la fin du siècle dernier, quand la connaissance des plantes exotiques passionnait les esprits en Europe, l'Espagne, sous les auspices du roi Charles III, monarque éclairé et ami de tout progrès, organisa et maintint longtemps trois grandes expéditions pour explorer la végétation des colonies espagnoles de l'Amérique.

L'une alla au Pérou et au Chili dans la région méridionale, l'autre visita le Mexique dans la région septentrionale et la troisième fut fondée (1798) dans les régions centrales, à la Nouvelle Grenade, aujourd'hui la Colombie.

C'est de cette dernière que je désire vous entretenir pendant quelques instants.

La direction de la dite expédition fut confiée à Mutis, célèbre botaniste espagnol, qui put disposer de la libéralité du gouvernement espagnol, qui n'épargna aucune dépense, pendant les trente années que dura, à peu près, cette entreprise.

L'expédition eut à son service des aides-naturalistes, zoologistes, botanistes, astronomes, etc. et ce qui était plus remarquable, on fonda sous la direction des peintres espagnols, une école de dessinateurs

néo-grenadiens, qui devinrent eux-mêmes de véritables artistes dessinateurs de plantes.

Tout ce personnel si nombreux, qui comptait au moins trente personnes,
travailla avec ardeur et assiduité, pendant la longue période de l'existence
de l'expédition, à amonceler les matériaux d'une Flore du pays qu'avait
projetée Mutis. On arriva ainsi à réunir de grandes collections d'objets
d'histoire naturelle, minéraux, végétaux et animaux; on prépara de
nombreux herbiers; on rédigea des notes et l'on fit des descriptions.
Enfin, on confectionna une nombreuse, grandiose et brillante collection
de dessins de plantes, d'après nature, sur beau papier grand in-folio,
les uns à la plume, les autres admirablement coloriés à la manière des
miniatures, tous étonnants d'exactitude et de finesse, rivalisant presque
d'éclat avec leurs originaux.

Jamais on n'avait mis à exécution une œuvre aussi grandiose et en de
telles proportions, et je ne sais pas si l'on pourrait songer aujourd'hui
ou plus tard à en entreprendre une semblable.

Humboldt et Bonpland, en arrivant à Bogota, furent ravis d'admiration
à la vue de ces dessins magnifiques et des richesses scientifiques réunis
au sommet de la Cordillère des Andes, alors presque inaccessible au
voyageur, et ils payèrent leur tribut d'admiration à Mutis.

Malheureusement, au commencement du siècle (1808), Mutis mourut
sans avoir même commencé sa Flore, ouvrage colossal à en juger d'après
les matériaux qui étaient restés en voie de préparation. A la mort du
savant directeur, ses collections restèrent comme isolées et indépendantes
les unes des autres: les dessins, les plantes desséchées qui avaient servi
de modèles, les descriptions ou notes manuscrites, n'avaient pas la numération concordante si désirable, aucun lien ne les réunissait. Pour la
plupart, ces éléments divers manquaient de classification et de dénominations techniques que, du reste, il était presque impossible de leur
donner à une époque ou presque toutes les plantes de la contrée
étaient inconnues pour la science.

Survint après (1810) la proclamation de l'indépendance des colonies
espagnoles, et au moment où le mouvement révolutionnaire fut momentanément comprimé, le général pacificateur Morilor, étant arrivé triom-
phant à Bogotá (1814), reconnut la valeur exceptionelle et la richesse
des collections formées par l'expédition botanique du nouveau Royaume
de Grenade. Il prit tout ce qui se trouvait dans l'établissement et expédia
à Madrid, sous la garde d'un de ses lieutenants, les herbiers, dessins,
manuscrits et objets d'histoire naturelle; le reste fut vendu. A leur
arrivée, les collections furent déposées au Jardin des plantes et grâce à
Lugasca, son directeur, qui comprit tout l'intérêt scientifique et toute la
valeur intrinsèque et artistique qu'elles comportaient, surtout les
dessins et les manuscrits, obtint du roi, les fonds nécessaires pour la

confection des armoires, avec boîtes en bois doublées de fer blanc, pour renfermer et conserver précieusement ces dessins comme un véritable trésor. Les dessins, en particulier, ont été retrouvés intacts au bout de tant d'années et comme s'ils venaient de sortir des mains des artistes. Les herbiers restent dans leurs caisses encore assez bien conservés, d'après ce que j'ai pu voir et les manuscrits n'ont pas été détériorés. Je n'ai pas vu les collections d'histoire naturelle.

Le gouvernement espagnol, comprenant la nécessité de faire profiter la science de tant de documents importants, si chèrement acquis, nomma, à diverses reprises, pour les mettre en ordre, les classer et déterminer, des savants espagnols. Lagasca fut le premier chargé de cet important et difficile travail qui fut confié après à Pavon, un des explorateurs du Pérou et du Chili qui s'était familiarisé avec la végétation Sud-Américaine, et ainsi en furent nommés d'autres moins célèbres. Mais, on se heurta toujours à des difficultés, pour ainsi dire, insurmontables, à cause de l'état, d'après ce que je viens de vous dire, où se trouvaient les collections. Le défaut de numération et de corrélation naturelle et indispensable entre les dessins, les herbiers et les descriptions, l'insuffisance d'indications utiles et surtout d'analyses des organes reproducteurs accompagnant les dessins, ou la circonstance de se trouver sur des feuilles séparées, rendaient la classification de ces documents à peu près impossible.

C'est ainsi que ces matériaux ont dû rester de longues années renfermés et ignorés presque complètement du monde savant, au préjudice de la science. Il était nécessaire, pour débrouiller ce chaos, d'avoir vu toutes ces plantes à l'état vivant dans leur pays natal, il fallait les avoir étudiées, classées et déterminées d'avance afin de pouvoir les reconnaître à la simple inspection et arriver à leur donner leur nom et leur assigner leur rang dans la classification. Sans cela, les recherches devenaient longues, pénibles et la plupart du temps, infructueuses.

Par des circonstances exceptionnelles qu'il est inutile de rappeler ici, je me suis trouvé dans les conditions ci-dessus indiquées, et préparé d'avance pour rendre la tâche moins difficile, moins longue, tout en ayant la probabilité d'exactitude dans les déterminations, afin que l'œuvre puisse se trouver à la hauteur qu'exigent les connaissances actuelles sur la botanique.

J'avais parcouru les mêmes régions que Mutis pour étudier la même végétation, et comme lui j'avais formé un grand herbier. Après avoir étudié les plantes vivantes, j'étais venu en Europe avec mes collections et, entouré de tous les moyens qu'offrent les pays civilisés, je complétais mes déterminations et recherches sur toute cette végétation.

Je pouvais donc reconnaître assez facilement au coup d'œil, sur le dessin, la plante qu'il représentait et lui assigner son nom scientifique, ou déterminer les échantillons d'herbier. Désireux de rendre utiles ces matériaux précieux venant de mon pays, j'insistais à plusieurs reprises auprès du gouvernement espagnol, pour obtenir la permission d'entreprendre le classement et la dénomination, surtout de la partie la plus importante, c'est-à-dire, des dessins. Enfin, il n'y a pas longtemps que cette autorisation m'a été accordée par la munificence du gouvernement qui a à sa tête, le jeune, illustre et éclairé monarque, Alphonse XII, auquel je me plais à donner ici un témoignage public de gratitude et de reconnaissance au nom de tous ceux qui aiment la science.

J'ai donc profité de cette permission ample et généreuse, que j'ai obtenue par l'entremise de son Excellence M. Carlos Holguin, ministre plénipotentiaire des États-Unis de Colombie en Espagne, et avec l'aide de mon gouvernement, je me suis mis à l'œuvre. Après un rude et opiniâtre labeur de quelques mois, je suis arrivé à classer et à déterminer techniquement la collection de plus de 6000 dessins. Elle constituerait aujourd'hui un grand et magnifique album composé de 40 volumes. Tous les dessins qui représentent la même espèce, soit en noir, soit en couleurs, se trouvent réunis; les espèces du même genre, ainsi que les genres, se suivent dans l'ordre de la méthode naturelle.

J'ai formé, en outre, dans le même ordre, un catalogue général des dessins d'espèces, genres et familles, avec l'indication du nombre et de la nature des dessins qui représentent chaque espèce. J'ai voulu aussi conserver la liste avec l'énumération primitive des dessins dans la disposition où je les avais trouvés. Le résumé complet des dessins, indique qu'il y a à peu près 2000 espèces de plantes représentées et qu'elles le sont en général par deux, même trois, ou plus de dessins dont il y a, en général un en couleur et les autres en noir, à la plume.

Ces documents précieux pour la science, sont aujourd'hui à la portée du public au Jardin des plantes de Madrid et peuvent être facilement et fructueusement consultées au profit de la botanique ou de l'art.

Le trésor qui risquait d'être perdu a été sauvé, ce qui était le point essentiel et le plus important; mais il serait désirable de pousser plus loin le rachat entrepris. Aujourd'hui on peut bien songer à la reproduction des dessins si admirablement faits. A une autre époque, le projet aurait été presque impraticable, surtout suivant le plan primitif, à cause du prix élevé qu'aurait coûté la gravure, du grand nombre de graveurs qu'il aurait fallu employer et du temps qu'aurait exigé l'exécution de l'œuvre. Mais grâce aux progrès accomplis actuellement dans la gravure par des procédés mécaniques et d'après l'étude approfondie que j'ai faite de la question, l'entreprise est devenue praticable, relativement économique et d'exécution rapide.

Parviendrai-je à pouvoir entreprendre la seconde partie de la tâche ?

Pourrai-je me flatter en moins de la commencer ?

Je l'ignore, parce que cela dépend de circonstances indépendantes de ma volonté et surtout de l'aide et de l'appui qui pourraient m'être accordés.

Je ne doute pas que je trouverai, en Colombie, un concours empressé en faveur de cette idée, mais il pourrait être paralysé par des événements imprévus. C'est pour cela que je fais appel ici aux botanistes et savants européens dont l'encouragement serait précieux. Je viens donc Messieurs, vous prier de vous intéresser à une œuvre qui, comme je l'ai dit en commençant, doit vous être sympathique; je viens vous demander votre action personnelle ou officielle, afin de m'aider dans la mesure du possible en faveur de cette œuvre grandiose pour la botanique.

Nous avons soumis à votre examen les spécimens des photogravures obtenus à très bon marché. On faciliterait la publication en la mettant à un prix minime, qui ne serait que le prix de revient de l'impression et du tirage, sans compter l'énorme dépense qui a été faite pour l'établissement des originaux.

**M. Planchon.** — M. Triana a accompli son œuvre d'une manière très-satisfaisante. Il a eu le mérite très grand de publier les dessins originaux de Mutis relatifs au Quinquina. Il en a fait une œuvre très-sérieuse. Il est plus capable que personne de faire connaître aux savants les trésors qui sont restés ainsi enfouis, pendant près de cent ans, dans les archives du Jardin botanique de Madrid, qu'il a eu le mérite de retrouver et de mettre en lumière.

Le Congrès doit accueillir le vœu de M. Triana, que les Gouvernements qui sont à la tête des sciences, qui ont de grandes collections, favorisent par des souscriptions et des encouragements la publication d'une œuvre aussi importante que celle des dessins de Mutis.

**M. le Président.** — Je pense que tout le monde est d'accord.

**M. Ch. De Bosschere.** — L'insertion de la communication de M. Triana dans les actes du Congrès et l'expression du vœu qui vient d'être émis, permettront à M. Triana de déclarer qu'il a obtenu pleine satisfaction au Congrès d'Anvers. Nous nous empresserons de donner à cette communication la plus grande publicité possible.

**M. Triana.** — Je remercie M. De Bosschere. Le moyen qu'il indique est le plus puissant d'aider à la publication.

**M. Ch. De Bosschere.** — La Section botanique avait chargé une commission spéciale, composée de MM. Baillon, Cornu, Planchon, père et fils et Wittmack, de dresser une liste des champignons vénéneux et des champignons comestibles. Cette liste vient de m'être transmise. Nous l'insérerons dans les Actes du Congrès.

Nous avons adopté hier une proposition tendant à terminer les travaux du Congrès ce matin même. Plusieurs membres de l'assemblée m'ont exprimé le désir de voir remettre l'assemblée générale à l'après-midi. Je devrai pouvoir donner lecture de tous les vœux qui ont été exprimés aux assemblées générales antérieures ainsi que dans les différentes sections, seulement ces vœux ne sont pas encore définitivement rédigés.

Je pourrai, *grosso modo*, vous en donner connaissance.

**M. Planchon**. — On pourrait s'en rapporter au bureau.

**Un membre**. — D'autant plus qu'il a été entendu que les vœux seraient adressés à leurs auteurs pour en revoir les formules.

**M. le Président**. — Alors toutes *les questions* sont épuisées.
La séance est levée à midi et demi.

# SECTION HORTICOLE.

## Séance du 4 août 1885.

Présidence de M. CARL HANSEN, professeur à l'Académie supérieure
d'Agriculture et d'Horticulture de Copenhague.

M. CH. VAN GEERT, Jr, secrétaire du Congrès, remplit les fonctions de
secrétaire.

**Sommaire** : *XIe Question du programme* : L'utilisation des eaux d'égoût des
grandes villes. Quels sont les résultats obtenus dans les divers pays? Quels sont
les moyens à mettre en œuvre pour généraliser la pratique du sewage? par
MM. BOËNS, CH. JOLY, PALACKY, DE GERLACHE, MERTENS. — *XVe Question du
programme :* La culture des champignons utiles est-elle susceptible de s'étendre?
On demande un aperçu des espèces comestibles les plus communes et des espèces
vénéneuses qui leur ressemblent le plus, par MM. WESMAEL, BALTET. —
*XVIIIe Question du programme* : Quels sont les remèdes employés jusqu'ici
contre les ravages du Phylloxera et quels résultats ont-ils donnés? par MM. BAL-
TET, MERTENS. — *XIXe Question du programme :* De l'opportunité de la création
dans les centres horticoles, de Sociétés de prévoyance mutuelle et d'épargne
en faveur des jardiniers et de leurs familles, par MM. PALACKY, BALTET. —
*XXIe Question du programme :* Tarification et conditions des envois horticoles
par chemin de fer, par MM. BALTET, JOLY.

La séance est ouverte à 9 1/2 heures;

**M. le Président.** — L'ordre du jour comporte cinq questions de la
plus haute importance. Je crains que nous n'ayons pas le temps voulu
pour les traiter, aussi j'engage les orateurs à être aussi brefs que,
possible.

Voici deux des questions qu'il s'agit de traiter :

X. *De l'emploi des engrais artificiels pour la culture des plantes dans les serres, les appartements et les jardins*(1).

XI. *L'utilisation des eaux d'égout des grandes villes. Quels sont les résultats obtenus dans les divers pays? Quels sont les moyens à mettre en œuvre pour généraliser la pratique de sewage?*(2)

La parole est à M. Boëns sur la XI° question du programme.

*M. Boëns ayant réclamé le manuscrit de son discours, nous nous voyons dans l'impossibilité de le reproduire ici*(3).

**M. Ch. Joly.** — M. Boëns aurait dû se placer, dans son travail, non pas au point de vue de l'inventeur, mais au point de vue général. Nous connaissons tous l'amour paternel des inventeurs pour leurs découvertes, mais avant de les discuter dans un Congrès, il faudrait qu'elles aient été examinées par des hommes spéciaux et soumises au contrôle de l'expérience. Si l'on procédait autrement, les discussions n'auraient pas de fin et elles se passeraient en d'interminables discours sur les mérites de chaque invention. Ceci dit, j'arrive au sujet pour lequel j'ai demandé la parole.

Quand on étudie les deux grandes lois qui régissent le monde : *la loi de vie* et *la loi de mort*, on reconnaît que tout corps organisé, que ce soit un animal ou un végétal, est soumis, lorsque la vie l'a quitté, à une loi uniforme, à une série de transformations, qui sont opérées par des organismes vivants que la nature a préparés pour accomplir son œuvre et que les médecins désignent sous le nom de microbes, de ferments, etc., mais que j'appellerai les ouvriers de la mort, parce qu'ils sont chargés de transformer tout ce qui a eu vie : ils se transforment eux-mêmes successivement au fur et à mesure de l'accomplissement de leur œuvre. Si tous les êtres organisés n'étaient pas soumis à cette loi providentielle, la vie ne pourrait pas exister à la surface du globe.

Eh! bien, c'est dans cette période de transformation, ou de fermentation, qu'est le danger pour nous, c'est là que doivent se concentrer les efforts des hygiénistes, c'est là ce qui fait que l'on doit ou désinfecter sur place, ou chasser au loin, par tous les moyens possibles, tout ce qui a servi à nos besoins et que la nature rejette par les moyens que vous connaissez. Nous avons hélas! l'habitude, par incurie ou par ignorance, de laisser séjourner près des habitations les déjections animales et les détritus de tout genre : nous nous empoisonnons nous-mêmes. C'est le cas d'appli-

---

(1) Voir aux « *Rapports préliminaires* » le mémoire de M. L. DE NOBELE, p. 225-233.

(2) Voir aux « *Rapports préliminaires* » le rapport de M. JOLY, p. 65-70.

(3) Note du Secrétaire-Général.

quer le proverbe: « l'homme ne meurt pas, il se tue ». Qu'on examine les causes de cette légion de maladies: fièvre jaune, choléra morbus, vomito négro, fièvre typhoïde, fièvre pernicieuse, etc., tout cela provient de la même cause, produit des phénomènes presque semblables et ne disparaitra que par l'observation rigoureuse des lois de l'hygiène. Pourquoi hélas! nous apprend-on, dans nos classes, tant de choses superflues et rien ou presque rien de la science suprême, celle qui nous conserve la santé sans laquelle tous les biens de ce monde ne sont rien?

Mais nous sommes réunis pour étudier uniquement les questions horticoles et ici, la question est double : laissons l'hygiène aux médecins et ne nous occupons que de l'utilisation des eaux d'égoùt; qu'il soit bien convenu, une fois pour toutes, que les détritus animaux et végétaux ne doivent, à aucun prix, séjourner près de nos habitations : ce serait déjà là un grand pas de fait, si chacun de nous était bien convaincu de cette vérité.

Qu'allons-nous faire de tous ces détritus des villes? Allons-nous agir comme les Chinois ou comme cela se fait dans le nord de la France et dans les Flandres, recueillir les matières à l'état frais pour les répandre sur nos champs? Franchement, l'agriculture y gagne, mais nos mœurs répugnent à ce moyen barbare. Allons-nous faire des canalisations séparées sous nos rues, pour les télégraphes, les téléphones, les eaux de rivière, les eaux de source, le gaz, les eaux de pluie et les eaux ménagères comme on le propose à Paris? Vraiment, c'est bien compliquer la question et s'exposer à des dépenses énormes. — En économie domestique, tout ce qu'il y a de plus simple est le meilleur. Pas de machines à entretenir, pas de clapets, pas de robinets, pas de valves qui fonctionnent mal, deux simples syphons, l'un au départ des eaux vannes, l'autre à l'entrée de l'égout, puis pour ces égouts une pente suffisante et quand la pente est faible, des chasses d'eau automatiques deux fois par jour. Voilà, en un mot, toute la question pour la majorité des villes. Je n'ai pas besoin d'ajouter qu'on ne draîne pas Venise ou Amsterdam, comme Paris ou Bruxelles. Employer des moyens artificiels pour épurer nos eaux vannes est une utopie jugée depuis longtemps : le moyen est bon pour certains cas particuliers, mais nous nous plaçons toujours ici au point de vue général. Qu'il soit bien entendu surtout, que si l'on n'a pas le droit d'empoisonner l'air que nous respirons, si l'on a fait des lois contre les établissements insalubres, on n'a pas plus le droit d'empoisonner les eaux des rivières et de détruire les poissons qui sont, dans certains pays, une source d'alimentation si abondante et si économique.

Déjà en 1826, plusieurs savants, MM. Chevreuil, Wurtz et Dumas, consultés sur le meilleur moyen de désinfecter les eaux des distilleries, avaient conseillé d'adjoindre aux usines des terrains spéciaux pour y faire de l'irrigation et pour profiter de la propriété si remarquable que possède le sol pour la désinfection des matières organiques. Depuis ce moment, on n'a rien trouvé de mieux et l'on ne trouvera jamais rien de plus simple et de plus pratique, surtout quand il s'agit de volumes d'eaux vannes considérables. Imiter la nature, voilà le but à atteindre, comme elle nous le montre à chaque pas, quand elle fait jaillir de la terre sous forme d'eaux pures, les pluies qui ont entraîné les poussières atmosphériques, à travers les détritus de tous genres qui jonchent le sol.

Où faudra-t-il conduire les eaux d'égoût ? Evidemment sur des terrains perméables quelles que soient leurs autres qualités, puisque les eaux vannes renferment presque tous les éléments nécessaires à la culture : au premier abord, c'est à qui n'aura pas les eaux d'égoût près de sa propriété, comme s'il s'agissait d'un cimetière! N'a-t-on pas vu cela à Genevilliers il y a 15 ans ? Ah ! comme l'on crierait aujourd'hui si l'on portait les eaux ailleurs! Disons de suite que les procédés de culture à l'eau d'égoût sont quelque peu différents des autres : il faut irriguer d'une manière intermittente les racines des plantes, au moyen de billons, en écartant les sillons d'irrigation de mètre en mètre par exemple : et qu'on n'oublie pas ici que l'hiver, les eaux vannes ne gèlent pas, car ces eaux circulant dans les égouts, conservent longtemps la température du sol.

On a craint les maladies provenant des irrigations et l'on a bâti là dessus des montagnes d'erreurs. Qu'il me suffise de demander s'il y a des maladies spéciales parmi les égoutiers ou les vidangeurs, s'il y en a à Pantin et à Bondy où sont les vidanges de Paris, s'il y en a à Edimbourg, à Milan, à St-Étienne, à Berlin et à Valence ou à Grenade, où l'on utilise les eaux d'égoût depuis si longtemps. Et à Genevilliers, où les expériences se font sur 600 hectares aujourd'hui, y a-t-il plus de maladies qu'ailleurs? Ah! que la mauvaise foi et l'ignorance ont beau jeu dans ces questions! Mais je dois insister ici sur une vérité qu'on oublie: jusqu'à présent, on s'est occupé d'amener les eaux dans les villes, sans savoir ce qu'elles deviendraient quand elles auraient servi à nos usages domestiques : on a bien voulu payer pour les amener, mais on hésite à payer pour s'en débarrasser: il le faudra cependant et on l'a dit cent fois, l'argent qu'on dépensera en égoûts, en soins d'hygiène, en propreté, on l'économisera sur les frais d'hôpitaux et l'on aura prolongé la vie humaine. A l'œuvre donc, messieurs les Conseillers municipaux: voyez où le choléra, cette année, fait le plus de victimes, n'est-ce pas dans les villes où les lois de l'hygiène sont le moins bien observées ?

Je n'aime pas, en général, l'intervention de l'autorité, quand il s'agit d'intérêts que nous pouvons gérer nous-mêmes; mais, dans le cas qui nous occupe, il est bon que les villes prennent l'initiative, qu'elles se procurent les terrains nécessaires, qu'elles y amènent des cultivateurs en leur offrant des avantages particuliers et temporaires. Rien n'est contagieux comme l'exemple et comme la pratique : on l'a vu à Genevilliers, près de Paris; quelques maraîchers intelligents ont ouvert la voie, d'autres ont suivi, entraînés par leur intérêt et par la vue des faits; aujourd'hui, la population y a quintuplé depuis cinq ans et la valeur locative de terrains presqu'incultes, a monté de 90 fr. à 4,500 fr. l'hectare.

Je me résume : il n'y a pour les grandes villes qu'un moyen simple, pratique et économique d'utiliser les eaux d'égoût, c'est de les déverser en proportion convenable et d'une manière intermittente sur des sols perméables et cultivés. Qu'on vienne visiter, sans parti pris, sans vues d'intérêt privé, les champs de Genevilliers et l'on se demandera comment, en 1885, il est encore tant de villes décimées par les maladies infectieuses, quand la nature leur offre un moyen simple et pratique d'assurer la propreté de nos habitations et, par suite, la longévité humaine.

**M. le Président.** — Nous remercions M. Joly de son intéressante communication.

**M. Palacky.** — Y a-t-il quelqu'un ici qui pourrait nous expliquer les expériences qui ont été faites à Milan?(1) Sans doute nous profiterons des expériences de Genevilliers, mais tous les terrains ne se prêtent pas au même système. A Prague, par exemple, nous n'avons pas de plaine

---

(1) M. le Prof. Dr. GAETAN CANTONI, directeur de la « R. Scuola superiore di agricoltura » à Milan, a bien voulu, à notre demande, nous fournir les renseignements suivants, ce dont nous le remercions ici publiquement :

« La ville de Milan, située au milieu d'une large plaine arrosée depuis longtemps par de nombreux canaux, a su, depuis longtemps aussi, utiliser ses eaux d'égoût pour l'arrosement des prairies d'hiver (marcite), qui donnent de huit à neuf coupes par an, avec un produit de 1000 à 1200 qx. d'herbe par hectare.

« Le *Nirone*, le *Seveso*, le *Lambro méridional* et le *Nedefosso*, entrent dans la ville par la partie la plus élevée, formant sous les rues et sous les maisons un réseau compliqué de petits canaux, destinés à recevoir la plupart des matières fécales et des résidus inutilisables des industries.

« Tous ces petits canaux se réunissent avant de sortir de la ville dans un grand canal qu'on appelle *Vetabbia* (Vehet alibi). Hors de Milan, la Vetabbia va arroser les prairies d'hiver qui, à cause de cela, peuvent se passer d'une fumure directe quelconque, quoique à présent, la Vetabbia ne reçoive pas autant de matières fécales et de résidus des industries qu'autrefois.

« Les eaux de la Vetabbia perdent de leur faculté fertilisante d'autant qu'elles s'éloignent de la ville et qu'elles ont déjà arrosé des prairies.

« Le prix de fermage pour les fermes qui jouissent des eaux de la Vetabbia près

d'irrigation ni surtout de gravier. Les roches ne se décomposent pas assez vite, de sorte que je crois que l'on ne peut pas y employer ce système. Nous possédons de la chaux, mais nous n'avons pas du déchet de charbon, comme à Paris et à Bruxelles.

A Rastadt on emploie, depuis une trentaine d'années, le système japonais des tonnages mobiles empotés. C'est celui qui a produit le meilleur résultat financier.

Chez nous, nous avons mesuré tous les terrains qu'on peut irriguer et ils ne suffisent pas. Il faudrait un système en rapport avec les besoins de la localité.

**M. de Gerlache.** — Dans le pays de Waes, nous faisons transporter dans les campagnes tous les déchets de la ville, non seulement les matières fécales, mais les mauvaises eaux des usines, des établissements industriels et on les utilise à la façon de Genevilliers.

Ces matières sont enlevées par des entrepreneurs qui les transportent comme engrais et les livrent à l'agriculture et surtout aux jardiniers maraîchers qui les emploient.

Au moment des découvertes de Pasteur il y a eu de l'affolement. Les

---

de Milan, est de 500 à 550 fr. l'hectare et l'ensemble des impôts de 110 fr. également par hectare.

« Ces fermes ne produisent avantageusement que de l'herbe, n'ont que des vaches, quelques chevaux pour les transports et bien peu de bœufs.

« Un exemple expliquera mieux ce que je viens de dire:

« Une ferme, à Gudo Visconti, de 58 hectares et dans les conditions susdites, compte:

<pre>
Prairies d'hiver (marcite), hectares  . . . 33.3
     id.    en assolement  . . . . . . . 11.3
Blé et maïs.  . . . . . . . . . . . . . 12.0
Bâtiments . . . . . . . . . . . . . . .  1.4
                      Total hectares   58
</pre>

« Dans cette ferme se trouvent 83 animaux : 73 vaches, 4 bœufs et 6 chevaux.

« Le produit annuel en lait est de 34 hectolitres par vache, qu'on achète en Suisse et que l'on paye de 600 à 700 fr. par tête.

« A cette ferme on produit:

<pre>
Lait : 2500 hectolitres vendus à 15 fr. l'hect.  . . . fr.  37.500
On vend : 900 quintaux de foin à 10 fr. . . . . . . »   9 000
          90 hectolitres de blé à 20 fr. . . . . . . »   1.800
          427 hectolitres de maïs à 15 fr. . . . . . »   6.315
          De l'herbe pour . . . . . . . . . . »   4.000
</pre>

« Le fumier produit 1370 tonnes évaluées à 6 fr. la tonne.

« Les dépenses, sans compter les impôts, sont calculées ordinairement au tiers du produit brut. »

voisins craignaient d'être empestés, mais on est un peu revenu de ces idées.

Je ne connais pas M. Boëns. Il réclame un vœu du comité exécutif du Congrès. C'est une question très délicate. Les études du genre de celles qu'il a faites sont toujours envoyées à des commissions d'ingéniéurs, ou à la commission supérieure des travaux publics. Cela entraîne des lenteurs, mais c'est une garantie nécessaire.

Le gouvernement n'autoriserait pas une Administration publique à consacrer des capitaux considérables dans une affaire s'il n'y a pas des hommes spéciaux, des ingénieurs, des hommes de science et de pratique qui ont étudié le système que vous voulez employer.

Je crois, que la publication dans les mémoires du Congrès, du travail de M. Boëns est le maximum de ce que le Congrès peut faire. Il nous faudrait des mois, des années d'études avant de connaître et de pouvoir recommander son système. Je ne parle pas contre son procédé, mais je me place au point de vue du règlement du Congrès.

**M. Mertens.** — J'abonde dans le système de l'honorable M. Joly, d'autant plus que, pour les grandes villes, il s'agit dans l'espèce d'une énorme dépense.

A Anvers nous dépensons 670,000 fr. pour le service de la régie, c'est à dire, pour l'enlèvement des boues, des immondices.

Nous avons le système français Talard.

Les vidanges s'enlèvent en plein jour, le produit de ces vidanges ne paie que la moitié du coût annuel de ce service. Chaque ville doit nécessairement agir selon la configuration de son terrain. Nous serions fort heureux de rencontrer un système qui allégerait cette charge annuelle.

Sur le chiffre de 670,000 fr. il y aurait moyen de créer une annuité pour trouver un service mécanique.

La ville de Bruxelles qui a une altitude supérieure à celle de certaines parties de la Campine, ne pourrait-elle, par une simple canalisation, y conduire ses eaux de sewage ?

Les grandes villes doivent se débarrasser au plus vite des eaux qui leur sont défavorables par leurs émanations et les conduire au loin où elles pourraient, dans la bruyère, s'évaporer et y laisser un dépôt fertile.

Quand à faire insérer dans les Actes du Congrès, le plan de M. Boëns, je n'en vois pas l'utilité, le plan n'est pas même fait sur échelle. Rien n'y est indiqué. C'est un essai fort louable mais qui doit avoir la garantie de l'expérience acquise. Nous devons nous placer sur le terrain de la pratique sans laquelle on ne fait rien de bon.

Nous avions à Anvers, au 31 décembre 1884, 26070 maisons, presque chaque maison a sa fosse. L'Administration est convaincue que, dans l'intérêt de l'agriculture, pour que la gadoue ne se perde pas, ces fosses doivent avoir une certaine contenance.

Je viens de voir à l'Exposition universelle, dans le compartiment de Bruxelles, un rapport sur le service de la régie.

A Bruxelles, il paraît qu'il n'y a que 78 fosses à gadoue, tout le reste passe dans les égoûts.

A Anvers rien ne passe dans les égoûts en fait de gadoue.

En 1852, sur les 13626 maisons existant à Anvers, il n'y en avait que 1368 dépourvues de fosses. De 1853 à 1884 inclus, il a été construit 13578 nouvelles maisons sans compter les reconstructions totales ou partielles. Le nombre des maisons dépourvues de fosses, doit donc être notablement diminué.

Pour obtenir une solution pratique de la question on pourrait l'introduire au programme du prochain Congrès de botanique et demander aux membres de chaque pays, d'expliquer d'une façon succincte et claire, comment les grands centres se débarrassent de leurs eaux d'égoût (eaux de sewage) de la gadoue et des balayures des rues en été et en hiver.

Dans nos Chambres législatives, une pétition a été présentée en 1853, concernant les mesures qui pourraient être adoptées pour empêcher la perte des engrais de ville et pour garantir en même temps l'intérêt de la salubrité publique.

Une enquête très-intéressante a été faite à ce sujet, elle est reproduite dans les Annales Parlementaires (voir Chambre des représentants 30 janvier 1854 et mars 1854 (N° 121) Engrais des villes.—Rapport page 1125 à 1143 inclus). L'enquête a été faite par M. Schmit, professeur agrégé à l'université de Liége, qui a recueilli tous les renseignements sur 86 localités, les plus importantes de la Belgique. En prenant ce travail pour base, il serait facile de le continuer jusqu'à l'époque actuelle.

**M. Joly.** — Malheureusement l'opinion publique n'est pas suffisamment éclairée à cet égard. Nous pourrions émettre un vœu dans ce sens.

Nous devons tous être convaincus que la culture à l'eau d'égoût peut se faire pour la culture maraîchère. Il faudrait dire que le Congrès, convaincu que la culture à l'eau d'égoût est à la fois avantageuse au point de vue des industries particulières, émet le vœu que les Administrations communales et autres dirigent leurs études vers l'extension de ces cultures pour l'amélioration des champs dans les abords des villes.

Les villes ont toujours des champs, de grandes cultures, des jardins, on ne peut émettre qu'un vœu général qui prouve qu'on s'est occupé de la question.

**M. le Président.** — Voici le texte de la proposition de M. Mertens :

« Le Congrès émet le vœu, qu'au prochain Congrès, chaque ville intéressée envoie des délégués chargés d'indiquer les moyens qu'on emploie dans ces villes pour se débarrasser de la gadoue et des balayures. »

M. Ch. van Geert propose de compléter le vœu en y ajoutant : « tout en venant en aide aux grandes cultures. »

Ces deux propositions sont elles adoptées ?   (*Adhésion unanime*).

**M. le Président.** — Nous passons à la question XV : *La culture des champignons utiles est-elle susceptible de s'étendre? On demande un aperçu des espèces comestibles les plus communes et des espèces vénéneuses qui leur ressemblent le plus?* (1)

**M. Wesmael.** — Depuis quelque temps, en Belgique, on fait usage comme litière des chevaux de nos grandes compagnies de tramways et, dans certaines villes, pour les chevaux de la cavalerie, de la tourbe qui nous est expédiée de Hollande. Cette tourbe, pour la débarrasser de l'énorme quantité d'eau qu'elle recèle au moment de l'extraction, est soumise à l'action de puissantes presses hydrauliques et expédiée sous forme de cubes. Au moment où elle arrive, elle est donc complètement sèche. Il y a utilité à la conserver à l'abri des eaux pluviales, de manière que la dessiccation soit complète quand on l'emploie à l'écurie.

On la dépose à la surface du sol à l'état de morceaux de la grosseur du poing, et par le piétinement des chevaux, quelques heures après, cette tourbe est réduite à un état analogue à celui du tan. Elle a la propriété d'absorber des matières liquides, d'emmagasiner de grandes quantités d'ammoniaque et elle constitue un engrais des plus riches en matières azotées.

Ce qu'il y a de remarquable, c'est la facilité avec laquelle on crée des champignonières à l'aide de la tourbe en question, alors qu'elle a passé par les écuries.

Nous avons un horticulteur à Mons qui, dans une serre de 35 à 40 mètres de longueur a, le long des murs, installé une couche. Il est curieux de voir l'énorme quantité de produits que l'on récolte tous les jours, et la grosseur des champignons. Ce qu'il y a de plus frappant, c'est le peu de temps qui sépare le dépôt du blanc du jour de la première récolte. Nous avons constaté qu'elle était obtenue en 4 semaines, tandis que, quand on emploie du fumier de cheval ordinaire, ce laps de temps est beaucoup plus considérable.

Dans la confection des couches à l'aide du fumier de paille, comme on la pratique en Belgique, on a l'habitude de recouvrir la meule d'une couche de terre d'une épaisseur de 2 à 3 centimètres, opération qui est complétement inutile dans la culture de l'Agaric comestible à l'aide du fumier de tourbe.

Ce fumier se vend à des prix très-bas. La Société des Tramways bruxellois nous l'expédie à raison de un fr. les 100 kilos. Cent kilos

---

(1) Voir aux « Rapports préliminaires » le mémoire de M. C. ROUMEGUÈRE, p. 1-8.

ont, à peu près, un mètre cube en volume. Dans ces conditions on peut établir des champignonières à des prix excessivement minimes.

D'autre part, lorsque la culture du champignon est terminée, nous sommes en présence d'un excellent engrais, pour la petite comme pour la grande culture.

Cet engrais de tourbe est excessivement précieux quand on l'emploie comme couverture, comme paillis pour les semis et surtout pour la mosaïculture.

Le sol ne se dessèche pas, les racines des plantes à feuillage se développent très bien.

Je me résume en disant que, au nombre de toutes les matières employées jusqu'à présent pour la création des couches à champignons, la substance la plus convenable est le fumier de tourbe.

**M. Baltet.** — J'ajouterai que ce fumier est excellent pour les plantations d'arbres, surtout dans les terrains secs et sablonneux.

Dans nos pépinières nous avons un fond tourbeux. Nous ne mettons pas de fumier, c'est la tourbe qui, mélangée à des terres nouvelles, de natures différentes, alluvions, sables, calcaires, forme le chevelu des arbres de la pépinière. De sorte que, lorsqu'on a planté des arbres, cet engrais est des plus précieux pour aider à la formation des jeunes chevelus : c'est un emploi qu'il faut propager.

Quant aux champignons inédits pour la consommation, leur propagation en sera lente, témoins l'Igname, le Cerfeuil bulbeux, parfaitement inoffensifs et qui ont si peu de succès sur nos marchés.

*XVIII^e Question. — Quels sont les remèdes employés jusqu'ici contre les ravages du Phylloxera et quels résultats ont-ils donnés?*

**M. Baltet.** — J'ai été délégué pour étudier différentes opérations et spécialement le greffage de la vigne de Bordeaux à Nice, de Dijon à Marseille, etc. J'ai parcouru tous les vignobles. Il y a trois systèmes principaux pour détruire le phylloxera. D'abord le sulfure de carbone, le sulfocarbonate de potassium, procédés coûteux. Les syndicats de propriétaires, les administrations avec des subventions du ministère ou des administrations départementales, peuvent en faire la dépense tout en agissant énergiquement. Comme il est difficile d'atteindre un insecte invisible, on recommence l'opération l'année suivante.

Un autre moyen de destruction du phylloxera, mais qui n'est applicable que dans certaines situations, c'est la submersion. Voilà pourquoi le Midi réclame avec tant d'insistance la dérivation du Rhône et l'établissement de canaux qui puissent fournir de l'eau à certaines époques déterminées. Il faut avoir de l'eau à sa disposition, renouveler l'opération et amener des engrais spéciaux, car ce lavage pourrait finir par fatiguer le sol et enlever les principes fertilisants utiles à la vigne ou nuire à la saveur du raisin.

Un dernier procédé, plus praticable, se résume dans la plantation de cépages qui résistent à l'ennemi souterrain et se prêtent au greffage de nos cépages vinifères. Les espèces américaines issues des *Vitis cordifolia* (var. *riparia*) et *monticola* (var. *rupestris*) ont fourni ces types. Il y a eu des déceptions au début, il a fallu essayer beaucoup de plantes avant de connaître celles qui pourraient le mieux réussir. Les déceptions sont surtout venues de ce qu'on a fait des greffages sur des boutures, sur des rameaux, dans des terrains insuffisamment préparés. La plante est alors devenue rachitique. Mais l'accroissement en superficie, des terrains cultivés au moyen de plants américains, prouve la valeur du système.

Après 5 ou 6 années de greffage sur les plants choisis dans les espèces résistantes, tout va bien et une seule récolte indemnise le vigneron des sacrifices qu'il a faits depuis le moment de la plantation.

La présence du bourrelet de la greffe sur l'arbuste contribue à la concentration sur le branchage des éléments atmosphériques. Il en résulte plus de fertilité au cep et plus de qualité au vin. On a reconnu, en outre, que beaucoup d'espèces qui ne vivraient pas franches de pied, réussissent au greffage. Donc par la greffe on pourra varier la nature du vin.

Dans les pays menacés, un moyen de lutter contre le mal, c'est de se syndiquer. Que les vignerons forment une fédération de finance et de travail; la mutualité et l'union leur permettront de lutter avec succès.

Si l'horticulture a souffert de l'invasion phylloxérique, nous n'en sommes pas moins reconnaissants à l'État et à toutes les administrations, d'avoir secondé les propriétaires pour ramener les vignobles à leur ancienne prospérité.

**M. Mertens.** — N'a-t-on pas trouvé un ennemi qui puisse dévorer le phylloxéra ?

**M. Baltet.** — Pour détruire un animal invisible, il faut un ennemi invisible: c'est ce qui est difficile à trouver.

Lorsqu'on nous apporte un végétal d'un pays étranger, si l'on n'a pas importé son ennemi, nous pourrons vivre longtemps sans craindre de le perdre.

Mais le phylloxera a, en une année, produit des millions d'enfants. La nature fournira son ennemi, peut-être tout ce que l'on a dit à ce sujet ne s'est pas encore confirmé.

**M. Mertens.** — Il y a encore, dans cet ordre d'idées, la plantation d'une plante intermédiaire.

**M. Baltet.** — A diverses époques, il a été question d'introduire dans les vignobles des plantes à odeur forte. Je les ai essayées, mais le résultat n'a pas été concluant. J'avais également supposé qu'en en fouissant des rameaux verts de sapin, le phylloxera disparaitrait. Les effets de ce procédé n'ont pas été les mêmes partout; on l'a abandonné. On a essayé d'entourer les vignes de sable à la suite des cultures luxuriantes dans les sables marins d'Aigues Mortes; on a dû y renoncer.

Je me résume : quiconque visiterait les pays vignobles frappés par le fléau pourra se convaincre des efforts tentés par les intéressés. Au début de l'invasion, appliquer énergiquement les remèdes insecticides; recourir à la submersion quand les circonstances le permettent, enfin si la vigne succombe, chercher une derniers planche de salut dans la greffe des cépages sur plant résistant. Ce systéme prend chaque année une extension considérable. J'ai le droit d'en être fier, car le premier j'ai conseillé l'emploi du *Vitis riparia*, le plus répandu aujourd'hui, au titre de porte-greffe.

XIX. — *De l'opportunité de la création, dans les centres horticoles, de sociétés de prévoyance mutuelle et d'épargne en faveur des jardiniers et de leurs familles.*

**M. Palacky.** — Je désire appeler votre attention sur le mode de crédit agricole qui existe en Bohème. Tout possesseur d'une terre est, *par ce fait même,* membre d'une société de crédit mutuel dans le district où il a sa terre. Ce sont ses concitoyens qui décident de la limite du crédit. Tous les propriétaires choisissent un Comité qui est chargé de distribuer l'argent. Ces sociétés, qui sont au nombre de 300 environ, réescomptent dans les grandes banques du pays. Elles ont un point d'appui dans la banque centrale du crédit foncier de Bohème.

Cette manière de procéder est une solution d'un problème économique très difficile, dans le sens le plus large et le meilleur. Tout propriétaire, par le fait même qu'il possède, a donc droit à un crédit que ses propres concitoyens lui accordent et il choisit lui-même ses juges.

Les sociétés disposent d'un fonds considérable : vingt deux millions de francs. Elles distribuent aussi l'intérêt de ces fonds, mais la chose essentielle c'est que chaque propriétaire a droit au crédit. S'il est mauvais créancier, les censeurs, que les propriétaires choisissent, le lui retirent.

Ces sociétés nous ont rendu de grands services, dans la crise actuelle surtout, dans la crise sucrière de l'année passée qui a profondément atteint mon pays. Chaque année on doit recevoir 20 à 30 millions de francs d'impôts sur les betteraves. Or, vous savez ce qui s'est passé l'année dernière. Ces sociétés ont empêché bien des faillites et de la disette.

La philantropie recommande cette solution. Si en Belgique tous les cultivateurs formaient des associations mutuelles de ce genre, je ne doute pas qu'ils s'en trouveraient très bien.

**M. Baltet.** — M. Bernard se proposait de traiter la question de l'opportunité de la création de Sociétés horticoles de prévoyance mutuelle.

Jusqu'ici, il n'y a pas beaucoup de ces sociétés, elles seraient cependant très-utiles. On pourrait en examiner le fonctionnement et le régler d'après ce qui se passe dans les sociétés ouvrières. Il y a beaucoup de sociétés de secours mutuels qui embrassent toutes les classes de travailleurs. Il y a les caisses d'épargne, puis les corporations de métiers, de professions. Nous avons des corporations de jardiniers, de vignerons, de laboureurs. Elles ont différents titres : S¹-Fiacre, S¹-Vincent, S¹-Éloi, etc. Souvent ces corporations n'ont qu'un but, célébrer la fête annuelle, puis assister aux enterrements d'un des affiliés ou d'un membre de sa famille.

J'avais eu le projet d'organiser une société entre les jardiniers de mon pays, mais les entraves administratives d'alors m'ont arrêté. Je n'ai pas besoin de dire que ces associations doivent être distinctes en tous points des sociétés et comices agricoles ou horticoles. Le but n'est plus le même et la caisse d'épargne et de prévoyance ne doit pas être soupçonnée de pouvoir servir à un autre usage.

Dans l'industrie, il y a beaucoup de risques, la vie est moins longue, les besoins y sont grands et les accidents de travail assez fréquents. La culture offre plus de sécurité. Les jardiniers vivent plus longtemps et sont moins souvent malades. Avec une cotisation relativement faible, on pourrait intéresser et le chef de famille et les autres membres (femmes, vieillards, orphelins) suivant les statuts qui seraient adoptés.

D'après l'organisation actuelle de certaines sociétés, le médecin est appelé gratuitement au chevet du malade, et les médicaments, les fournitures de pharmacien, sont distribués soit gratuitement, soit moyennant une faible rétribution si la dépense dépasse les limites habituelles ; ces conditions sont acceptables.

Il y aurait encore quelque chose à prendre dans nos corporations de vignerons, ce sont les journées de travail en cas de maladie, pratiquées par les sociétaires. Lorsqu'un jardinier tomberait malade, ses voisins, ses confrères, pourraient venir faire sa besogne suivant leur temps et suivant leur nombre. Ce serait là une coopération humanitaire qu'il importerait beaucoup d'établir.

La somme versée par chacun constituerait un petit capital qui, à un certain âge, pourrait servir, soit à doter la fille à son mariage, soit à aider le garçon à faire son service militaire ou à créer un établissement de jardinage. Habituellement, quand les jardiniers placent leurs enfants, ils leur achètent un terrain, les fournissent de matériel. Le versement mensuel formerait, par conséquent, un petit capital au bout de quelques années, 20 ans par exemple, ce qui ne serait pas à dédaigner.

La pension de retraite a été introduite dans nos sociétés des sapeurs-

pompiers, dans les sociétés de secours mutuels. La retraite est basée
sur l'âge du sociétaire et sur la durée de son sociétariat. Le règlement
des sociétés industrielles attribue volontiers un franc par jour. La
quotité a son importance, alors que le sociétaire arrive à l'âge où l'on
est fatigué, rompu par le travail et qu'on n'a plus la force de se créer
des moyens d'existence.

Voilà quelques données générales sur l'organisation des sociétés de
prévoyance. Tout se perfectionnerait. Au bout de quelques années on
verrait s'il n'y a pas lieu de modifier les statuts.

Il conviendrait donc d'émettre un vœu au point de vue de l'utilité matérielle, morale et philanthropique qu'il y aurait d'organiser des caisses de
prévoyance en faveur des travailleurs de la terre, en y intéressant d'une
façon toute spéciale les vieillards, les veuves et les orphelins.

XXI<sup>e</sup> Question. — *Tarification et conditions des envois horticoles
par chemin de fer*[1].

**M. le Président.** — Cette question a été traitée dans un Congrès, à
Paris, au mois de mai.

**M. Baltet.** — Nous demandons toujours que les végétaux, les produits
vivants voyagent rapidement. Je ne dirai pas par les trains express,
mais il y a des vitesses moyennes, c'est la petite vitesse hâtée ou la
grande vitesse un peu ralentie. Ici, on dit Tarif n° 1, Tarif n° 2. Les
plantes devraient voyager comme les animaux, car ils ont l'un et l'autre
besoin d'arriver en hâte à leur point de destination.

Demander que les prix ne soient pas élevés, c'est la condition réclamée
par tout le monde; mais il s'agit surtout d'éviter des lenteurs dans les
points de bifurcation, dans les transits. Il faudrait que les wagons complets jouissent d'une réduction du prix de transport. On taxe les arbres en
1<sup>re</sup> catégorie, et la moitié en plus; cette majoration est onéreuse. Un
chargement complet est réduit à la 3<sup>e</sup> ou à la 4<sup>e</sup> catégorie; mais le propriétaire, qui n'a qu'un petit lot d'arbres, ne peut envoyer un wagon complet.
Quant à songer au groupement de lots de ce genre, il faut y renoncer.

La Belgique a obtenu beaucoup de satisfaction sous ce rapport. Pour
les expositions elle fait voyager ses produits en grande vitesse et ne
paie que pour la petite vitesse. Nous voulons les mêmes avantages. On
a dit avec raison qu'il est à désirer que les autres puissances imitent la
Belgique pour les facilités de transport.

En France, depuis la guerre de 1870, quand nous expédions des
végétaux en Allemagne, nous sommes obligés de payer d'avance, le

---

(1) Voir aux « Rapports préliminaires » les mémoires de MM. A. AMELIN,
p. 132-134, et AD. D'HAENE, p. 348-352.

transport jusqu'à la frontière, ce qui ne se faisait jamais auparavent. Généralement c'est le destinataire qui paie le transport.

Pourquoi inventer un système vexatoire pour l'expéditeur et qui ne peut qu'entraver les affaires !

Il serait vraiment à désirer que les diverses compagnies puissent établir un tarif uniforme ; un Congrès international aurait ensuite plus de force pour réclamer une unification générale entre les différents États.

**M. Joly.** — Il y a une commission constituée à Paris pour la solution de cette question. J'ai l'honneur d'en être le Président. Nous attendons M. Léon Say pour pouvoir arriver à des mesures d'exécution. Comme il a beaucoup d'influence (il est directeur du chemin de fer du Nord), nous ne désespérons pas d'aboutir, non seulement sous le rapport du prix, mais aussi au point de vue de la rapidité du transport et de la délivrance des produits.

On n'a pas idée de la barbarie avec laquelle les choses ont lieu. Nous expédions beaucoup de plantes d'Algérie sur Paris et sur d'autres villes de France. Un envoi arrive à Alger, il y reste un jour, il faut le mettre sur le navire. A Marseille nouveau transbordement, nouveau délai. Il y a un progrès immense à réaliser à cet égard. C'est le vœu de la commission qui est établie à Paris. Quand nous nous réunirons, j'espère que cette question viendra à l'ordre du jour et qu'on aboutira à un résultat.

Les fruits et les légumes jouent un très grand rôle dans l'alimentation, surtout aujourd'hui qu'il n'y a plus de saisons et qu'on mange dans le Nord les fruits du Midi, deux mois avant qu'on en ait soi-même. La question de la délivrance des produits acquiert, par le fait même, une importance considérable.

Il y a une maison de Turin qui prend tous les produits qu'elle peut trouver dans toute l'Italie. Cette maison envoie quelquefois 50 wagons à Saint-Pétersbourg et dans d'autres villes du Nord. Elle a des wagons complets qui passent par le St-Gothard.

Nous avons encore beaucoup à faire au point de vue du transport des fruits et des légumes, mais nous avons le ferme espoir que, dans un avenir prochain, des progrès seront réalisés dans cet ordre de faits.

**M. Baltet.** — Le transport des produits horticoles cueillis a déjà subi quelques améliorations. Les fleurs de Nice voyagent maintenant par trains rapides dans des conditions très favorables. Pour les fruits et les légumes il y a des sections sur la ligne de Lyon où le prix est relativement minime.

La Belgique a un système de transport très-avantageux, signalé par M. Rodigas, dans les bulletins du *Cercle d'Arboriculture*.

Il y a des régions en Belgique qui produisent beaucoup de fruits,

Tongres notamment. On en expédie beaucoup en Angleterre. On indique aux stations des producteurs les prix de vente, les jours de marché de Londres, les jours d'embarquement et le dernier cours de vente. Le ministère de l'agriculture qui a installé, dans ses bureaux, une division des chemins de fer, ne fournit-il pas aux producteurs des paniers d'emballage, pour les fruits et légumes transportés, avec retour gratuit?

Voilà de l'administration paternelle, tant au point de vue des compagnies, qu'au point de vue des producteurs. Tout le monde y trouve son compte.

**M. le Président.** — Je remercie les orateurs qui nous ont fourni des éclaircissements sur cette question.

La séance est levée à 5 heures.

# SECTION DE CULTURE MARAICHÈRE ET FRUITIÈRE.

## Séance du 5 août 1885.

Présidence de M. PALACKY, professeur à l'Université de Prague.

M. H. DE BOSSCHERE, secrétaire du Congrès, remplit les fonctions de secrétaire.

**Sommaire :** *XIV<sup>me</sup> question du programme* : Quels sont les fruits et les légumes dont la culture peut s'étendre et être avantageuse à la consommation intérieure et à l'exportation? Installation de halles dans les ports d'embarquement pour la vente directe, par les producteurs, de légumes et de fruits d'exportation, par MM. H. MILLET, BALTET, GILBERT, NIEPRASCHK, É. DURAND, DELRUE-SCHREVENS, THEYSKENS, HANSEN, TYMAN, PALACKY, FAUVEL. — *XVI<sup>me</sup> question du programme :* Nos méthodes de culture des arbres fruitiers sont-elles susceptibles de se perfectionner? par MM. BALTET, MILLET.

La séance est ouverte à 9 1/2 heures.

**M. le Président.** — Appelé à l'honneur de présider cette séance, je viens vous en remercier au nom de mon pays, dont je suis le représentant parmi vous et que tant de liens fraternels unissent depuis des siècles à la Belgique.

La question XIV, dont nous abordons la discussion, est ainsi conçue :

*« Quels sont les fruits et les légumes dont la culture peut s'étendre et être avantageuse à la consommation intérieure et à l'exportation? Installation de halles dans les ports d'embarquement pour la vente directe par des producteurs de légumes et de fruits d'exportation(1). »*

_______

(1) Voir aux « Rapports préliminaires » les mémoires de MM. DELRUE-SCHREVENS, p. 75-79, F. BURVENICH, p 247-256, et A. AMELIN, p. 257-258.

**M. H. Millet.** — Les fruits dont il faut surtout recommander la culture sont les beaux et les bons fruits de commerce. Si on me demandait quels sont les fruits que l'on doit cultiver, je donnerais le conseil de visiter d'abord les exploitations et de voir quelles sont les variétés qui produisent, dans chaque endroit, les plus beaux fruits et les plus demandés par le commerce. C'est-à-dire, je conseillerais d'étudier les fruits locaux puis, de faire un choix parmi les plus beaux et les meilleurs fruits, et d'en faire l'essai dans les différentes localités; car il est à remarquer que certains fruits viennent parfaitement dans telle localité et y sont d'un excellent rapport, qu'ils soient cultivés en plein vent, ou en espaliers, tandis que, plantés dans d'autres localités, ils ne réussissent pas. Il y a là une question d'expérience qui nous force à recourir aux connaissances spéciales des personnes qui s'occupent de ces plantations dans chaque localité.

Par exemple, dans le pays de Tournai, certains fruits viennent admirablement en plein vent, tandis que dans d'autres localités, malgré tous les soins, ils ne réussissent bien qu'en espalier, et même à très bonne exposition.

J'ai vu à Liège d'admirables poiriers (*Beurré d'Hardenpont*), des arbres gigantesques qui, en plein vent, donnent des fruits que vous n'obtiendriez peut-être pas en espalier à Anvers, ou dans d'autres contrées. Par conséquent nous ne pouvons dire d'une façon générale : cultivez tel ou tel fruit. Nous devons d'abord examiner ce que la nature nous donne dans les diverses localités. Faisons ensuite notre choix parmi ces variétés, et essayons-en de nouvelles. Parmi celles-ci j'ai cru bien faire de vous apporter quelques échantillons d'un fruit qui réussit admirablement chez nous, qui est d'une fertilité extraordinaire et qui est mûr déjà depuis environ 15 jours : voici ces échantillons. Je dois vous faire remarquer cependant que ces fruits n'ont pas acquis leur plus grande grosseur.

Voici pourquoi. Ce sont les produits de pommiers greffés sur francs âgés seulement de 3 à 4 ans. De plus, ils sont cultivés en pépinière à l'ombre des autres arbres. Lorsque l'arbre est arrivé à un âge plus adulte, et qu'il est exposé parfaitement en plein air, les fruits sont de moitié plus gros, et de qualité supérieure encore.

Cette pomme c'est le *Comte Orloff*, qui mûrit du 20 juillet au 5 ou 10 août. L'arbre est tellement fertile que nous sommes obligés d'enlever des fruits, même lorsqu'il se trouve en pépinière et qu'il est jeune. Tous les fruits que vous avez sous les yeux sont récoltés sur de jeunes arbres. Je vous conseille d'en faire l'essai car, à l'époque où mûrit ce fruit, nous n'avons encore que quelques abricots et quelques pêches.

Je recommande cette variété pour la culture en verger, comme nos *Belles-fleurs*, nos *Court-pendues* et d'autres variétés de ce genre, mais je la recommande particulièrement pour la culture en buissons et sur franc.

La grande fertilité de cette variété permet de la cultiver partout. J'ai fait des plantations en buisson, dans des sols ingrats, secs, arides, dans le pays de Verviers, de Spa, sur des montagnes et dans le schiste. Dans ces contrées, qui certes ne sont pas les plus favorisées du pays, on obtient des fruits splendides. Il faut encore remarquer la grande rusticité de cette variété. Pendant l'hiver de 1879 à 1880, qui a été si rigoureux, elle a résisté parfaitement. Tous les autres sujets ont été gelés. Le pommier *Comte Orloff*, ainsi que la *Duchesse d'Oldenbourg* n'ont pas été atteints.

Je crois donc que nous pouvons, en toute confiance, conseiller de multiplier les plantations de cette variété.

Vous savez que la plantation des arbres fruitiers, au point de vue de la spéculation commerciale, est à l'ordre du jour et pour cause : elle est d'un rapport considérable lorsqu'elle est faite convenablement et que l'on sait choisir les bonnes variétés.

Eh! bien, Messieurs, je vous engage beaucoup à cultiver le *Comte Orloff* en buisson, en haut-vent, dans tous les coins où vous pourriez planter un Seringat, un Lilas ou autre chose. Vous ne manquerez pas d'obtenir des résultats magnifiques.

A l'époque où mûrit ce fruit, nous n'avons guère encore que le raisin de serre.

Nous avons eu dimanche dernier un splendide banquet au Grand Hôtel. Nous a-t-on présenté une belle pomme, une belle poire? Non. Je crois donc que si nous faisions parvenir aux marchés des grands centres et des villes d'eaux, la pomme *Comte Orloff* qui mûrit si tôt et qui est relativement bien fine, on en retirerait les plus grands profits.

Il y a certainement beaucoup d'autres variétés de fruits qui sont recommandables. Nous avons parmi nous des pomologues des plus distingués qui, je l'espère, voudront bien nous éclairer à ce sujet et nous aider de leurs conseils.

**M. Baltet.** — Les variétés fruitières destinées à la consommation intérieure et à l'exportation doivent être de nature robuste, au double point de vue de la culture facile et rémunératrice, et de la docilité aux remaniements de l'emballage et du transport. La liste doit en être restreinte et cependant elle doit comprendre un nombre suffisant d'espèces, étant données les utilisations multiples de nos fruits.

En voici quelques exemples.

Poiriers. — A côté des *Williams, Duchesse, Louise-Bonne, Clairgeau, Diel, Amanlis, Mérode, Durondeau*, si productives et tant demandées, il ne faut pas oublier les variétés suivantes qui ont également fait leurs preuves :

*Beurré Dilly* et *Dubuisson*, bonnes poires d'automne, nées en Belgique ;

*Beurré Lebrun* très fertile, beau fruit allongé, d'origine troyenne, comme les trois variétés ci-après;

*Charles Cognée*, arbre généreux, bon fruit d'arrière-saison, robuste en plein air;

*Charles-Ernest*, joli arbre, joli fruit de novembre;

*Docteur Jules Guyot*, véritable *William*, privée du goût musqué, arbre des plus généreux;

*Délices Cuvelier*, fruit belge, beau et bon;

*Doyenné de Montjean*, sorte de *Doyenné gris d'hiver*;

*Duchesse de Bordeaux*, arbre fécond, bon fruit d'hiver;

*Favorite de Clapp*, la plus jolie, peut-être, des variétés de première saison;

*Madame Treyve*, c'est une poche remplie d'eau sucrée;

*Marguerite Marillat*, arbre fertile, beau et bon fruit;

*Nouvelle Fulvie*, bon fruit d'hiver, assez robuste aux intempéries;

*Olivier de Serres* et *Passe-Crassane*, arbres trapus, excellents fruits d'hiver;

*Président Mas*, fruit de bonne vente et de bonne qualité;

*Pierre Joigneaux*, arbre des plus vigoureux, fruit beau et bon.

Pommiers. — Les pommes les plus recherchées aux Halles sont les *Calville blanc, Reinette du Canada, Reinette grise, Reinette franche, Api rose, Belle-fleur,* mais dès que les variétés ci-après seront plus connues, le consommateur et le négociant en fruits les réclameront tout autant :

*Astrakan rouge*, arbre robuste au froid, joli fruit coloré, de première saison;

*Belle-fleur jaune*, arbre pyramidal par ses formes et remarquable par sa qualité, le fruit mérite le nom de « Calville-reinette »;

*Baldwin*, arbre très fertile, fruit tardif, coloré, rustique à l'exportation;

*Calville de S*-Sauveur*, pour basse-tige, d'une grande production;

*Cellini*, arbre robuste, généreux, joli fruit strié, d'automne;

*London pippin*, arbre ramifié, fécond, fruit beau à voir, bon à manger;

*Pippin de Parker*, genre Reinette grise; arbre de production soutenue;

*Pippin de Sturmer*, fruit ferme, juteux, tardif, lent à se flétrir;

*Reine des Reinettes*, arbre fécond, joli fruit, de première qualité;

*Reinette Bauman*, floraison demi-tardive, fruit coloré rouge sang, abondant;

*Reinette de Caux* et *Reinette de Cuzy*, arbres robustes, pour verger, bons fruits de consommation et de marché;

*Transparente de Croncels*, arbre des plus vigoureux et des plus robustes au froid, beau fruit recherché pour les desserts et pour la fabrication des gelées;

*Wagener*, arbre productif, fruit coloré d'un goût agréable.

Pruniers. — La *Reine-Claude* et la *Mirabelle*, incomparables de qualité, n'empêchent pas le mérite des suivantes ;
*Coé à fruit violet*, beau fruit de maturité tardive ;
*Des Béjonnières*, presque l'égale des *Reine-Claude* et *Mirabelle* ;
*Mirabelle précoce*, bon petit fruit de marché ;
*Reine-Claude d'Althan*, genre de *Reine-Claude violette* ;
*Reine-Claude d'Ecully*, forme vigoureuse et exquise du type ;
*Tardive musquée*, bonne espèce pour la table, la pâtisserie, le séchage.

**M. Millet.** — J'ai signalé la pomme *Comte Orloff*. Il y a sans doute d'autres variétés de pommes et de poires très recommandables. Signalons-les ; essayons-en la culture.

**M. Gilbert.** — Dans cet ordre d'idées je me permettrai de recommander une pomme qui vient un peu plus tard, mais qui peut rivaliser avec le *Comte Orloff*. Elle est également d'une grande fertilité. C'est la *Rose de Virginie*.

**M. Millet.** — La *Duchesse d'Oldenbourg* est également un fruit superbe, d'une production des plus abondantes. Il y en a encore bien d'autres :
Je recommanderai notamment le *Rambourg Papeleu*, qui est un fruit admirable que l'on ne saurait trop propager.

**M. Niepraschk.** — Il est bon de recommander ces variétés, mais elles ne peuvent pas convenir pour toutes les contrées, pour tous les pays. En Allemagne il y a également eu des Congrès de pomologie. On a dressé des listes d'espèces recommandables, mais elles ne peuvent servir que pour le milieu de ce pays. Pour le Nord et le Sud, il faudrait une autre liste. Dans les pays rhénans et à Cologne notamment, nous avons des collections de toutes sortes. Mais j'ai trouvé que quelques uns de ces fruits recommandés ne venaient pas chez nous. Nous avons souvent de fortes gelées tardives dont il faut tenir compte.
La *Bergamotte Crassane*, par exemple, n'a pas du tout réussi. Tous les arbres de cette espèce que j'avais en pyramide et en espalier ont été gelés pendant les derniers hivers rigoureux. Les arbres ne sont pas tout à fait morts, mais ils ne donnent que quelques mauvais fruits. Il faudrait donc dresser une liste d'après les pays.
Quant au *Comte Orloff*, je crois que nous l'avons chez nous sous le nom de *Foxley's russian apple*. Notre climat n'est pas propre à toutes les espèces de pommes, mais celle-là y vient très-bien. Je vous la recommande, elle a un bon goût et une odeur exquise.
Nous avons encore une autre variété qui est peut-être déjà mûre maintenant et qui est excellente : c'est l'*Astrakan*. Je n'ai pas cette variété sur haute tige, ou en pyramide, mais sur cordon. Elle n'a jamais

souffert des gelées. Les arbres restent en bonne santé et tous les ans j'ai eu des fruits.

**M. Baltet.** — A mon avis, les méthodes ne sont guère susceptibles de se perfectionner, mais c'est leur application qui demande à être examinée de près et à être perfectionnée. Il faudra toujours tenir compte des milieux où la plantation sera installée, examiner quelles sont les conditions de sol et de climat, s'enquérir des vents s'ils sont froids, secs, chauds, examiner s'il y a des brouillards, de la chaleur, etc. Il ne faut pas mettre, par exemple, des fruits d'hiver dans les terrains secs, où la sève s'arrête de bonne heure. En Algérie et dans le midi de la France, on ne pourrait avoir ni des pommes à floraison tardive, ni des poires d'hiver, alors que la sève s'arrête au mois de juillet. On doit-y planter des arbres précoces, abricotiers, cerisiers et autres fruits d'été.

Ce côté de l'arboriculture, a-t-il été abordé par les auteurs ? Rarement.

En examinant la condition dans laquelle on se trouve, il faut savoir si l'on doit appliquer les tailles longues, les tailles courtes, les formes buissonneuses ou plates. En Hollande on ne cultive pas comme en Espagne. On parle de traditions; c'est l'expérience de nos ancêtres, — il ne faut pas la confondre avec la routine. — Il conviendra d'en tenir compte dans une juste mesure en l'associant aux conséquences du progrès moderne.

Quant aux fruits locaux il faut s'y attacher, non comme fruit, mais comme méthode de culture, en appliquant les perfectionnements de l'arboriculture.

A ce sujet on ne peut qu'engager les planteurs à suivre les conférences, les Congrès, etc. C'est ainsi qu'on arrivera à un progrès sérieux. Il faut que les amateurs, les Sociétés d'horticulture et d'arboriculture étudient les fruits qui sont peu connus et les diverses méthodes de culture, pour les recommander quand ils donnent de bons résultats, de manière que tout y gagne, les producteurs, les consommateurs, et les industries auxiliaires de l'arboriculture.

**M. Durand.** — En 1879-80, il y a eu un fait qui m'a semblé intéressant et qui s'est passé dans la province de Liége. J'ai eu l'occasion de remarquer que dans la vallée de la Vesdre, dans la vallée de l'Ourthe, les pommiers ont été gelés complètement, tandis que dans les parties plus élevées ils ont résisté.

Je demanderai si le pommier *Comte Orloff* a résisté dans les vallées au bord de l'eau.

**M. Millet.** — Mes cultures ne sont pas au bord de l'eau, tant s'en faut, car à 300 mètres de ma demeure le sol est de 15 mètres moins élevé que chez moi. Mes arbres ont été gelés parce qu'ils étaient vigoureux et sains. Ceux qui n'ont pas été gelés sont les arbres qui avaient été replantés, dont la sève s'était retirée avant l'arrivée des grands froids qui ont été précoces .cette année-là. Les variétés *Comte Orloff* et *Duchesse d'Oldenbourg* qui ont résisté au milieu des autres, se trouvaient dans des conditions identiques. C'est ce qui me fait dire que ces variétés sont plus rustiques que les autres. Elles viennent de Russie. Nos *Court-pendues*, nos *Belles-fleurs* et d'autres variétés ont succombé, mais les deux pommiers dont je parle ont si bien résisté que je n'en ai pas perdu un seul arbre.

**M. Delrue-Schrevens.** Je n'aurai que quelques mots à ajouter au rapport que j'ai eu l'honneur d'adresser au Comité organisateur. Il serait d'ailleurs superflu d'entrer dans de longues dissertations pour démontrer toute l'importance de la question que nous sommes appelés à examiner.

Je ne me dissimule pas les difficultés qu'elle présente et les contestations qu'elle peut soulever. En effet, le climat, le sujet, l'exposition et la nature du terrain exercent une influence si considérable sur la qualité des fruits, que des divergences d'opinion doivent nécessairement se produire quant à leur valeur et à leur qualité.

Il serait donc téméraire de vouloir déterminer d'une manière générale et précise les variétés les plus recommandables. Je me suis borné à indiquer une quinzaine de variétés de poires que je considère de premier choix et qui pourront être multipliées et propagées sans crainte de déception. Ce sont : le *Citron de Carmes*, le *Doyenné de Juillet*, l'*Epargne*, le *Beurré Giffart*, le *Bon chrétien William*, le *Beurré Dilly*, le *Beurré Degallait*, le *Beurré Durondeau*, la *Louise Bonne d'Avranches*, le *Beurré Dumont*, la *Fondante des Bois*, le *Beurré Diel*, la *Casteline*, le *Doyenné du comice* et la *Nouvelle Fulvie*.

Bien d'autres variétés pourraient être ajoutées à cette liste. Le *Beurré d'Amanlis*, le *Beurré superfin*, le *Seigneur Esperen*, le *Beurré Hardy*, la *Marie-Louise*, le *Soldat Laboureur*, la *Duchesse d'Angoulème*, la *Bronzée d'Enghien*, le *Passe-Colmar*, le *Beurré d'Hardenpont*, la *Bergamotte Esperen*, sont également des fruits précieux pour la culture en plein vent, mais les uns manquent de rusticité, exigent impérieusement un terrain profondément défoncé et largement amendé, les autres n'étant pas suffisamment adhérents à l'arbre, perdent une partie de leur récolte aux premiers vents de l'équinoxe; plusieurs enfin produisent parfaitement dans les jardins de ville, mais se gercent et se maculent à la campagne. Il appartient donc aux propriétaires et aux cultivateurs de faire un choix judicieux et de s'assurer s'ils se trouvent dans des conditions favorables pour planter ces variétés.

N'oublions pas de mentionner les poires à cuire et notamment le *Martin sec* et le *Catillac*, deux fruits de grande production, de conservation facile et résistant parfaitement au transport.

Le développement de la culture des variétés que nous venons d'indiquer donnerait certainement aux cultivateurs un rapport des plus lucratifs et des plus rémunérateurs. En approvisionnant nos marchés de tous ces fruits délicieux, les classes déshéritées de la fortune trouveraient des jouissances qui leur sont inconnues. La propagation de tous ces fruits d'élite aurait donc pour résultat, non seulement d'augmenter la richesse publique, mais elle constituerait en même temps une œuvre essentiellement humanitaire.

**M. Baltet.** — Vous savez que, depuis quelques années, les États-Unis et le Canada expédient, surtout à Liverpool, des quantités de fruits qui sont emballés en tonneaux. La pomme populaire en Amérique est la *Newtown Pippin*. Une autre qui tend à se propager c'est la *Baldwin*. L'arbre est excessivement fertile, son fruit est coloré et se vend toujours mieux sur les marchés que l'autre qui est verte. Elle est lente à se flétrir et lourde au poids. Dans les essais comparatifs qu'on a faits, on a même trouvé qu'elle était la plus lourde. Comme la vente se fait au poids, les producteurs américains ont trouvé qu'elle était du plus grand profit. C'est absolument ce qui se passe quand on cultive des fraises, on préfère les plus grosses et les plus pesantes parce qu'un panier d'une sorte (*Héricart*) est vendue 2 fr. de plus qu'un panier d'une autre sorte (*Marguerite*), à cause de la différence de poids. C'est le côté commercial, mais nous ne pourrions recommander une variété que lorsque le fruit est méritant. Il n'y a rien à dire contre ceux de la nature que j'indique.

Nous avons étudié la pomme *Comte Orloff* dans un terrain tourbeux qui, dans les parties basses, a subi jusque 30 degrés de froid : il y a très bien résisté. La *Rose de Bohème*, pomme allemande, les *Irisch peach* et *M. Gladstone*, pommes anglaises, ont également résisté dans les mêmes conditions.

S'il nous fallait signaler les variétés de pommier qui ont bravé les rigueurs du grand hiver, nous nommerions encore les *Transparente de Croncels, de Vigne, Belle de Pontoise,* d'origine française ; *Joséphine Kreuter,* que nous avons reçu d'Autriche ; les *Astrahan, Borovitsky, Alexandre, Transparente blanche* et autres variétés d'origine russe. A ce sujet, nous rappelerons que la province de Moscou a d'immenses vergers (arbres en buisson et groupés) composés des principales sortes : *Titowka, Anisowka, Antonowka.* Nous en avons reçu des greffons de l'honorable Dr Regel de St. Pétersbourg. Déjà, la culture et la fructification nous ont fait reconnaître dans *Antonowka*, la *Cellini* des Anglais que nous avions jugée assez méritante pour figurer dans notre « Traité de culture fruitière ».

En même temps, nous avons reconnu la *London pippin* dans les *Calville du roi* et *Citron d'hiver* de quelques pomologues. N'est-ce pas une nouvelle preuve qu'il convient d'étudier minutieusement la nomenclature et l'habitat des fruits locaux avant de les propager ou de les recommander?

**M<sup>r</sup> Millet.** — M. Delrue vient de donner une liste de fruits recommandables dans le pays de Tournai, le paradis de la Pomologie. Je signalais tout-à-l'heure que le *Beurré d'Hardenpont* recommandé par M. Delrue pour la culture en plein vent, et qui vient parfaitement dans les vallées du pays de Liège, ne vient pas du tout en plein vent dans les autres localités belges, malgré tous les soins qu'on lui donne. Il ne vient pas non plus en buisson ni en haut vent. C'est pour cela que je recommande l'étude des bonnes variétés locales. Je ne puis recommander pour être planté en plein vent le *Bon Chrétien William*. C'est une excellente variété, mais chez nous, au premier vent, lorsqu'elle est à demi-grosseur, elle se détache. C'est le vent qui fait la récolte : le pédoncule n'est pas assez solidement attaché.

Je ne sais si dans les localités que vous habitez ce fruit ne tombe pas au premier coup de vent. Je vous engage à bien examiner ce point avant de le faire entrer dans la culture en grand.

**M. Theyskens.** — Je donne complètement raison à M. Millet, lorsqu'il dit que bien des variétés, telles que le *Beurré d'Hardenpont*, préconisées pour la grande culture de spéculation en verger, ne donnent aucun résultat en Belgique. Je trouve aussi que pour les cultures de ce genre on recommande généralement, dans les traités d'arboriculture comme dans les Congrès, bien trop de variétés. Pour ce qui regarde le poirier, je ne connais pas un arbre donnant de meilleurs résultats dans notre pays, que le *Double Philippe*. Il est très vigoureux; il vient bien dans tous les sols, même en pleine Campine, pourvu qu'on prenne les soins nécessaires lors de la plantation. Le fruit gros et abondant se vend régulièrement pour l'Angleterre à des prix très élevés. La consommation en Belgique même en est énorme, car sans être de toute première qualité, il figure avantageusement sur la table du riche comme sur celle de l'ouvrier. C'est la vraie bonne et belle poire populaire du pays.

Une variété encore fort recommandable c'est la *Calebasse Bosc*. Excellent fruit de table, connu comme tel de chacun, il se vend toujours à un prix très élevé. Les marchands, dans les grandes villes, le recherchent particulièrement. L'arbre est cependant moins vigoureux que le *Double Philippe* et je ne conseille pas de le planter dans les sols maigres de la Campine. Si aujourd'hui j'avais à planter un verger dans une terre de valeur moyenne, je planterais neuf *Double Philippe* sur un *Calebasse Bosc*.

Dans les sols privilégiés, par exemple aux environs de Tournai, on pourra faire un choix parmi les autres variétés préconisées.

Quant aux pommiers, les bonnes variétés sont encore le *Court-pendu* et la *Belle-fleur* quoique bien des *Reinettes* soient très recommandables.

Depuis quelques années la culture des arbres fruitiers et entr'autres du poirier et du pommier en buisson ou sur demi-tige, tend à s'établir en Belgique. A cet effet on greffe sur Coignassier et sur Doucin. Ces cultures sont très lucratives et d'autant plus agréables qu'elles produisent trois ou quatre ans après la plantation, contrairement aux vergers plantés en haut-vent qui ne donnent qu'après une dizaine d'années de plantation. Elles se font beaucoup en Angleterre et j'en ai vu de très remarquables aux environs de Londres entre Hayes et Hampton-Court. Les arbres ne sont plantés qu'à trois ou quatre mètres de distance les uns des autres. La chûte des fruits qui empêche bien des variétés très méritantes d'être cultivées en haut vent est peu à craindre dans ces plantations. En effet, le vent a peu de prise sur les arbres qui n'acquièrent que trois ou quatre mètres de hauteur; on peut les abriter par des plantations de Conifères et aussi les relier entr'eux par des fils de fer galvanisés pour obvier au balancement.

Pour la culture du pommier faite de cette façon, je recommande surtout les *Reinettes* et entr'autres la *Reinette de Caux* et la *Reine des Reinettes*. On y ajoutera quelques variétés à très gros fruits comme le *Grand Alexandre*, le *Warner's King*, etc.

Pour le poirier, je ferai un choix de variétés donnant de bonnes et belles grosses poires de table. Je les choisirai de manière à avoir des fruits mûrs avant et après le *Double Philippe,* c'est à dire, avant et après l'époque de la grande abondance des poires du marché. Ce seront des fruits à emballer soigneusement dans des caisses, petits paniers et non pas à vendre par 100 kilos.

Voici, à mon avis, les variétés les plus estimables :

Avant le *Double Philippe*:

1° le *Beurré d'Amanlis*, beau et excellent fruit.

2° le *Bon Chrétien William*, gros et très bon.

Après le *Double Philippe.*

1° La *Poire de Tongres*, fruit excellent et magnifique, mûr en Novembre.

2° La *Duchesse d'Angoulême,* très beau fruit, excellent dans les sols sablonneux. Novembre.

3° Le *Beurré Dumont*, gros fruit de toute première qualité, mûr en Novembre, Décembre.

4° Le *Beurré Six*, excellent fruit très gros pour Décembre.

5° *Bergamotte d'Esperen*, arbre très productif. Excellent fruit de Janvier à Mars. Recommandable surtout pour les sols sablonneux.

On peut ajouter à ces variétés la *Calebasse de Tirlemont*, qui d'après M. Millet, est un excellent et beau fruit.

**M. Millet.** — Lorsqu'on cultive au point de vue du commerce je crois aussi qu'on doit se borner à un petit nombre de variétés pour l'exportation et même pour les expéditions à quelque distance de chez soi. Il faut pouvoir envoyer des quantités assez considérables.

Les marchands ne vont pas trouver un amateur chez qui ils rencontrent la plus belle collection de poires et de pommes, chez qui ils pourront se procurer 100 fruits d'une espèce et 100 d'une autre. Il vous demanderont plutôt : combien de centaines de kilos pourrez-vous me servir de telle ou telle variété ?

Pour un amateur, pour celui qui veut charmer ses loisirs, une belle et riche collection de pommes, de poires, de prunes, de pêches etc., c'est parfait! Mais, pour le commerce, ne collectionnons pas : bornons-nous à cultiver peu de variétés et cultivons-les bien et en masse, pour pouvoir les écouler facilement.

A St-Trond, on cultive une mauvaise poire que l'on appelle *Kool Stock* ce qui signifie bâton de choux. Or, cette marchandise se vend en moyenne 30 fr. les 100 kilos et on en expédie en Angletterre autant qu'on en a.

Les fruits sont mangés dans les rues de Londres par les bambins et les ouvriers et ils sont d'un rapport considérable.

Il ne faut rejeter aucun fruit qui donne un produit rémunérateur. Aussi conviendrait-il de demander des renseignements sur les variétés cultivées dans les divers pays. Chacun de nous mentionnerait les fruits les plus récommandables de telle ou telle localité, en donnant un petit aperçu de la culture qui leur convient le mieux. Cela pourrait nous aider à connaître les meilleures variétés pour le commerce et celles qui produisent le plus.

**M. Hansen.** — Je partage tout à fait l'avis de M. Millet, qui dit qu'il faudrait, dans tous les pays, dresser une liste des meilleures espèces. Cela s'est déjà fait dans quelques pays ; il est fort intéressant pour nous, étrangers, de suivre les articles publiés sur ce sujet par le Bulletin du Cercle d'arboriculture de Belgique.

Nous avons un avantage dans le Nord, c'est que certains fruits y sont plus parfumés qu'ailleurs. Il y a notamment la pomme *Graastener* (en allemand : *Gravensteiner*) qui se développe très bien chez nous et y est fort apprécié; on n'en exporte pas beaucoup, sauf parfois à Paris. Il me semble qu'une pomme aussi excellente et, avec elle, plusieurs autres excellentes variétés, sont beaucoup plus recommandables pour le dessert que les oranges acides.

Nous avons en Danemark bien des variétés qui ne seraient pas dédaignées dans d'autres pays. Voici, par exemple, une poire, le *Comte von Moltke* dont, en ces dernières années, on a vendu beaucoup d'arbres, sous le nom de *Roi Christian*.

Les facilités que les moyens de communication offrent aujourd'hui, permettent de faire des échanges sur une vaste échelle. J'ai eu le plaisir d'être utile à plusieurs de mes correspondants en France, en Allemagne, en Autriche, etc., en leur envoyant des greffes d'arbres fruitiers danois ; s'il y en a parmi vous, Messieurs, qui veulent faire des essais, je me ferai un véritable plaisir de vous envoyer des rameaux.

Je ne puis assez me féliciter, Messieurs, de pouvoir, à titre d'étranger, rappeler à un Congrès international, les grandes obligations que nous devons aux Belges. C'est à eux que nous sommes redevables des bonnes et belles variétés que nous possédons. Des pomologues de tous les pays ont pu se rattacher, en qualité d'adeptes ou de confrères, aux grandes célébrités belges. Je suis convaincu, Messieurs, qu'il n'y a parmi vous personne qui ne désire s'associer à l'hommage de sympathie et de haute estime que nous présentons aux arboriculteurs belges.

*( Vifs applaudissements).*

**M. Niepraschk.** — Je viens d'entendre recommander la poire *William;* c'est une bonne poire d'espalier, mais en haut-vent elle réussit rarement chez nous. C'est pour éviter ces déceptions que je voudrais avoir une liste dressée par région. On a recommandé également, le *Beurré d'Hardenpont :* chez nous cette bonne poire devient pierreuse. Ce n'est donc pas une poire de commerce pour notre pays.

Comme l'a très bien dit M. Hansen il y a le *Gravensteiner* qui est recommandé partout en Allemagne. Il a jadis obtenu le 1ʳ prix au Congrès de Reutlingen ; c'est une pomme qui vient très bien dans toutes les parties de l'Allemagne et qui réussit presque dans tous les pays de l'Europe.

J'appuie donc l'idée de dresser une liste générale, par pays, et par localités, là où c'est nécessaire.

**M. Tyman.** — La question qui nous occupe a fait l'objet de discussions dans plusieurs Congrès. La grande culture a été discutée au Congrès de Bruxelles en 1880. En 1881 elle a fait l'objet de nos travaux au Congrès de Mons. Je ne parle que des poires.

Au Congrès de Bruxelles de 1880, le questionnaire comprenait la question suivante :

A *Quelles sont, d'après la qualité du sol, l'altitude et l'exposition, les meilleures et les plus productives variétés de fruits de verger à planter dans les diverses provinces de Belgique?*

A. — Pommes.

B. — Poires.

B. Même question pour les jardins de ferme et de métairie. La liste qui a été arrêtée à l'assemblée générale en 1881 comprenait pour les bonnes zônes 17 numéros.

1. *Double Philippe.*
2. *Beurré d'Amanlis.*
3. *Bergamotte d'automne.*
4. *Louise bonne d'Avranches.*
5. *Joséphine de Malines.*
6. *Beurré Capiaumont.*
7. *Calebasse Bosc.*
8. *Durondeau.*
9. *Beurré-Giffart.*
10. *Cuisse-Madame.*
11. *Rousselet de Reims.*
12. *De Curé.*
13. *Besy de Chaumontel.*
14. *Triomphe de Jodoigne.*
15. *Conseiller à la Cour.*
16. *Catillac.*
17. *Marie Louise Delcourt.*

La section a recommandé spécialement pour les terres sablonneuses.

1. *Beurré Diel.*
2. *Bergamotte d'automne.*
3. *Rousselet de Reims.*

Vous voyez qu'on a fait la distinction d'après le sol. Cela n'est pas sans importance.

Au Congrès de Mons qui a eu lieu l'année suivante, en 1881, le questionnaire portait:

*Des meilleures variétés de fruits du Tournaisis et de leur culture.*

Le rapporteur était M. Griffon, professeur à l'École d'arboriculture de Tournai.

Dans son rapport il présente, comme poiriers hautes tiges, 14 variétés.

1. *Beurré Durondeau.*
2. *Beurré de Gallait.*
3. *Beurré Dubuisson.*
4. *Beurré Dilly.*
5. *Bergamotte d'automne ou Beurré Cuvelier.*
6. *Beurré Dumont.*
7. *Crassane Dumortier.*
8. *Beurré de Ghelin.*
9. *Beurré des Augustins.*
10. *Castelline.*
11. *Louise bonne d'Avranches.*
12. *Beurré d'Hardenpont.*

14

13. *Passe Colmar*.

14. *Beurré Rance*.

Dans cette nomenclature ont été acceptées sans débats, les variétés suivantes :

1. *Beurré Durondeau*.

2. *Beurré Dilly*.

3. *Délices Cuvelier*.

4. *Louise bonne d'Avranches*.

Ont été négligées :

1. *Beurré de Gallait*, pas assez connu.

2. *Beurré Dubuisson*, trop chétif pour la grande culture.

3. *Beurré Dumont*, ne convenant pas pour la grande culture.

4. *Beurré de Ghelin*,             id.

5. *Beurré des Augustins*, pas assez connu.

6. *Castelline*, trop petite.

7. *Beurré d'Hardenpont*.

8. *Passe Colmar*.

9. *Beurré Rance*.

Les trois dernières variétés ne convenant pas pour la culture en plein vent.

*La Crassane Dumortier*, variété fort douteuse. La section aurait voulu voir figurer dans cette liste quelques autres variétés très recommandables, telles que : *Double Philippe, Beurré d'Amanlis, Joséphine de Malines, Nouvelle Fulvie, Besy de Chaumontel, Beurré Giffart, Calebasse Bosc, Cuisse Madame*, etc.

La question posée aujourd'hui est celle de savoir quels sont les fruits dont la culture peut s'étendre et être avantageuse à la consommation intérieure et à l'exportation. Cette question ainsi posée doit se rapporter à la grande culture, c'est ainsi, me semble-t-il, que l'honorable rapporteur l'a traitée.

Nous allons passer en revue les variétés ou les espèces préconisées par M. Delrue-Schrevens.

*Beurré Dilly*, fertilité ordinaire. — Cet arbre a un grand défaut, qui doit le faire négliger pour la grande culture ; son bois est trop fin et il se met très laborieusement à fruit.

*Beurré de Gallait*, toujours inconnu.

*Beurré Dumont*, laisse à désirer pour la grande culture : le fruit se crevasse trop souvent et demande une très bonne exposition ; en espalier, il est du reste succulent.

*Beurré Diel*. Absolument pas : Le *Beurré Diel* exige, sous notre climat, l'espalier au mur et en plein midi, sinon il devient pierreux, se crevasse et tombe avant maturité ; pour les sols sablonneux seuls, il pourrait y avoir une légère exception.

*Castelline,* produit d'une manière convenable sur cognassier, mais cependant pas suffisamment pour la grande culture ; cet arbre a un avantage, c'est qu'il n'a pas besoin de serpette. Il reste donc :

> *Beurré Durondeau.*
> *Louise bonne d'Avranches.*
> *Fondante des Bois.*
> *Doyenné du comice d'Angers.*
> *Nouvelle Fulvie (Grégoire).*

Cette liste ainsi arrêtée semble très exclusive.

Il y a d'autres espèces de poires qui ne sont pas sans mérite et dont la grande culture peut être vivement recommandée.

Je propose d'y adjoindre, sauf discussion, les variétés suivantes :

1. *Double Philippe.*
2. *Beurré d'Amanlis.*
3. *Bergamotte d'automne.*
4. *Joséphine de Malines.*
5. *Beurré Capiaumont.*
6. *Calebasse Bosc.*
7. *Beurré Giffart.*
8. *Cuisse Madame.*
9. *Rousselet de Reims.*
10. *De Curé.*
11. *Besy de Chaumontel.*
12. *Triomphe de Jodoigne.*
13. *Conseiller à la Cour.*
14. *Catillac.*
15. *Marie Louise Delcourt.*

Une autre variété est surtout digne d'occuper une place dans cette liste : elle a un mérite exceptionnel ; seule elle a résisté aux froids tardifs de l'année dernière et encore cette année elle n'a pas laissé marchander sa bonne volonté. C'est le *Beurré Six* qui a été négligé dans tous les Congrès, parce que le mérite de ce fruit n'a été reconnu qu'à la suite des intempéries du printemps 1884.

Voici la description de cette variété :

*Beurré Six.* (Six). F. n. 1.
Synonyme : Six.

V. *Nos poires,* Van Houtte, Pl. K.

Poire de première qualité, mûrissant en novembre et décembre, chair blanc-verdâtre, des plus fines, fondante, contenant quelques filaments, d'une eau excessivement abondante, sucrée, acidulée, possédant un arôme exquis.

Arbre de moyenne vigueur, se greffant sur franc et sur cognassier, très recommandable pour haut-vent, formant des pyramides des plus remarquables et bien garnies, venant bien aussi en espalier, d'une fertilité régulière. — Précieuse variété. Fruit volumineux.

**M. Palacky.** — L'Autriche est un pays d'exportation de fruits plutôt que de légumes. Goritz (?) seule (Görtz allem.) est si favorisée qu'elle produit toute l'année. Son principal produit est le choux-fleur d'hiver qui remplit presque tous les marchés pendant cette saison.

Pour les fruits il n'y a que deux pays d'exportation, ce sont le Tyrol méridional et la Bohème. Cette partie du Tyrol exporte surtout des pommes en Autriche et en Allemagne. Parmi ces pommes, la plus chère et la plus connue est la *Rosmarinapfel*, qui a l'odeur du romarin. (Rosmarinus officinalis.)

J'ai assisté aux débats relatifs à l'impôt foncier à la commission autrichienne dont j'étais membre. Là, il a été établi d'une manière générale, que le rendement moyen de chacun de ces arbres est de quarante fr. par an. C'est sur cette base que l'impôt est fixé. Cet arbre ne vient que sur le versant méridional du Tyrol et dans des prés qui sont bien arrosés,

Comme ses branches sont très larges il faut au moins, dans la plantation, laisser quinze mètres d'intervalle entre les arbres.

Il y a une grande maison d'exportation, la Société anonyme, auparavant Rigler, qui exporte ces pommes en les emballant très bien et qui les vend très cher.

La culture des arbres fruitiers en Bohème est en décadence par suite des conditions climatériques. Nous souffrons d'une grande sécheresse l'été. On mange en Bohème, en certaines quantités, même des poires de Californie. On exporte des cerises, des pommes, des poires (si l'année est bonne). Les variétés du Nord sont ordinaires, je ne veux pas les recommander. Il y a aussi l'exportation des prunes qui se pratique chez nous, spécialement dans la vallée de l'Elbe.

Il y a dans un village (Dolan), une excellente variété de prune, mais ce n'est pas une variété constante. Elle dégénère et c'est la localité qui lui donne ses qualités. Cet arbre croît sur un terrain d'exposition méridionale très fertile et bien arrosé.

Je ne parlerai pas des pruniers de la Bosnie. Ce n'est pas un arbre fruitier, c'est un arbre forestier, qui ne demande aucun soin. Je ne le mentionne que pour mémoire.

Les États-Unis exportent des poires jusqu'en Autriche. Le *Vaccinium macrocarpum* est une variété de Myrtille qui rapporte beaucoup et qui donne lieu à des affaires comportant des chiffres énormes. Il croit dans les marais et dans les tourbières du nord des États-Unis. Comme il y a des tourbes en Belgique il serait peut-être possible d'y faire cette culture. C'est un fruit très sec qui contient beaucoup de tannin. Il est très bon pour la digestion et ne coûte pas grand'chose. Les personnes qui pourraient s'intéresser à cette culture trouveront des renseignements dans les rapports annuels du Ministère de l'Agriculture des États-Unis. Je me mets au service des membres du Congrès qui désireraient avoir ces renseignements.

**M. Hansen.** — Il y aurait beaucoup à dire encore sur cette question. La variété de pomme, le *Graastener* danois, dont j'ai parlé, qui se porte très bien chez nous et qui produit les meilleurs fruits du Danemark, ne réussit pas partout comme, par exemple, à Angers, où M. André Leroy ne la considérait que comme une bonne pomme à cuire. Vous savez que le duché d'Oldenbourg a des possessions dans le Holstein, cette pomme s'y développe très bien, d'après ce que M. l'Inspecteur des jardins de la cour grand-ducale d'Oldenbourg m'en a dit, tandis que dans l'Oldenbourg lui-même, elle est de qualité inférieure. Cela prouve que les renseignements que l'on récolte de tous côtés ont une très grande importance. Il faudrait dresser des listes dans tous les pays et les dresser par contrées. Nous avons eu, à Copenhague, un Congrès et une Exposition scandinave de fruits; il a fallu diviser le petit Danemark en plusieurs régions. On a décerné des prix pour le nord et pour le midi du Jutland, pour les îles, puis pour la Suède, la Norwège, etc.

Le plus grand malheur pour l'arboriculture, c'est le grand nombre de variétés que l'on possède. On s'est trop longtemps trompé en croyant que les variétés qui réussissent dans un pays, réussiront également dans les autres. Après les Allemands, ce sont les jardiniers danois qui ont voyagé le plus; de là cette multitude de variétés cultivées au Danemark et rapportées un peu de partout.

De bonne heure, je me suis livré à l'étude spéciale des fruits, de sorte qu'il m'a été possible, avant l'âge de vingt-cinq ans, de recueillir, de dessiner et de décrire mille variétés de fruits, principalement des pommes et des poires cultivées en Danemark.

Le travail le plus important à effectuer aujourd'hui dans les jardins fruitiers, est celui qui consiste à choisir avec discernement dans la masse des variétés qui nous envahissent continuellement. Dans ce but, il faudra prendre des notes minutieuses sur les arbres et leurs fruits; s'attacher surtout à observer la rusticité des arbres et même de leurs fleurs, et s'assurer comment ces dernières résistent à la gelée blanche, etc. Il y a bien des choses à étudier, entre autres les propriétés des fruits, surtout par rapport à l'époque de la maturité, la durée de leur conservation, leur prédisposition à se gâter, etc.

Il est, de nos jours, très facile, d'échanger non seulement des idées et des observations, mais aussi les fruits et de faciliter de cette façon, l'étude d'une matière aussi importante pour tous les pays où l'on cultive et apprécie les fruits.

**M. Palacky.** — M. le secrétaire me communique un projet de résolution qui me paraît très sage. On propose que le Comité exécutif du Congrès se mette en rapport avec les spécialistes étrangers, pour se communiquer les fruits les plus recommandables de leurs localités respectives ; pour demander des renseignements sur les variétés cultivées dans les différents pays, sur les conditions qui leur sont nécessaires pour se développer et surtout sur les terrains qui leur conviennent.

Si cette proposition est acceptée, il y aurait lieu, pour chaque membre du Congrès, de donner des renseignements et d'en demander à ce Comité.

**M. Delrue-Schrevens.** — Je désire ajouter quelques mots aux observations très judicieuses qui ont été présentées. Nous avons constaté, bien souvent, que des fruits très méritants, très recommandables à tous les points de vue, restaient localisés pendant de nombreuses années, dans les régions où ils avaient été obtenus. Cet état de choses, éminemment déplorable, tient à la difficulté extrême de faire parvenir aux sociétés étrangères, des spécimens de ces fruits afin de les faire connaître et apprécier. Et cela, uniquement à cause des ennuis et des tracasseries que l'on éprouve à la frontière, où les colis sont ouverts, visités, déballés et toujours détériorés !

Tous les gouvernements de l'Europe étant représentés à ce *Congrès international de Botanique et d'Horticulture,* je demande si nous ne pourrions pas profiter de cette circonstance heureuse, pour tâcher d'obtenir de toutes les nations européennes, l'autorisation d'expédier directement, en FRANCHISE DE DOUANES, des spécimens de fruits, aux Sociétés régulièrement constituées et reconnues ?

Pour éviter tout soupçon de fraude, les colis dont le poids et la dimension pourraient être déterminés, seraient préalablement visés, soit par le Consul, soit par d'autres agents expressément désignés ; ce qui donnerait tous les apaisements et toutes les garanties désirables. Ce serait en un mot, le *libre échange pomologique !* Si cette proposition que j'ai l'honneur de vous soumettre est adoptée, Messieurs les délégués des gouvernements pourraient s'entendre avec le Comité exécutif, pour la négociation.

**M. Tyman.** — J'appuie la proposition de M. Delrue. Seulement il ferait bien de ne pas la développer comme il l'a fait. Si elle était conçue dans des termes plus simples, plus élémentaires, elle aurait plus de chances de succès.

Je me contenterai de formuler un vœu pour que ces relations s'établissent entre les différentes catégories des membres du Congrès et je m'arrêterais là. Je laisserais les membres du Comité exécutif seuls juges de la manière d'opérer, c'est-à-dire, de la manière dont ils doivent s'y prendre. C'est l'unique moyen d'arriver à un bon résultat.

**M. le Président.** — La question XXI a été traitée hier. La note de M. Delrue sera communiquée au Comité exécutif.

Je vous propose de voter la résolution de M. Millet :

« Le Comité exécutif du Congrès pourrait se mettre en rapport avec les spécialistes étrangers pour se communiquer les fruits les plus recommandables de leurs localités respectives. »

**M. Millet.** — Je vous prie d'ajouter un mot à la demande de M. Delrue. On parle de l'échange de fruits, je propose d'y ajouter : « et des greffons. »

**M. le Président.** — Personne ne s'oppose à l'adoption de cette première résolution ? — *Adopté.*

Voici la seconde partie. Il s'agit de demander des renseignements sur les variétés cultivées dans les différents pays, sur les conditions qui leur sont nécessaires pour se développer le plus et surtout sur les terrains qui leur conviennent. — *Adopté.*

Nous transmettrons la résolution au Comité exécutif qui arrangera la chose comme cela lui conviendra au point de vue de la rédaction.

Je crois que M. Delrue n'insistera pas sur sa proposition. Il lui est donné satisfaction par celle qui vient d'être adoptée.

Il s'agit maintenant de décider si la section émet le vœu qu'on facilite les transports de fruits et qu'on leur donne la franchise de douane.

Je suppose que vous accepterez l'amendement de M. Millet qui propose d'ajouter aux fruits *les greffons*. — *Marques d'adhésion.*

**Un membre.** — Le visa du Consul serait peut-être une formalité difficile à remplir. On n'a pas toujours le Consul sous la main.

**M. Millet.** — Dites alors : « légalisé par le bourgmestre ou le maire de la commune. »

**M. le Président.** — Je propose de dire : « légalisé par les autorités. » — *Adopté.*

Est-ce que la section accepte l'amendement de M. Delrue ? — *Adhésion.*

Le Bureau sera chargé avec MM. Delrue et Millet de s'entendre sur la rédaction. L'heure étant avancée je vous prierai de monter à l'étage où les deux sections doivent se réunir.

**M. Fauvel.** — Un mot seulement. Parmi les fruits recommandables on n'a pas recommandé la *Transparente de Croncels* que nous devons à M. Baltet et qui a le mieux résisté pendant l'hiver de 1880. La modestie de M. Baltet l'a empêché d'en parler.

La séance est levée à 11 1/2 heures.

<h1 style="text-align:center">Assemblée générale du 5 août 1885.</h1>

Présidence de M. le D<sup>r</sup> H. Van Heurck, directeur du Jardin botanique d'Anvers.

M. É. Marchal, secrétaire du Congrès, remplit les fonctions de secrétaire.



La séance est ouverte à midi.

**M. le Président.** — Messieurs les présidents des sections sont invités à prendre place au bureau, ainsi que M. Bernard, délégué du gouvernement belge. J'ai l'honneur d'ouvrir l'assemblée générale.

J'accorde la parole à M. Ch. De Bosschere pour les communications qu'il a à faire.

**M. Ch. De Bosschere.** — Ces communications se réduisent à fort peu de chose.

Dans une séance antérieure, je crois avoir dit que tous les membres du Congrès qui, à un titre quelconque, ont pris part à nos travaux, recevront la copie de la sténographie de leurs communications. Chaque membre sera appelé à corriger lui-même son travail.

Nous aurons soin de mentionner dans les Actes du Congrès que nous avons adopté ce mode de contrôle. De cette manière, chacune des personnes citées sera responsable des opinions qu'elle a émises.

**M. Planchon.** — C'est parfait.

**M. Ch. De Bosschere.** — Je demande la parole pour vous donner connaissance de la lettre que nous nous proposons d'envoyer à M. le D<sup>r</sup> Treub, directeur du Jardin botanique de « Buitenzorg ».

Nous devons la rédaction de cette lettre à l'obligeance de M. Baillon.

MONSIEUR ET TRÈS HONORÉ COLLÈGUE,

« Le Congrès de botanique, réuni en ce jour à Anvers, a pris connaissance de l'invitation adressée par vous à tous les botanistes de l'Europe, de se rendre au laboratoire de Buitenzorg pour y étudier les merveilles de la flore tropicale. Sur la proposition d'un de ses membres, le Congrès a décidé qu'il vous serait immédiatement adressé une lettre de remercîments et de félicitations, signée de tous les membres présents.

Ils font des vœux pour le succès de l'entreprise généreuse et si profitable aux intérêts de la botanique, dont vous avez eu l'heureuse idée et ils vous prient, Monsieur et très honoré Confrère, de vouloir bien agréer l'assurance de leur reconnaissance et de leur affectueux dévouement ». *(Applaudissements)*.

Comme moyen d'exécution, Messieurs, je propose que cette lettre soit déposée sur le bureau, afin que, tous, vous puissiez avoir l'occasion de la signer. Seulement comme beaucoup de botanistes sont absents en ce moment, je me charge de prendre la lettre avec moi demain à Bruxelles et vendredi à Gand, afin de pouvoir recueillir le plus grand nombre de signatures possible.

Le comité d'organisation du Congrès se chargera ensuite de l'expédition.

**M. Baillon.** — On pourrait inscrire les absents. Il y a différents professeurs qui ne sont plus ici.

**M. Ch. De Bosschere.** — Nous le ferons(1).

---

(1) Voici le texte de la lettre que M. le directeur Treub nous a adressée en réponse à celle que nous lui avons transmise au nom du Congrès:

Buitenzorg (Java), le 28 septembre 1885.

MONSIEUR ET TRÈS HONORÉ COLLÈGUE,

En vous accusant la réception de votre lettre du 16 août, ainsi que de celle du Congrès d'Anvers, en date du 3 août, je ne sais comment exprimer ma vive reconnaissance.

Les marques de sympathie et d'adhésion à l'entreprise que je tente, dans l'intérêt de notre science, m'ont causé la plus agréable des surprises. Venant d'une assemblée aussi compétente à taxer l'utilité de l'initiative que j'ai osé prendre, elles constituent pour moi un précieux encouragement.

**M. Bernard,** délégué du Gouvernement belge. — La Société de Botanique de Belgique aura l'honneur, Messieurs, de vous recevoir demain à Bruxelles. Ce n'est donc pas adieu que nous allons nous dire, mais au revoir.

Les horticulteurs gantois, la Chambre syndicale des horticulteurs belges et la Société royale d'agriculture et de botanique de Gand auront le plaisir de vous compter parmi eux vendredi prochain.

Je tiens cependant à accomplir un devoir de reconnaissance, au nom du Gouvernement, au nom des botanistes et des horticulteurs belges, en remerciant d'abord les Gouvernements et les Chefs d'État qui ont bien voulu désigner à ces assises scientifiques des délégués officiels et toutes les institutions scientifiques qui nous ont envoyé ici leurs représentants.

La haute valeur des rapports préliminaires, la portée pratique des discussions de ces jours derniers, nous prouvent assez combien le choix de ces délégués a été heureux !

La Belgique, Messieurs, en a été grandement honorée !

Le Gouvernement belge étudiera avec une soigneuse attention vos savantes délibérations et il répondra certes à vos sentiments à tous, à votre amour du progrès et de la science, en tâchant de réaliser, dans la sphère de ses attributions, les vœux, les motions, que vous avez présentés, que vous avez développés avec une si haute autorité scientifique.

Je vous remercie et je remercie spécialement les organisateurs du Congrès, et tout particulièrement M. Charles De Bosschere et ses adjoints qui, depuis plus d'un an, se sont dévoués à l'œuvre du Congrès !

(Applaudissements).

Encore une fois, merci à tous ceux qui ont apporté leur concours à cette œuvre si utile. Au revoir, Messieurs.      (Applaudissements).

**M. Ch. De Bosschere.** — Au nom de la commission organisatrice du

---

D'autre part, elles m'engagent à compter sur le plaisir de voir souvent des collègues de l'Europe, dans la station botanique de Buitenzorg.

Vous voudrez bien, Monsieur, être l'interprète de mes sentiments auprès des membres du Congrès.

En second lieu, je vous présente mes sincères remerciements pour l'envoi des Rapports préliminaires et des Actes du Congrès, que vous avez eu l'extrême obligeance de me promettre. Je ne manquerai pas à vous en accuser plus tard la réception.

Veuillez agréer, Monsieur et très honoré Collègue, avec l'expression réitérée de ma gratitude, l'assurance de ma considération la plus distinguée.

(Signé) M. Treub.

Monsieur Ch. De Bosschere,
Secrétaire-général du Congrès international
de Botanique et d'Horticulture d'Anvers (1885).

Congrès international de botanique et d'horticulture, je ne puis que me joindre au délégué du Gouvernement, pour vous exprimer les mêmes sentiments de reconnaissance !

Je ne veux pas abuser de vos moments, j'aurai plusieurs fois encore cette semaine l'occasion de vous dire plus longuement combien nous vous sommes tous reconnaissants des services éminents que vous avez rendus à la science, et aussi de la bienveillance avec laquelle vous avez répondu à notre appel.

Si notre Congrès produit quelques fruits, ce sera grâce à votre assiduité aux séances, grâce à la science et au dévouement que vous avez si généreusement prodigués à la solution des questions qui vous étaient soumises.

Encore une fois merci de tout cœur, au nom de la Commission organisatrice !                                       (*Applaudissements*).

**M. H. Van Heurck.** — Avant de nous séparer, je crois, Messieurs, qu'il est de notre devoir à tous, de témoigner notre reconnaissance toute spéciale à M. Ch. De Bosschere qui s'est dévoué d'une façon exemplaire pour l'accomplissement de la tâche dont il avait pris généreusement l'initiative.

Pendant un an il a fait l'impossible pour parvenir à faire réussir le Congrès. Ses efforts ont été récompensés de la façon la plus brillante.

Nous devons lui en témoigner toute notre gratitude.

(*Longs applaudissements.*)

Je vous remercie, Messieurs, de l'honneur que vous avez fait à notre Jardin Botanique en y tenant le Congrès. Ses séances ont été une digne inauguration des nouveaux locaux que notre Administration communale y a fait établir. Notre Jardin est le dernier reste de l'ancienne École de médecine qui y avait été établie, au commencement de ce siècle, en 1802, sous la République française et qui fut supprimée plus tard. Aujourd'hui, il n'est plus rattaché à aucun établissement d'instruction, mais il n'en rend pas moins des services à l'enseignement public et aux nombreux visiteurs qui le fréquentent.

Vos importantes séances feront date dans l'histoire du Jardin. Je vous remercie encore une fois, Messieurs, de l'honneur que vous lui avez fait et je déclare close la session du Congrès international de Botanique et d'Horticulture d'Anvers.

**M. Baillon.** — Au nom de tous les membres du Congrès, au nom de tous les étrangers qui ont été invités à y prendre part, et qui ont reçu ici un accueil si cordial, permettez-moi de remercier du fond du cœur toutes les personnes qui nous ont si bien accueillis, toutes celles qui se sont dévouées à cette œuvre, toutes celles dont on vient de faire ressortir les mérites d'une façon si éclatante : M. le délégué du Gouvernement,

M. le directeur du Jardin botanique d'Anvers, M. Ch. De Bosschere, la
Commission organisatrice dont il est l'un des dignes chefs, toutes les
personnes en un mot qui nous ont donné tant de témoignages de
sympathie que nous n'oublierons jamais, soyez en convaincus !

(Longs applaudissements).

La séance est levée à une heure et demie.

# RÉCAPITULATION



*des vœux émis par le Congrès international de Botanique et d'Horticulture d'Anvers.*

---

I. Le Congrès émet le vœu qu'un Comité international soit constitué et se mette à la disposition de l'État libre du Congo pour organiser et diriger l'exploration botanique de sa flore.

(Voir les discussions, 1<sup>re</sup> partie des Actes du Congrès, p. 22-47).

II. Le Congrès émet les vœux :

1° De voir s'établir promptement une échelle thermométrique unique ;

2° De voir adopter de préférence l'échelle centésimale.

3ª De voir, en attendant que la réforme soit adoptée, les publicistes horticoles indiquer dans leurs écrits, la réduction en degrés centigrades des chiffres de température donnés d'après l'usage de leur pays respectif·

(Discussion : p. 59).

III. Le Congrès recherchera les moyens d'encourager et de généraliser la création de jardins scolaires.

(Discussion : p. 62-66).

IV. Le Congrès admet les trois propositions suivantes :

1° L'emploi du jus de tabac et mieux encore des sels ammoniacaux, qui seuls agissent dans le jus de tabac très concentré, est un remède très actif contre les insectes dans les serres.

2° A l'extérieur, on peut employer l'alcool étendu d'eau.

3° L'emploi du pétrole peut être très bon, mais à la condition qu'il soit très dilué dans l'eau. Sans cette précaution, ce dernier remède peut être considéré comme étant aussi nuisible aux plantes qu'aux insectes.

(Discussion : p. 69-77).

V. Le Congrès exprime le vœu que le Gouvernement crée en Belgique, à l'exemple de nos voisins du Midi et de l'Est, un *arboretum*.

(Discussion : p. 91-92).

Le Congrès admet en principe :

Il y a deux espèces de laboratoires : les uns de recherche et les autres d'enseignement.

Le Congrès émet les vœux :

1° Que chaque Jardin botanique soit pourvu d'un laboratoire de recherches.

2° Qu'il soit établi un laboratoire d'enseignement dans chaque établissement où l'on enseigne la botanique : universités, écoles de médecine vétérinaire, d'agriculture et d'horticulture.

3° Quand les circonstances le permettront, que le laboratoire de recherches, le laboratoire d'enseignement et le jardin botanique soient groupés en un seul Institut.

(Discussion : p. 100 à 122).

VII. Systèmes d'étiquettes recommandés par le Congrès.

1° Les étiquettes en zinc ;

2° Les étiquettes en fer émaillé et celles en porcelaine pour les plantes de serre, surtout pour les Jardins botaniques, à condition que l'on emploie un moyen d'attache convenable.

3° Pour les serres chaudes et les bassins des serres chaudes, les plaques en verre décrites par M. Cornu.

Moyen d'attache recommandé : le fil de fer galvanisé.

Le Congrès estime que le système d'étiquetage doit être doublé, dans les jardins botaniques, pour la sécurité du professeur et dans l'intérêt de la tenue du jardin, d'un registre avec plan du jardin, où les collections de ce dernier soient notées point par point.

(Discussion : p. 124 à 138).

VIII. Le Congrès émet le vœu que des associations de prévoyance mutuelles soient constituées dans les centres agricoles et horticoles qui permettent l'établissement de ces institutions.

(Discussion : p. 138 à 141).

IX. Le Congrès charge une commission de dresser une liste des champignons qui sont réellement vénéneux et une des champignons comestibles recommandables.

X. Le Congrès émet les vœux :

1° Qu'il soit créé un cours de pathologie végétale dans les diverses écoles d'horticulture et d'agriculture et que ce cours ait un but essentiellement pratique.

2° Que ce cours soit appuyé par des expériences de culture ;

3° Que des notions sur les parasites des végétaux de grande culture soient répandues dans les campagnes par l'intermédiaire de l'enseignement primaire et de conférences populaires ;

4° Que les recherches sur les maladies des plantes cultivées soient encouragées le plus possible.

(Discussion : p. 156-169).

XI. Le Congrès appuie le vœu de M. Radlkofer qui demande que le travail d'une étude complète et définitive des espèces végétales soit réparti entre les centres botaniques importants de l'Europe. Chaque centre s'occuperait d'un groupe déterminé pour lequel il disposerait de tous les matériaux dispersés dans les diverses collections.

(Discussion : p. 170-173).

Le Congrès appuie également le vœu de M. Krelage qui demande si l'on ne pourrait pas conserver tous les types du règne végétal dans les divers Jardins botaniques qui s'appliqueraient à cultiver chacun une certaine famille ou un genre déterminé.

(Discussion : p. 173-174).

XII. Le Congrès exprime le vœu que dans les écoles à tous les degrés, y compris les écoles d'horticulture, l'enseignement de la botanique soit organisé de telle façon que la Cryptogamie y ait la part qui lui revient au point de vue de son importance. Il importe que cet enseignement soit fondé principalement sur des démonstrations pratiques et des expériences de culture.

XIII. Le Congrès émet le vœu qu'au prochain Congrès, chaque ville intéressée envoie des délégués chargés de faire connaître les moyens qu'on emploie dans ces villes pour se débarrasser de la gadoue et des balayures, tout en venant en aide aux grandes cultures.

(Discussion : p. 182-189).

XIV. *A*. Le Congrès exprime le vœu que tous les pays adhérents à la Convention phylloxérique du 31 novembre 1883 adoptent, en les étendant aussi libéralement que possible, les mesures de réglementation intérieure et la formule du certificat édictées en Belgique.

*B*. Le Congrès adopte les conclusions scientifiques de M. Cornu :

1º La principale cause de l'invasion phylloxérique est le transport direct de l'insecte par des racines ou des fragments de racines phylloxérées.

2º Le transport à grande distance ne doit pas être, en général, attribué au vol naturel de l'insecte ailé; l'influence des trains de chemins de fer ne paraît pas avoir l'importance qu'on lui supposait.

3º La propagation à grande distance n'est pas déterminée par des phylloxéras aptères errants : les insectes qui sont dans ce cas sont tous des jeunes ; ils ne peuvent demeurer longtemps en dehors des vignes, sans nourriture.

4º Les plantes enracinées et cultivées dans un vase à fleurs, ainsi que les produits de l'horticulture, non en contact avec les racines des vignes, doivent être considérés comme sans danger.

*C*. Le Congrès exprime le désir que l'exposé que M. Cornu a fait de la question phylloxérique, au Congrès d'Anvers, soit envoyé à tous les gouvernements et que toute la discussion soit jointe à cet exposé.

(Discussion : p. 77-87).

XV. 1º Le Congrès exprime le désir que le Comité exécutif se mette en rapport avec les spécialistes étrangers pour obtenir la communication réciproque des fruits et des greffons des espèces et variétés fruitières les plus recommandables de leurs localités respectives.

2° Le Comité exécutif est invité à demander des renseignements sur les variétés cultivées dans les différents pays, sur les conditions qui leur sont nécessaires pour se développer le mieux et surtout sur les terrains qui leur conviennent.

3° Le Congrès émet le vœu que des démarches soient faites pour obtenir de toutes les nations européennes, l'autorisation d'expédier directement, *en franchise de douane,* des spécimens de fruits, aux Sociétés régulièrement constituées et reconnues.

(Discussion : p. 197 et suivantes).

XVI. 1° Le Bureau du Congrès se mettra en rapport avec les délégués des Sociétés d'horticulture officiellement représentées au Congrès, afin de rechercher les moyens d'obtenir la suppression du cubage ou majoration de 50 $^{o}/_{o}$ sur le prix réel, là où cette clause est maintenue dans les tarifs de transports ;

2° Le Congrès émet le vœu de voir adopter, par toutes les compagnies et administrations de chemins de fer, l'établissement d'un service plus accéléré pour le transport des arbres, des arbustes et des plantes vivantes de toute nature, qui sont des marchandises sujettes à une prompte détérioration ;

3° Le Bureau du Congrès, d'accord avec les délégués des Sociétés adhérentes, fera toutes les démarches nécessaires pour obtenir que les produits de l'horticulture soient vérifiés d'urgence par les bureaux de douane, afin d'entraver le moins possible la rapidité du transport.

# SÉANCE DE MICROSCOPIE

DONNÉE PAR

## M. LE Dʳ H. VAN HEURCK

professeur-directeur au Jardin botanique d'Anvers

PAR

### M. Maxime CORNU

professeur-administrateur au Muséum d'histoire naturelle, à Paris,
délégué du Gouvernement français au Congrès international de botanique
et d'horticulture d'Anvers.

---

Le programme du Congrès promettait une séance de Microscopie par M. le Dʳ Henri Van Heurck ; la haute compétence de ce savant, ses nombreuses découvertes, ses travaux importants sur ce sujet, assuraient le succès de cette séance. Elle devait avoir lieu à son domicile particulier.

Le nombre des personnes qui se firent inscrire pour y assister fut si grand, qu'il devint nécessaire de choisir un local suffisamment vaste pour contenir cette affluence.

On se réunit dans l'une des salles du premier étage des bâtiments du Musée, au Jardin botanique de la ville, dont M. le Dʳ Van Heurck est le directeur.

Sur une grande table étaient disposés, dans un ordre parfait, les instruments qui devaient servir aux démonstrations.

Des préparations furent mises sous les différents microscopes grands et petits, au nombre de six, et chacun passa en revue les curieux objets soumis aux observations ; le sympathique professeur donnait d'abord une explication générale et ajoutait, avec une bonne grâce parfaite, tous les détails supplémentaires qu'on lui demandait.

Un grand nombre de Dames, qui n'avaient pas craint d'affronter l'aridité des questions scientifiques, manifestaient leur étonnement à la beauté du spectacle qui s'offrait à leurs yeux : l'élégance de la forme, la singularité des ornements que présentent les Diatomées ou les écailles des papillons (toutes choses auxquelles nous sommes habitués dès longtemps), trouvaient des admiratrices enthousiastes.

Les micrographes venus à cette soirée trouvaient dans d'autres parties du programme des objets du plus haut intérêt pour eux.

Il était nécessaire de classer et de séparer les sujets divers, diversement intéressants pour chaque groupe de personnes.

La séance peut se diviser en plusieurs parties.

On pouvait y voir des objets microscopiques grossis plus ou moins et dont quelques-uns étaient très curieux, même pour les savants.

Les excellents microscopes permettaient d'observer les détails des test-objets réputés les plus difficiles et les plus délicats.

On pouvait y passer en revue des instruments très variés, des objectifs des meilleurs constructeurs, des microtômes, etc. ; une collection très complète d'appareils relatifs à la microscopie proprement dite, la photomicroscopie, etc.

Mais la partie la plus remarquable a été la résolution du problème si important de l'éclairage des objets pour l'observation de la microphotographie, par le moyen de la lumière électrique, mise à la portée de tous par M. le D$^r$ Van Heurck.

Chacun, suivant la tournure de son esprit, pouvait s'attacher à telle ou telle partie, porter son attention sur tel ou tel ensemble d'objets exposés sur la table.

Les progrès les plus récents de la microscopie étaient exposés par M. le D$^r$ Van Heurck d'une manière claire, simple et précise : on y sentait le savant, maître de son sujet et pouvant dire « *quorum pars magna fui* » ; mais il ne l'a fait qu'avec la plus extrême modestie, il semblait en demander pardon ; bref il a conquis son auditoire par la parole comme par les objets qu'il montrait.

Parmi les préparations curieuses qu'on a pu observer dans cette intéressante séance, on pourrait citer un grand nombre de Diatomées, soit isolées, soit réunies ; il faut citer spécialement les merveilleuses préparations de Möller qui montrent, rangées régulièrement suivant des lignes parfaitement droites, de nombreuses espèces appartenant à des genres très divers. Ce sont de véritables collections d'une grande utilité pour les spécialistes qui s'occupent de Diatomées.

Les bouquets de Dalton offrent l'exemple d'une habileté semblable ; mais là, elle est mise au service d'un effet à la fois pittoresque et artistique ; on a profité de l'apparence irisée dûe à un phénomène complexe (lames minces et réseaux) qui donne lieu à des couleurs très brillantes ; on a composé, avec des Diatomées et des écailles d'ailes de papillons, des bouquets de fleurs microscopiques, comme celles qui sont fabriquées à l'aide d'élytres d'insectes : ces préparations ont eu un grand succès de curiosité ; on ne pouvait se lasser de les admirer.

Non moins curieuse est la préparation microscopique de Webb, contenant une écriture microscopique faite à l'aide d'une machine spéciale et d'une pointe de diamant. L'ensemble apparaît à l'œil nu comme un grain de poussière sur la lame, et cependant c'est le *Pater noster* tout entier, avec des caractères d'une petitesse telle que « la bible toute entière, » dit Webb, « pourrait être écrite six fois sur un pouce carré. »

La partie scientifique de l'auditoire a admiré trois grands magnifiques microscopes montés pour la circonstance : l'un de Ross, l'autre de Powell et Lealand et un troisième de Nachet (grand modèle à renversement).

On a pu y examiner successivement diverses préparations d'histologie végétale; le bacille en virgule du choléra dont il a été question si souvent cette année et que peu de personnes ont vu encore, a excité l'attention au plus haut point.

Il a été possible de voir avec la plus extrême netteté les stries des test-objets les plus difficiles : le *Pleurosigma angulatum*, le *Surirella gemma*, le *Grammatophora subtilissima*, le *Van Heurckia rhomboides* et surtout l'*Amphipleura pellucida*.

On a vu également avec une parfaite évidence les stries des réseaux de Nobert; pendant bien des années elles ont défié les efforts des micrographes; il nous est possible de voir le 19ᵉ système de stries.

M. H. Van Heurck a construit deux appareils spéciaux pour obtenir des réseaux semblables à ceux de Nobert; le premier qui remonte à l'année 1874 donnait des résultats satisfaisants; le second construit en 1885 a permis d'obtenir des divisions surprenantes de ténuité et de finesse.

Ces diverses observations au microscope ont été, pour prendre un peu de repos, suspendues par la conférence très intéressante de M. le Dr Van Heurck sur les avantages de la lumière électrique.

A mesure que les constructeurs obtenaient des grossissements de plus en plus forts, la quantité de lumière envoyée dans l'œil sous forme d'image devenait de plus en plus petite; on a employé successivement des concentrateurs coûteux et compliqués, des sources de lumière de plus en plus vives, également très coûteuses, sans compter la lumière solaire dont l'emploi nécessite une installation compliquée et chère.

Ces sources de lumière sont également des sources de chaleur ce qui ne contribue pas peu à les rendre incommodes.

La lumière électrique réalise de très grands progrès : M. le Dr Van Heurck s'est appliqué, depuis 1881, à en rendre pratique et à en préconiser l'usage.

Cette lumière permet de voir, avec facilité, des détails invisibles ou peu visibles avec les moyens d'éclairage ordinaires, et ce, d'abord parce qu'elle renferme plus de rayons bleus et violets que la lumière des lampes ou du gaz et, ensuite parce qu'elle a une intensité spécifique plus considérable que les autres lumières artificielles et permet donc l'emploi de rayons beaucoup plus obliques.

Il signale ensuite des appareils qui sont à la portée de tous les micrographes pour la production de l'éclairage électrique. Ces appareils sont simples et peu coûteux. Les deux principaux sont :

I. La pile Leclanché, avec le dispositif que M. Swan a adopté pour pouvoir facilement la mettre en action et la laisser reposer. Nous ne pouvons entrer dans tous les détails de cette méthode d'assembler les éléments Leclanché; nous conseillons vivement de lire l'important mémoire de M. le Dr Van Heurck sur *la lumière électrique appliquée au microscope* (Journal de micrographie, mai 1883).

Elle a l'inconvénient de ne pas permettre des observations de plus d'une dizaine de minutes; après ce laps de temps il faut donner quelques instants de repos à la pile.

Toutefois M. Swan vient de produire actuellement des lampes qui demandent si peu de *quantité* (ce que les électriciens nomment les *ampères*) de courant, que la pile Leclanché-Swan permettra à l'avenir un éclairage continu.

La pile Leclanché-Swan a l'avantage de rester active très longtemps : M. H. Van Heurck en possède une batterie qui fonctionne actuellement depuis *trois ans*, sans qu'on ait dû y toucher.

II. Pile Trouvé. — M. H. Van Heurck a indiqué à M. Trouvé la disposition des appareils pour les applications au microscope.

Nous empruntons le passage suivant au *Synopsis des Diatomées de Belgique* p. 220-224, où le sujet est exposé avec une très grande netteté.

« On connait la pile Trouvé : c'est une pile à treuil de 6 éléments.
« Chaque élément, composé d'une plaque de charbon et d'une plaque de
« zinc, plonge dans un bac en ébonite, contenant une solution sursaturée
« de bichromate de potasse, faite d'après une formule publiée par
« M. Trouvé[1].

« C'est une modification de sa grande pile que l'inventeur vient de
« disposer pour les recherches de la microscopie.

« La lanterne électrique, pour microscope, se compose du générateur
« électrique et de la lampe, unis ensemble, ou séparables à volonté. Le
« tout réuni forme un appareil aussi élégant que commode à employer
« et que le micrographe peut disposer sur un coin de sa table de travail.

« La pile fig. 1 se compose d'un petit bac en ébonite D mesurant
« 15 centm. de long., sur 10 c. de largeur et 18 c. de hauteur, divisé
« intérieurement, jusqu'aux 2/3 de la hauteur, en 6 compartiments
« destinés à former autant d'éléments.

« Intérieurement ces compartiments communiquent par une très petite
« ouverture.

---

(1) Cette solution se fait ainsi : dans un grand vase en grès on met 1 kilo de bichromate de potasse, on ajoute d'abord 8 lit. d'eau et ensuite deux litres d'acide sulfurique du commerce que l'on verse très lentement, par mince filet, en remuant constamment à l'aide d'un tube de verre. Le liquide s'échauffe fortement pendant l'opération et on le laisse refroidir avant de l'employer. Avec les quantités que nous venons d'indiquer on peut charger douze fois la pile.

« Les parties actives, attachées inférieurement au couvercle E, sont
« disposées en six rangées, chacune d'elles correspondant à une des cases
« du bac en ébonite. Chacune de ces rangées constitue un élément et est
« formée de deux baguettes de zinc allié placées entre trois baguettes de
« charbon. Les 6 éléments sont accouplés en tension par des contacts
« disposés symétriquement et élégam-
« ment sur la surface supérieure du
« couvercle qui porte aussi deux bor-
« nes pour la prise du courant.

« L'appareil d'éclairage est disposé
« sur la face antérieure de la boîte et
« est formé par le photophore Hélot-
« Trouvé.

« En 1882 lorsque nous décrivîmes
« l'installation de la lumière électrique
« pour le microscope, nous placions la
« lampe dans une caisse sur laquelle
« nous mettions le microscope. La lu-
« mière arrivait directement au con-
« denseur à travers une lentille plano-
« convexe disposée au dessus d'une
« ouverture de la caisse.

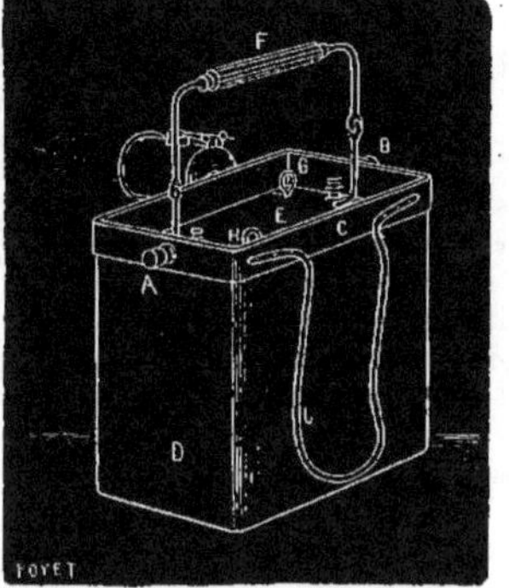

Pile-Lanterne de M. Trouvé avec le Photophore y attaché.

« Le photophore, imaginé par MM. Hélot et Trouvé et destiné par lui à
« servir pendant diverses opérations chirurgicales, de même qu'à l'exa-
« men des cavités du corps : gorge,
« oreilles, etc., est au fond la même
« disposition que la nôtre mais réalisée
« d'une façon beaucoup plus pratique.

« Le photophore est constitué par
« un tube en cuivre nickelé (toutes les
« autres pièces de l'appareil sont éga-
« lement nickelées) où la lampe, qui
« est d'un modèle spécial, à filament
« droit, occupe la partie médiane.

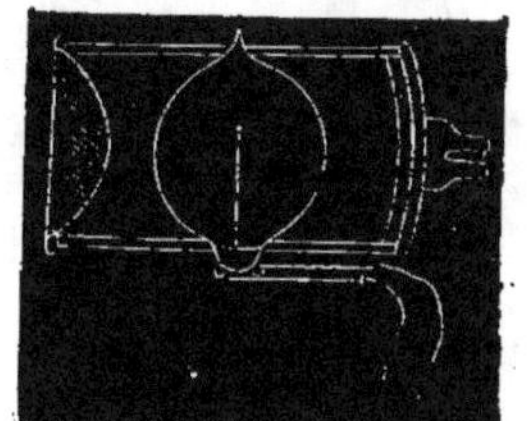

Coupe du Photophore.

« Postérieurement le tube porte un miroir réflecteur en verre argenté et
« antérieurement, un 2ᵉ tube, qui glisse dans le premier, et porte une
« lentille condensatrice. Ce deuxième tube permet de varier l'écarte-
« ment de la lentille à la lampe, et par suite, permet d'obtenir à volonté
« des rayons convergents, divergents ou parallèles. La lentille conden-
« satrice étant libre dans sa monture, elle peut être tournée avec la face
« bombée en avant ou en arrière.

« Comme la lumière du réflecteur peut nuire dans certaines observa-
« tions très délicates, nous avons ajouté un petit disque noirci, qui peut,

« dans ces cas, recouvrir le réflecteur; dans ces mêmes occasions nous
« plaçons, devant ou derrière la lentille, un diaphragme qui enlève la
« lumière donnée par les bords du condenseur.

« Toutefois, quand le micrographe voudra obtenir de l'appareil tous
« les résultats qu'il peut donner, ce n'est pas l'ensemble que nous venons
« de décrire qu'il faudra employer, mais dans ce cas, le photophore devra
« être isolé de la pile et disposé sur la monture spéciale que nous avons
« dessinée ci-contre.

« Le pied, qui est très lourd, porte un tube fendu de 20 centimètres de
« hauteur, faisant office de ressort, sur lequel glisse, à frottement très-
« doux, un deuxième tube pouvant être arrêté à toutes les hauteurs. Ce
« second tube porte deux attaches *a a'* ; l'une placée à la partie inférieure,

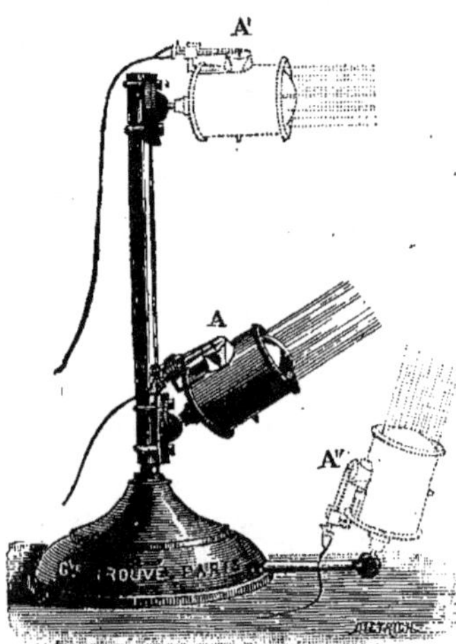


« l'autre à la partie supérieure.
« Chacune de ces attaches consiste
« en une petite sphère en acier
« portant une tige munie d'un pas
« de vis. La sphère est serrée entre
« deux plaques métalliques con-
« caves dont l'antérieure, percée
« au milieu, laisse passer la tige
« filletée. Le photophore se visse
« sur cette tige et peut donc, par
« suite des mouvements de la
« sphère, être placé dans toutes les
« directions désirées.

« La pile peut alimenter fort
« bien, pendant environ deux
« heures, la lampe spéciale que
« M. Trouvé met dans son photo-
« phore, en donnant une lumière
« qui peut être utilisée dans cer-
« tains cas de photomicrographie, mais qui est beaucoup trop vive pour
« les recherches microscopiques usuelles.

« Nous avons, en conséquence, fait une petite modification à la pile :
« les éléments étant montés en tension sur le couvercle et l'accouplage
« des éléments étant visible à la surface extérieure de celui-ci, nous avons
« simplement établi une prise de courant à chaque élément. Il en résulte
« que l'on peut ou bien n'employer d'abord que 4 ou 5 des éléments et
« ajouter les autres quand la pile s'affaiblit, ou bien utiliser des lampes
« beaucoup plus faibles et leur donner juste la force électro-motrice
« voulue tout en prolongeant le temps d'éclairage. Même, si l'on voulait,
« par exemple, employer les lampes Stearn qui ne prennent que deux
« éléments et accoupler les six éléments en trois séries de deux élé-

« ments chacun, on pourrait avec une seule charge de la pile obtenir
« de 4 à 5 heures de lumière suffisante pour les travaux les plus délicats
« et même suffisante pour la photomicrographie à l'aide de forts
« grossissements.

« L'entretien de la pile est fort simple et ne demande guère plus de
« temps que la préparation d'une lampe à pétrole.

« Lorsque la pile est épuisée, on dévisse les deux boutons A B et on
« enlève la bague qu'ils maintiennent. On prend ensuite la poignée F et,
« en la soulevant, on enlève du coup le couvercle et les éléments ; on verse
« le liquide épuisé, on lave à l'eau le petit bac, on y verse 800 grammes
« du liquide neuf qu'on a préparé d'avance, on remet le couvercle, la
« bague et les deux boutons, et la pile est prête à fonctionner.

« Tout cet ensemble prend beaucoup plus de temps à décrire qu'à
« exécuter.

« La pile ne répand aucune odeur, aucune vapeur acide ; elle fonc-
« tionne à titre d'essai, depuis plusieurs jours, sur notre table de travail,
« placée à côté du microscope, et la vue seule nous révèle sa présence. »

Comme application des procédés d'éclairage qu'il a ainsi fait entrer
dans la pratique du miscroscope. M. le D᾿ Van Heurck montre la
résolution en perles, des stries de l'*Amphipleura pellucida*. Ce résultat
important a été obtenu par lui au mois d'octobre 1884 ; il a pu montrer
les épreuves photographiques comme preuve à l'appui de son assertion.

Cette résolution en perles a fait un très grand bruit dans le monde
micrographique ; on pensait que le microscope ne permettait pas l'observation de détails aussi délicats.

Comme on le voit, cette soirée a été des plus intéressantes pour tous les
assistants ; les uns ont été charmés par le spectacle d'objets curieux et
élégants, les autres par des nouveautés scientifiques incontestables ; mais
tous ont été touchés de la bonne grâce, de la simplicité, de la modestie
avec laquelle M. le professeur Van Heurck a exposé le résultat de ses
recherches personnelles et a mis à la disposition de tous, les précieux
instruments, les objets de haute valeur de sa collection d'objets micro-
graphiques.

Au cours de ce compte-rendu sommaire, beaucoup de choses techniques
ont dû être omises : on consultera avec fruit le programme de la séance
qui rend fidèlement les sujets que le Congrès a vu successivement
soumis à son examen.

# SÉANCE DE MICROGRAPHIE

### donnée au MUSÉE du JARDIN BOTANIQUE D'ANVERS.

### PAR M. LE D<sup>r</sup> HENRI VAN HEURCK

### LE MARDI 4 AOUT A 8 1/2 HEURES DU SOIR.

## DÉMONSTRATIONS

1. Appareils pour l'éclairage électrique du microscope.
2. Avantages de l'éclairage électrique, par incandescence, dans les recherches de la micrographie.
3. Photomicrographie.
4. Emploi de l'éclairage électrique.
   1. Recherches d'histologie végétale et animale.
   2. Eclairage de corps opaques.
   3. Résolution de tests : *Pleurosigma angulatum.*
      *Surirella gemma.*
      *Van Heurckia rhomboïdes.*
      *Amphipleura pellucida* en stries.
           »      » en perles.
      *Test de Nobert* y compris le 19<sup>e</sup> groupe.
   4. Objets divers : *Bacilles du choléra.*
      *Typen platte.*
      *Ecriture de Webb.*
      *Bouquets de Dalton.*
5. Comparaison d'instruments et d'objectifs.

## INSTRUMENTS EXPOSÉS.

### 1. MICROSCOPES.

1. Microscope grand modèle de *Powell et Lealand.*
2. Patent stand binoculaire de MM. *Ross & C°.*
3.   »     »     »     » (modèle spécial construit pour M. H. Van Heurck).
4. Radial arm de MM. *Ross & C°,* (modèle spécial construit pour M. H. Van Heurck, en Avril 1885, pour l'application de l'éclairage électrique).
5. Microscope grand modèle renversé de M. *Nachet.*
6.   »     »     » de M. *Nachet.*
7.   »     »     » de M. *Hartnack.*
8.   »     »     » de M. *Zeiss.*

9. Premier microscope achromatique, construit d'après les plans de M. *de Selligue* : Avril 1824.
10. Microscope universel de *Charles Chevalier* (entre 1835 et 1840).
11.         „         de *Raspail* (vers 1845).
12.         „         à trier les Diatomées.
13.         „         à faire les ty pen-platte.
14.         „         oxyhydrique de M. *H. Van Heurch*.
15.         „         photo-électrique de *Gaiffe*, régulateur *Gaiffe*.
16.         „         „         de *Duboscq* à régulateur *Serrin*.

## 2. CONDENSEURS.

Condenseur de *Abbe* à petit angle.
       „      „    à grand angle.
*Wenham's* Reflex illuminator.
Spot Lens.
Condenseur de *Swift*.
*Reade's* double hemispherical condenser.
Diatomescope

## 3. OBJECTIFS

*Amici* (1860). Un objectif à sec et un objectif à immersion
*Bénèche* divers objectifs à sec, 1/12e à immersion.
*Bezu Hauser et C^ie* (success. de *Prasmowski*), série complète, à sec, à immersion et homogènes.
*Hartnack* 1. Série complète à sec, à immersion et homogènes.
        2. Série à immersion dans l'eau et homogènes, (nouvelle formule de juillet 1885, ouverture numérique 1, 3 au minimum).
*Hasert* 1/8e à immersion dans l'eau.
*Nachet* objectif divers ; 1/12e homogène (juillet 1885).
*Powell et Lealand* 1/8e new formula, avec trois frontales de rechange, à sec et à immersion.
*Ross et C^ie* 1 1/2 pouce, 2/3 p. et 1/2 pouce de 80°.
*Tolles* 1/5e et 1/6e à l'eau ; 1/10 et 1/25e homogènes.
*Zeiss* aa ; A ; BB ; CC ; D, DD ; E ; F.
        1/25 (L) immersion dans l'eau.
        1/12 et 1/18 homogènes.

---

## MICROMÉTRIE ET TESTS A LIGNES

Série de micromètres du 1/10 au 1/1000° de millimètre.
Micromètres oculaires.
Micromètre à fils parallèles.
Portrait de *Nobert* avec sa machine à diviser.
Test de *Nobert* à 19 et 30 groupes.
Machine à diviser de M. *H. Van Heurch* (1874) et spécimens de travail. Elle peut diviser le millimétre en 1500 parties.

Nouvelle machine à diviser de M. *H. Van Heurck* (Avril 1885), et spécimens
du travail.
Peut, théoriquement, diviser le millimètre en dix mille parties. — Pratiquement
a divisé, jusqu'ici, le millimètre en cinq mille parties.

## POLARISATION.

Appareils simples.
Appareils à micas et à sélénites.

## SPECTROSCOPIE.

Microspectroscope de *Browning — Abbe.*

## MICROPHOTOGRAPHIES.

Epreuves du D^r *Woodward.*
Epreuves et appareils du D^r *H. Van Heurck.*

## MICROTOMES.

Microtome de *Topping.*
    »     de *Rivet.*
    »     à *congélation de Cathcart.*
    »    . de *Zeiss.*
    »     de M. *H. Van Heurck (1869).*
    »     de M. *H. Van Heurck, (1872).*

## DIVERS.

Apertomètre de *Abbe.*
Appareil à couper le verre mince.
Préparations systématiques de *Möller.*
Préparations du D^r *Hopfe.*
Préparations de *Cole.*
Dessins sur verre (guillochés).
Bouquets de *Dalton.*
Ecriture microscopique de *Peters* et de *Webb.*
Platine mobile de *Tolles.*
*Synopsis des Diatomées de Belgique, par M. H. Van Heurck :* Texte, Atlas, Table
et Types (600 préparations) etc.

# TABLE DES MATIÈRES

DES

## ACTES DU CONGRÈS INTERNATIONAL
### DE BOTANIQUE ET D'HORTICULTURE D'ANVERS.

www.ingramcontent.com/pod-product-compliance
Lightning Source LLC
LaVergne TN
LVHW051117060726
842525LV00003B/953